Verrassende psyche

Titus Rivas en Anny Dirven

Verrassende psyche:

Parapsychologische beschouwingen

drs. Titus Rivas en Anny Dirven

Athanasia Producties via Lulu.com

Ter nagedachtenis aan Anny Stevens-Dirven (1935-2016) en Takkie Rivas (1991-2006)

Voor Corrie Rivas-Wols, vanwege haar steun en vriendschap

The psyche plays a role as primordial as that of matter, energy, and space-time.
Mario Beauregard, The Primordial Psyche

978-1-365-64279-1

Copyright © Athanasia Producties, 2016.

Inhoudsopgave

Voorwoord 10
Inleiding 14
1. Buitenzintuiglijke waarneming 17
   Onheilstijdingen: hou je verstand erbij! 18
   Buitenzintuiglijke waarneming: wat is dat? 30
   Onderzoek naar voorspellingen in ParaVisie: 39
   Twijfel aan het bestaan van echte paragnosten 51
2. Psychokinese 63
   Ken je tummo al? 64
   De lijkwade van Turijn: wonder of kunstwerk? 72
   Kwantitatief bewijsmateriaal voor psychokinese 83
   Mensen met een psychokinetische gave 94
3. Parapsychologie rond lichamen 106
   Wonderbaarlijke paranormale genezingen 107
   Net als Jezus en Lazarus: 117
   Ervaringen rond een fijnstoffelijk lichaam 122
4. Synchroniciteit 129
   'Toevallig' teruggevonden voorwerpen 130
   De hype van 'The Secret' voorbij 140
   Gebeurtenissen die elkaar weerspiegelen 149
5. Nabij-de-doodervaringen 160
   Parapsychologische aanwijzingen voor daadwerkelijke
   uittredingen 161
   Empathie en bijna-doodervaringen 178
   De transculturele 'excursie' van Jan de Wit 188
   Steven Laureys en BDE's als bewijsmateriaal tegen het
   materialisme 206
   Het belang van neurologisch onderzoek voor het begrip van
   BDE's tijdens een hartstilstand 212
   Enkele opmerkingen over "Occam's Chainsaw" 216
   Een kritische vraag van een psychologiestudent 221

6. Na de dood..228
    Kruiscorrespondenties: puzzels van gene zijde?...............229
    Spontane ervaringen rond het moment van overlijden......240
    Een intersubjectieve geestelijke wereld............................249
    Dieren en geestverschijningen...260
    Lichamelijke onsterfelijkheid 270
    Geestverschijningen vlak na iemands overlijden 280
    Net als James Chaffin: Nederlandse aanwijzingen voor postume bezorgdheid om nabestaanden..............................290
    Dankbaarheid bij overledenen: twee mogelijke gevallen. 301
    Nieuw onderzoek naar mediums: Bewijs geleverd?..........312
7. Bezetenheid...321
    Bezeten door een vreemde geest.......................................322
    Belaagd door demonen?..331
8. Bestaan voor de conceptie 342
    Geestelijk leven vóór de conceptie: Kinderen herinneren zich...343
    Positieve persoonlijke banden uit vorige levens 354
    Spontane herinneringen aan vorige levens bij volwassenen 365
    Xenoglossie..376
9. Persoonlijke evolutie...386
    Hoe gaat het verder? Persoonlijke evolutie 387
    Begaafde kinderen in spiritueel perspectief.....................396
    Heeft het aardse leven zin?...408
    Onvoorwaardelijke liefde...421
    Geestelijke ontwikkeling door middel van het aardse leven 432
10. Anny Dirven 441
    In Memoriam Anny Dirven (1935-2016).........................442
    Paranormale ervaringen van Anny Dirven 453
Over de auteurs 463

Adressen..468

Voorwoord

Toen ik in de vorige eeuw psychologie studeerde aan de toenmalige Katholieke Universiteit Nijmegen en Rijksuniversiteit Utrecht, werd ons studenten regelmatig voorgehouden dat een goede psychologische theorie "implementeerbaar" moet zijn. Dat betekende dat de veronderstelde psychologische wetmatigheden in principe overeen dienden te komen – althans niet strijdig mochten zijn – met wat er bekend was van de fysiologische werking van het brein. Men ging hierbij uit van het zogeheten functionalisme van Jerry Fodor en anderen. De psyche werd gereduceerd tot een soort software behorend bij de hardware van de hersenen.

Ik heb me altijd verzet tegen dit dominante basisconcept binnen de theoretische psychologie. Mijn rebellie wordt enerzijds ingegeven door analytische overwegingen uit de filosofie van de geest en anderzijds door parapsychologische onderzoeksgegevens. Zulke bevindingen tonen mijns inziens aan dat de psyche zich in een groot aantal gevallen niets gelegen laat liggen aan de grenzen die het brein, volgens materialisten, aan haar zou stellen. Dit wil zeker niet zeggen dat de hersenen geen invloed hebben op de geest, maar het hoort duidelijk te zijn dat dit niet het hele verhaal is. Keer op keer blijkt de psyche ons te verrassen en materialistische wanen te weerleggen.

Dit boek is een van de vele uitingen van dit inzicht, als onderdeel van een wereldwijde stroom aan publicaties die niet meer te stuiten lijkt. Het is daarbij te beschouwen als een uitgave van Athanasia Producties, in opdracht van Stichting Athanasia, een stichting voor parapsychologisch, filosofisch en psychologisch onderzoek rond een voortbestaan na de dood en de evolutie van de persoonlijke ziel.

Verrassende psyche is een bundel parapsychologische artikelen die ik voor het grootste deel samen met Anny Dirven geschreven heb. In veel gevallen werkte zij openlijk mee aan het schrijfproces, in andere gevallen gebeurde dit alleen achter de schermen. Zo heb ik binnen Stichting Athanasia van 2001 tot en met 2016 heel plezierig en productief met Anny mogen samenwerken. We hebben samen diverse eerdere boeken uitgebracht, zoals *Vincent, Karim en Danny*, *Van en naar het Licht*, onze eerste bundel parapsychologische artikelen, en *Wat een stervend brein niet kan* (onlangs vertaald als *The Self Does Not Die*).

De afbeelding op de kaft betreft overigens een buste

getiteld *Psyche* van de Belgische beeldhouwer Paul de Vigne (1843-1901), vervaardigd rond 1878.

Helaas overleed Anny na palliatieve sedatie op 5 april 2016, nog voor deze tweede bundel artikelen kon uitkomen.
Ik heb enkele maanden na het overlijden van Anny een levendige droom gehad waarin ze me uiterst hartelijk en vriendschappelijk verwelkomde in een geestelijke wereld. Ze liet me daar haar 'kamer' zien met daarin een mooie computer met een erg grote flatscreen monitor en liet me weten dat ze vanuit die wereld precies kon volgen wat ik zoal op aarde meemaakte. Ik ben ervan overtuigd dat ze de publicatie van dit boek niet gemist zal hebben.

Bij dezen wil ik iedereen bedanken die Anny en mij in de loop der jaren gesteund heeft in onze werkzaamheden, waaronder bijvoorbeeld Rudolf H. Smit, Mary Remijnse, Bram Maljaars, Rieneke Chrispijn, Richard Krebber, Hans Gerding, Niels Brummelman, Abhijat van Bilsen, Jo Meevis, Stephan Vollenberg, Tilly Gerritsma, Sylvia Lucia, Musa van den Heuvel, en Johan Martens. Uiteraard ben ik ook al onze respondenten erkentelijk.

Titus Rivas, Nijmegen, december 2016/januari 2017

Inleiding

Dit boek gaat uit van een specifieke definitie van parapsychologie, namelijk: "wetenschap van de anomalieën die niet in het materialistische of fysicalistische wereldbeeld passen en tegelijkertijd direct gekoppeld zijn aan de psyche, de ziel, de geest of het bewustzijn."
We staan stil bij diverse paranormale oftewel parapsychologische verschijnselen en trachten steeds zowel kritisch als onbevooroordeeld te zijn. De pseudowetenschappelijke, materialistische houding van de skeptici is ons volledig vreemd, maar dat wil niet zeggen dat we onszelf beschouwen als onkritische aanhangers van de zogenoemde New Age-beweging. We verzetten ons tegen materialistische vertekeningen van wat geleerden inmiddels van de psyche weten, juist omdat dat *rationeel* is. Materialisme heeft voor ons niets te maken met rationaliteit. Het is een kansloos denkkader dat zijn langste tijd allang gehad heeft.

Er zijn negen parapsychologische deelgebieden die aan bod in *Verrassende psyche*. Wat de gebieden gemeen hebben is zoals gezegd dat er in alle gevallen sprake is van verschijnselen die gekoppeld zijn aan de psyche en die niet in het gangbare wetenschappelijke wereldbeeld passen. Bij *buitenzintuiglijke waarneming* heeft men zonder de lichamelijke zintuigen te gebruiken rechtstreeks toegang tot informatie over zaken buiten zichzelf, zowel over de fysieke wereld (helderziendheid), als over de geest van anderen (telepathie). Bij *psychokinese* hebben we te maken met een directe invloed van de geest op de materiële werkelijkheid. Bij de *parapsychologie rond lichamen* gaat het om de directe genezing door de psyche van lichamelijke ziekten, maar ook om het mogelijke bestaan van een soort "fijnstoffelijk" velden om de ziel heen. *Synchroniciteit* draait om schijnbare toevalligheden die direct samen lijken te hangen met iemands innerlijke beleving, zonder dat die beleving ze zelf veroorzaakt lijkt te hebben. Bij *nabij-de-doodervaringen* ziet men onder meer de ultieme onafhankelijkheid van de psyche ten opzichte van de hersenen. Bij *paranormale verschijnselen na de dood* blijkt dat de persoonlijke ziel er nog is na het lichamelijke overlijden en dat ze zelfs nog in staat is te interacteren met de aardse realiteit. Bij *bezetenheid* zou een psyche 'bezit' kunnen nemen van het lichaam van iemand anders. Bij *herinneringen aan een bestaan voor de conceptie* constateren we dat de ziel er al was voordat het huidige lichaam zelfs maar verwekt was. En met *persoonlijke evolutie* bedoelen we in dit verband de psychische ontwikkeling die verder gaat dan alleen dit ene fysieke leven.

Bij al deze fenomenen verrast de psyche ons, en de verrassing zal nog groter zijn voor iemand die – al dan niet tegen beter weten in – nog steeds vasthoudt aan een onhoudbaar materialistisch wereldbeeld.
Het boek sluit af met twee stukken over mijn inmiddels overleden coauteur Anny Dirven. Dit is bedoeld als een persoonlijk eerbetoon aan haar, en de artikelen bieden bovendien een overzicht van haar eigen paranormale ervaringen en parapsychologische werkzaamheden.

Hopelijk zal deze bundel bijdragen aan de parapsychologische kennis van onze lezers en hen ertoe aanzetten zich nader in het vakgebied te verdiepen.

1. Buitenzintuiglijke waarneming

Onheilstijdingen: hou je verstand erbij!

door Titus Rivas en Anny Dirven

Een droom of ingeving over een toekomstige gebeurtenis die uit blijkt te komen. Als je het zelf niet hebt meegemaakt, ken je het vast wel van iemand uit je naaste omgeving. Dankzij grondig onderzoek van parapsychologen weten we dat er zeker meer aan de hand is dan puur toeval. Er bestaat echt zoiets als 'voorschouw' of 'precognitie', oftewel helderziendheid met betrekking tot toekomstige ontwikkelingen. Het is overigens wel de vraag of mensen die precognitieve ervaringen hebben echt "intunen" op gebeurtenissen in de toekomst of alleen op waarschijnlijke gebeurtenissen die in de lijn der verwachting liggen. Dit vraagstuk hangt samen met ruimere theorieën over het wezen van de tijd. Is tijd slechts een illusie of is er toch een objectief tijdsverloop, ook al zou dit misschien kunnen afwijken van onze alledaagse beleving? Heel ingewikkelde kwesties die te maken hebben met de filosofie, kosmologie en theoretische natuurkunde. Daarbij sluit het bestaan van letterlijke voorschouw van wat al vaststaat het bestaan van waarschijnlijke uitkomsten, die nog veranderd kunnen worden, misschien niet per se uit.

Onheilsprofetieën

In de huidige periode van economische crisis en klaarblijkelijke verstoring van het mondiale evenwicht in de natuur, is het niet zo verwonderlijk als mensen negatieve voorspellingen extra serieus nemen.
Sommige dingen kun je bovendien op je vingers natellen. Bijvoorbeeld dat de economische crisis veel extra werkloosheid met zich mee zal brengen. Of dat het opwarmen van de aarde leidt tot het smelten van een deel van de poolkappen. Je hoeft geen paragnost te zijn om zulke ontwikkelingen te kunnen voorzien. Het wordt een andere zaak als bepaalde ontwikkelingen vroeger nog niet te voorspellen waren en toch al genoemd zijn door zieners. Het lijkt zelfs alarmerend als paranormale profetieën uiterst negatieve gebeurtenissen beschrijven.
Onheilsprofetieën zijn van alle tijden. De bekendste is wel de Openbaring van Johannes (oftewel De Apocalyps) over het einde der tijden of Armageddon. Grappig genoeg zijn veel opeenvolgende generaties ervan overtuigd geweest dat gebeurtenissen die in de Bijbel worden voorspeld zich nog tijdens hun leven zouden voordoen. Misschien wel het extreemste voorbeeld hiervan betreft het Wachttorengenootschap van de zogeheten Jehova's Getuigen. Zij geloven niet alleen dat we al in de 'eindtijd' leven, maar ook dat Jezus reeds in 1914 zijn 'koninkrijksmacht' heeft gevestigd op aarde. Dat zou moeten betekenen dat het

einde van de wereld daarna binnen één geslacht zou aanbreken. Aangezien dat niet gebeurd is, hebben Jehova's getuigen meer dan eens geprobeerd om hun interpretatie alsnog aannemelijk te maken. Onheilsprofetieën komen niet alleen in de joods-christelijke traditie voor, maar bijvoorbeeld ook in de islam, de gnostieke traditie en onder de oorspronkelijke bewoners van Noord-, Midden- en Zuid-amerika. Daarnaast worden er ook negatieve voorspellingen gedaan door onafhankelijke paragnosten en mediums. Maar hoe serieus moeten we visioenen over rampzalige ontwikkelingen eigenlijk nemen?

Over het algemeen denken onheilsprofeten en hun volgelingen dat ze een missie hebben. Ze bereiden de mensen voor op een ´grote zuivering´ of roepen hen juist op om hun leven te beteren en zo het onheil af te wenden. Dat laatste delen ze dan bijvoorbeeld met activisten en auteurs als Al Gore die ons proberen te redden van een wereldwijde milieucatastrofe.

Niet uitgekomen
Het eerste wat we moeten vaststellen is dat zeer veel voorspellingen helemaal niet uitgekomen zijn. Een paar voorbeelden:
In 1917 kregen drie kinderen in het Portugese dorp Fatima verschijningen van de maagd Maria te zien. Zij schotelde hun onder andere visioenen over de

toekomst voor. Ten minste een deel van de inhoud van die visioenen is inmiddels ontkracht. De vijand die Maria aanwijst in een tweede 'grote' oorlog zou bijvoorbeeld het communistische Rusland zijn (en niet Hitler-Duitsland of Japan) en Rusland zou zich 'bekeren tot Maria'. Twee uitspraken die eerder te maken lijken te hebben met verwachtingen en angsten van gelovige Portugese katholieken in 1917 dan met de ontwikkelingen na dat jaartal.

Een nog veel bekendere voorspelling betreft een vers van de Franse ziener Nostradamus. Hij schreef duistere 'kwatrijnen' (vers van vier dichtregels) met veel verschillende interpretatiemogelijkheden. Dit geldt zelfs nog voor een van zijn eenduidigste kwatrijnen (Centurie 10, kwatrijn 72), dat in een Nederlandse vertaling als volgt luidt:

In het jaar 1999, zeven maanden
Uit de hemel zal een grote koning van verschrikking komen:
Tot leven wekkend de grote Koning van Angolmois,
Ervoor erna regeert Mars door geluk

Dit vers is onder meer geduid als een bombardement op Parijs met kernwapens. Toen deze intepretatie niet uit bleek te komen, hebben sommigen aanhangers van Nostradamus het in verband proberen te brengen met de aanslagen in New York. Als je de geschriften van de Franse ziener nader bestudeert, lijkt het echter veel aannemelijker dat de voorspelling gewoon nergens op slaat. Het kwatrijn lijkt overigens eerder gebaseerd te zijn op een astrologische berekening van een zonsverduistering dan op een helderziend visioen. Net als bij zoveel andere zieners komt het toekomstbeeld van Nostradamus vooral over als een projectie van zijn eigen tijdvak. In zijn dagen waren veldslagen tussen Turkse moslims en Europese christenen bijvoorbeeld heel actueel en het lijkt erop dat hij die heilige oorlog onbewust op toekomstige eeuwen heeft geprojecteerd. Dat er echt problemen bestaan met radicale moslimterroristen staat weliswaar vast. Maar deze problemen zijn over het algemeen niet te vergelijken met de nog veel structurelere tegenstellingen tussen de islamitische en christelijke wereld tijdens het leven van de Franse ziener.

Geen oorlog met het Oostblok
Het boek *PSI und der Dritte Weltkrieg* van Adalbert Schönhammer uit 1978 bevat allerlei voorspellingen die op het moment van publicatie nog echt uit hadden kunnen komen. De meeste daarvan zijn inmiddels ontkracht, en dat is maar goed ook. Er worden bijvoorbeeld diverse 'geschouwde' scenario's in beschreven van een Derde Wereldoorlog tussen het westen en de communistische landen. Zo wordt er

bijvoorbeeld gesproken over de inzet van biologische en chemische wapens, over de verwoesting van verscheidene Europese steden en zelfs over de precieze route en tactiek waar men voor zou kiezen. Er zijn dan ook landkaartjes in het boek opgenomen. Bovendien is er sprake van een gewelddadige revolutie en burgeroorlog in Rusland die met veel bloedvergieten gepaard zou gaan.

Overigens erkent Schönhammer zelf dat ook gedetailleerde voorspellingen soms niet uitkomen. Hij wijst bijvoorbeeld op een voorspelling van ene Johansson over een grote bevrijdingsoorlog in India, waarbij het land zich zou bevrijden van de Engelse overheersing. De ziener heeft het onder meer over reusachtige fronten, talloze slagvelden en ontelbare slachtoffers. Deze voorspelling is niet uitgekomen en kán ook niet meer uitkomen aangezien India inmiddels met relatief weinig geweld (vergeleken met Johanssons profetie) onafhankelijk is geworden.

Als voorspellingen niet uitkomen betekent dat nog niet meteen dat de profeten in deze gevallen helemaal niet paranormaal begaafd waren, maar wel dat ze de plank af en toe flink mis kunnen slaan. Naarmate voorspellingen langer geleden gedaan zijn, lijkt de kans dat ze exact uitkomen kleiner te worden. Dit past goed in de theorie dat precognitie meestal te maken heeft met wat er vooralsnog in de lucht hangt, in plaats van met een reeds volledig vaststaande toekomst.

Kennelijk hing een Derde Wereldoorlog tussen het communistische Oostblok en de NATO-landen bijvoorbeeld jarenlang zozeer in de lucht, dat helderzienden vaak vergelijkbare indrukken kregen van zo'n oorlog. Inmiddels is dit gevaar geweken doordat de Koude Oorlog allang tot het verleden behoort. Er zijn overigens mensen die nog steeds koppig vasthouden aan de algemene strekking van de aloude oorlogsvoorspellingen. Ze stellen bijvoorbeeld dat het Rusland van Vladimir Poetin in feite net zo'n onderdrukkende macht is als de voormalige Sovjet-Unie. Daardoor zou de voorspelde Derde Wereldoorlog toch nog tegen Rusland gevoerd worden. Toch kunnen zelfs in dat geval de jaartallen die door zieners worden genoemd - bijvoorbeeld tussen 1980 en 2000 - niet meer kloppen. Daarom is het onbegrijpelijk als men er voetstoots van uitgaat dat de rest nog wel steeds correct moet zijn. Er bestaan nu eenmaal voorspellingen die helemaal niet uitkomen.

Daarnaast hebben voorspellingen ook nog eens vaak te maken met meerduidige symboliek, die hun duiding bemoeilijkt. Bovendien is het denkbaar dat zieners juiste algemene beelden over de te verwachten toekomst zien, maar deze verkeerd duiden. Zo lijkt Schönhammer te stellen dat de ziener Hepidanus van St. Gallen in 1080 oorlogsvliegtuigen of helikopters zou hebben voorzien. Als dat juist is, dan klopt de omschrijving van wat hij ziet in elk geval niet exact. Hepidanus heeft het namelijk over "grote vogels met ijzeren snavels wier klapwieken de lucht vulde."Ze zouden mensen vangen zoals "de zwaluw vliegen vangt". Zelfs in het geval van een helikopter is dat geen adequate weergave.

2012

We kunnen ons nog goed herinneren hoe het jaar 1999 door aanhangers van Nostradamus werd beschouwd als een beslissend jaar voor de mensheid. Toen de kwatrijn toch minder exact uitgekomen bleek te zijn dan verwacht was, werd langzamerhand een ander jaartal populair, namelijk 2012. Dit lijkt overigens minder te maken hebben met paranormale uitspraken daarover dan met astrologische en numerologische overwegingen. Zoals dat 2012 en met name 21 december van dat jaar door de oude Maya-cultuur beschouwd werd als het einde van een langdurig tijdperk. 2012-fanaten baseren zich daarbij op oude overleveringen over het begin van het huidige tijdperk.

Bizar genoeg zijn ook aanhangers van de astrologie het niet allemaal eens over het juiste tijdstip waarop de voorspellingen van de Maya's uit zouden moeten komen. Volgens bepaalde berekeningen zou het een ander jaar of zelfs andere eeuw betreffen! Zelfs de

astrologische constellaties die zich op 21 december 2012 volgens aanhangers zouden voordoen, zouden volgens anderen niet juist zijn.
In ieder geval is het duidelijk dat het jaartal 2012 als zodanig niet of nauwelijks voorkomt in andere voorspellingen. Voorspellingen die het jaartal wel vermelden zijn waarschijnlijk beïnvloed door de huidige 2012-hype.
Bovendien is het maar zeer de vraag of astrologie (en numerologie) wel zo geschikt zijn voor vérgaande voorspellingen. Als paragnosten er al niet goed in slagen om de verre toekomst tot in detail te voorzien, waarom zou dan dat wel gelden voor astrologen? Zij werken namelijk met ingewikkelde berekeningen en eventueel nog met hun zesde zintuig. Wanneer de toekomst niet vaststaat, kunnen ook berekeningen daar niets aan veranderen. En wanneer ze paragnostische vermogens inzetten is er geen reden om te veronderstellen dat zij dat beter zullen doen dan andere helderzienden.
Dit is van groot belang omdat het jaar 2012 door veel mensen wordt beschouwd als het jaar van Armageddon en wereldwijde natuurrampen.
Miljoenen mensen zouden hierbij omkomen en een groot deel van de huidige beschavingen zou te gronde gaan. Het is gelukkig niet waarschijnlijk dat men alleen op grond van dergelijke voorspellingen andere landen de oorlog verklaart. Maar het negatieve gehalte

van dergelijke voorspellingen stemt natuurlijk niet al te vrolijk. Het zorgt voor onrust en angst en kan zelfs bepaalde ontwikkelingen ongunstig beïnvloeden.

Hou je verstand erbij!
Iets dergelijks geldt trouwens ook voor gewone, niet-paranormale prognoses over de toekomst. Wanneer die te negatief geformuleerd worden, werken ze demoraliserend. De meeste mensen vinden het moeilijk om te blijven geloven in de toekomst als die toekomst inktzwart wordt afgeschilderd. We hebben namelijk behoefte aan hoop en perspectief. We willen niet alleen weten op welke punten er gevaar dreigt, maar ook hoe we dat gevaar kunnen afwenden.
Wat dit betreft is het verontrustend dat angstaanjagende onheilstijdingen vaak gepaard gaan met bizarre samenzweringstheorieën. Zo zou er in diverse scenario's sprake zijn van een wereldwijde 'zionistische' poging om de wereld ondergeschikt te maken aan de belangen van de staat Israël. Dit zou weerspiegeld worden in (antisemitische) voorspellingen over het Joodse volk. Soms worden er ook sinistere verbanden gelegd met een geheim genootschap, de Illuminati, dat in werkelijkheid al eeuwen geleden werd opgedoekt. Het enge aan dit soort theorieën is dat men niet meer primair bezig is met een rationele analyse van de situatie of met onderbouwde prognoses. In plaats daarvan richt men

zich op een of meer groepen die tot zondebok worden bestempeld. De joden, de Illuminati, de 'reptilians' maar bijvoorbeeld ook de moslims.
Dit zijn gevaarlijke ontwikkelingen die echt gekeerd moeten worden. In plaats van ons vast te bijten in onheilsprofetieën en ongefundeerde samenzweringstheorieën dienen we te ijveren voor positieve ontwikkelingen en mogelijkheden. Sommige dingen moeten zeker veranderen, maar dat hoeft niet ten koste te gaan van miljarden doden. We moeten juist streven naar de-escalatie en met elkaar om de tafel gaan zitten. Zo kan er een positieve 'nieuwe tijd' aanbreken die misschien alles overtreft wat daar ooit over geprofeteerd is.

Literatuur
- Bender, H. (1983). *Zukunftsvisionen, Kriegsprophezeiungen, Sterbeerlebnisse*. München: Piper & Co Verlag.
- Centurio, A. (1995) *De Ware Voorspellingen van Nostradamus*. Utrecht: Kosmos-Z&K.
- Dimde, M., & Berkel, T.W.M. (2007). *Nostradamus: met voorspellingen voor de komende jaren*. Baarn: Tirion.
- Hofstede, M.R.J. (1994). *De complete verzen van Nostradamus: de originele teksten, vertaling en toelichting op de voorspellingen*. Rijswijk: Elmar.
- Rivas, T. (1999). De Maria-verschijningen te Fatima.

Prana, 115, 45-51.
- Schönhammer, A. (1978). *PSI und der Dritte Weltkrieg*. Bietigheim: Rom Verlag.
- Tenhaeff, W.H.C. (1979). *De voorschouw: onderzoekingen op het gebied van de helderziendheid in de tijd*. Leopold.

Dit artikel werd geplaatst in Paraview, jaargang 15, nummer 1, februari 2010, blz. 18-21.

Buitenzintuiglijke waarneming: wat is dat?

door Titus Rivas

De telefoon gaat en voor je opneemt, weet je al wie er belt. In veel gevallen is hier een prozaïsche verklaring voor. Je had bijvoorbeeld met die persoon afgesproken dat hij je rond diezelfde tijd zou opbellen. Of het was een vriendin die bijna dagelijks rond dezelfde tijd belt. Het wordt anders als de beller iemand is die je al lang niet gesproken hebt en volkomen onverwachts contact zoekt. Je hoeft weinig van parapsychologie te weten om in zo'n geval onwillekeurig 'telepathie!' te roepen.

Materialisten erkennen over het algemeen dat we soms bizarre 'toevalligheden' kunnen tegenkomen in ons dagelijks leven. Maar dat is voor de meesten van hen geen reden om er meer achter te zoeken dan de bekende natuurwetten. Parapsychologen erkennen echter doorgaans dat sommige ervaringen meer dan alleen maar toevallig moeten zijn. Voor hen is 'telepathie' dus een reëel gegeven. Kennelijk is het echt mogelijk om geestelijk boodschappen op te vangen buiten het lichaam om. Dit heet ook wel buitenzintuiglijk, omdat men iets waarneemt zonder de normale zintuigen te gebruiken. De Engelse term is

Extra-Sensory Perception, en wordt meestal afgekort als ESP. Een goed Nederlandse synoniem van Griekse herkomst is paragnosie, waar het bekende woord paragnost van afgeleid is. Letterlijk is dit kennis 'naast' (para) de normale kennis.

Bij telepathie krijgt iemand buitenzintuiglijke informatie door over de toestand en inhoud van de (bewuste en/of onbewuste) geest van iemand anders. Behalve telepathie, omvat buitenzintuiglijke waarneming ook helderziendheid, het binnenkrijgen van 'paranormale' informatie over de fysieke wereld. Er is binnen de parapsychologie inmiddels zoveel bewijsmateriaal voor ESP, dat het de moeite loont na te denken over theorieën. We weten dat het verschijnsel echt bestaat, maar hoe moeten we het plaatsen in een ruimer wereldbeeld? Zoals wel vaker wanneer het om fundamentele vraagstukken gaat, zijn er sterk uiteenlopende theorieën of modellen opgesteld.

Theorieën

Een theorie die dicht bij het reguliere wetenschappelijke wereldbeeld blijft, richt zich op een hypothetische straling uit het brein. Iemands hersenen zouden op een volledig fysieke manier met andere breinen en met de buitenwereld in contact staan. Het zou gaan om variaties op bekende vormen van elektromagnetische straling. Het brein zou in zekere zin lijken op een radiotoestel waarmee men boodschappen kan versturen en ontvangen. Niemand heeft echter ooit neurologische aanwijzingen gevonden voor zo'n systeem in de hersenen. Bovendien lijkt buitenzintuiglijke waarneming zich niet te storen aan grenzen die wel gelden voor alle bekende vormen van elektromagnetisme. Een telepathisch 'signaal' komt bijvoorbeeld niet later aan naarmate ontvanger en zender verder van elkaar verwijderd zijn.

In feite is de elektromagnetische theorie de meest aanvaardbare interpretatie van ESP voor echte materialisten. Je hoeft er namelijk geen bijzondere vermogens van de geest zelf bij te halen en kunt je zelfs beperken tot fysieke vermogens van de hersenen. Dit verklaart meteen waarom zelfs telepathie tegenwoordig volledig onaanvaardbaar is voor materialisten. Het past gewoon niet in hun wereldbeeld.

Andere theorieën gaat uit van bepaalde interpretaties van de kwantumfysica. Binnen de zogeheten observationele theorieën komt buitenzintuiglijke waarneming neer op een vorm van psychokinese. Onder psychokinese verstaan we dan een invloed van de geest op de fysieke werkelijkheid.

De geest zelf beïnvloedt bijvoorbeeld welke afbeelding er tijdens een experiment op basis van 'toeval' wordt uitgekozen als telepathisch op te vangen beeld. Er is dus niet zozeer sprake van paragnosie waarbij men iets waarneemt wat er al is, maar wat er is wordt mede bepaald door de geest zelf. Dit sluit aan bij een stroming binnen de kwantumfysica. Zolang er geen bewuste waarneming of meting is van processen op kwantumniveau blijft alles nog mogelijk. Het is het bewustzijn die de mogelijkheden beperkt tot één bepaalde uitkomst. Volgens een radicale versie van die theorie krijgt de hele fysieke wereld pas concreet vorm dankzij het bewustzijn. De observationele theorieën zijn zeker niet onproblematisch. Zo hebben aanhangers het bijvoorbeeld over retroactieve psychokinese, waarbij mensen uitkomsten van experimenten die al gemeten zijn met terugwerkende kracht zouden kunnen bepalen. De invloed zou dus letterlijk teruggaan in de tijd. Ook is het mij niet duidelijk wat telepathische communicatie met een overledene te maken zou moeten hebben met psychokinese. Zo'n overledene heeft bijvoorbeeld geen brein meer, dus we kunnen hem niet bereiken door via psychokinese een indruk achter te laten op zijn hersenen. Overigens is dat natuurlijk alleen een probleem als je in een voortbestaan gelooft, wat zeker niet voor alle aanhangers van de observationele theorieën geldt. Een algemener probleem heeft te maken met het opvangen van indrukken uit een geest die zelf geen telepathische boodschappen uitzendt. Het kan daarbij volgens mij echt niet gaan om psychokinese. Er zijn wel ingewikkelde antwoorden op dit soort vragen bedacht. Maar het is de vraag of die aannemelijker zijn dan de conclusie dat de observationele theorieën niet alles kunnen verklaren.

Non-localiteit of interactie
Hiermee is de kwantumfysica overigens nog niet uitgeput als bron van inspiratie. Zo zijn er de begrippen non-localiteit en kwantumverstrengeling die bijvoorbeeld een grote rol spelen in de bestseller *Eindeloos Bewustzijn* van dr. Pim van Lommel. Het gaat om mysterieuze eigenschappen van de kleinste deeltjes van de materie, zoals dat ze elkaar van een afstand non-locaal kunnen beïnvloeden. Met andere woorden: zonder ruimtelijk met elkaar in contact te zijn. Volgens sommigen lijken dit soort eigenschappen niet alleen op telepathie maar werkt ESP echt op eenzelfde manier. Tegenstanders bestrijden dit ten stelligste. Ze benadrukken dat de merkwaardige eigenschappen van de kwantumwereld niets te maken hebben met wat we in de wereld van alledag meemaken. Maar ja, dat staat nu juist ter discussie. Ook het Jungiaanse concept synchroniciteit kan in verband worden gebracht met de kwantumfysica. Bij synchroniciteit is er sprake van een zinvolle, maar acausale (niet oorzakelijke) verbondenheid tussen twee gebeurtenissen. Dit lijkt met enige fantasie op de verbondenheid van twee kwantumdeeltjes. Toch is

herleiding van buitenzintuiglijke waarneming tot synchroniciteit niet overtuigend. Bij synchroniciteit gaat het altijd om twee gebeurtenissen die op zich verklaarbaar zijn als het gevolg van gebeurtenissen die eraan voorafgingen. Het onverklaarde zit hem niet in de gebeurtenis zelf, maar in de samenhang met een andere gebeurtenis die er los van staat. Dat geldt niet voor telepathie. Bij telepathische indrukken krijg je indrukken door die 'inbreken' op je gedachten en daar niet het associatieve vervolg op zijn. Bij telepathie is er dus een causaal proces gaande.

Een stroming die mijn eigen voorkeur heeft heet dualistisch interactionisme. Men gaat daarbij uit van onstoffelijke geesten en een fysieke wereld die allemaal evenzeer bestaan. Er is daarom ook niet slechts één vorm van inwerking, zoals bij de observationele theorieën. In plaats daarvan wordt er een onderscheid gemaakt tussen de rechtstreekse beïnvloeding van de geest door andere geesten (telepathie), de rechtstreekse waarneming door de geest van de fysieke wereld (helderziendheid) en de beïnvloeding van de materie door de geest (psychokinese). Tot slot is er natuurlijk nog de beïnvloeding van de geest door de materie, maar die wordt normaliter niet als paranormaal beschouwd. Onder meer de Nederlandse parapsycholoog Paul Dietz stelde dat de normale waarneming een speciaal geval van helderziendheid is. Bij helderziendheid vindt er een directe, buitenzintuiglijke waarneming plaats, terwijl de normale waarneming beperkt wordt door zintuigen en hersenen. Helderziendheid is dus in feite de standaardvorm van waarneming en de zintuiglijke perceptie 'slechts' een afgeleide daarvan.

Mediamiek
Verder zijn er nog zogeheten parafysische theorieën die uitgaan van een interactie met onbekende krachten of lichamen. Bijvoorbeeld de theorie van Rupert Sheldrake van de zogeheten morfogenetische velden die het fysieke organisme vormen en ondersteunen. Of de nog veel oudere leer van de aura en het astraal lichaam. Binnen deze visie zijn we geestelijk niet rechtstreeks verbonden met ons brein, maar via een 'subtiel' of fijnstoffelijk lichaam. Dit lichaam medieert zowel de zintuiglijke als de buitenzintuiglijke waarneming. In het werk van Sheldrake is bijvoorbeeld sprake van het begrip morfische resonantie. Hierbij communiceren morfogenetische velden met elkaar, zonder dat ze gebonden zijn aan de fysieke ruimte. Dat zou verklaren waarom ESP onmiddellijk kan plaatsvinden zonder dat er sprake is van tijdverlies.
Spiritisten dachten vooral vroeger dat paranormale vermogens voornamelijk voorbehouden waren aan overledenen. Dit sluit aan bij oude opvattingen volgens welke een paragnost eigenlijk altijd ook een

medium is. De paranormale indrukken zouden altijd 'van boven' komen of het nu van overledenen of engelen is. Als deze theorie waar is, betekent dit dat we als mensen alleen mediamiek kunnen zijn en nooit echt zelf helderziend. Het lijkt mij persoonlijk zeer onaannemelijk, omdat overledenen geestelijk gezien nog steeds mensen zijn (althans wel direct na hun dood). Ik kan me wel voorstellen dat ze gemakkelijker over ESP beschikken. Maar dat is iets anders dan dat ze pas na hun dood telepathische en helderziende indrukken kunnen krijgen. Overigens wil dat niet zeggen dat overledenen nooit een rol van betekenis spelen wanneer mensen paranormale indrukken krijgen, maar dat is weer een ander onderwerp.
Al met al is er reeds behoorlijk nagedacht over de theorievorming rond buitenzintuiglijke waarneming. Dat mag ook wel, want het heeft weinig zin om het verschijnsel nog langer te negeren.

Literatuur
- Houtkooper, J.M. (2002). Arguing for an observational theory of paranormal phenomena. *Journal of Scientific Exploration, 16*, 2, 171-185.
- Lommel, P. v. (2007). *Eindeloos bewustzijn.* Baarn: Ten Have.
- Rivas, T. (2004). *Encyclopedie van de parapsychologie.* Rijswijk: Elmar.
- Tart, C. (2009). *The End of Materialism.* Noetic

Books.

Dit artikel werd in 2011 gepubliceerd in KD.

(Per abuis werd er de enigszins misleidende titel Voorgevoel: wat is dat? aan gegeven, die ik hier door een geschiktere titel heb vervangen.)

Onderzoek naar voorspellingen in ParaVisie:

Hoe hebben onze nationale paragnosten gescoord in 2009?

door Titus Rivas

Al zo'n twee decennia lang worden er in het januarinummer van het tijdschrift ParaVisie voorspellingen voor het komende jaar gepubliceerd. Het gaat om uitspraken van bekende kopstukken uit de Nederlandse 'paranormale scene', zoals paragnosten, mediums, pendelaars, numerologen, tarotisten en astrologen.
ParaVisie publiceert deze nog voor het aanbreken van het nieuwe jaar. Bovendien beoordeelt de redactie in het januarinummer steeds ook enkele uitspraken over het afgelopen jaar en wijst daarbij niet alleen op treffers, maar ook op duidelijke missers.
Het lijkt me interessant om eens te kijken naar toetsbare voorspellingen uit 2008...

Methode
Ik wil me in dit artikel beperken tot specifieke, niet-triviale beweringen die niet kunnen berusten op een rationale extrapolatie van normale informatie over het lopende jaar. Een voorspelling als "We krijgen

misschien weer een Elfstedentocht" komt dus niet in aanmerking en "De economische crisis zal leiden tot meer werkloosheid" of "Een lid van het koningshuis kan dit jaar in de problemen komen" evenmin. (Zelfs de – onjuiste – voorspelling dat er geen witte kerst zou komen in 2009 vind ik te triviaal.)

Ook ontoetsbare voorspellingen over het gevoelsleven van beroemde persoonlijkheden laat ik hier buiten beschouwing. Net als uitspraken over welke voetbalclub dit jaar landskampioen wordt of hoe goed Nederland zal scoren op het Songfestival, aangezien al dergelijke beweringen op normale voorkennis kunnen berusten.

Tot slot heb ik niet gekeken naar voorspellingen van astrologen of numerologen, omdat die in principe (mede) zouden kunnen berusten op ingewikkelde berekeningen in plaats van op buitenzintuiglijke waarneming.

De voorspellingen
Ik heb me beperkt tot de volgende voorspellingen die specifiek, niet-raciaal en verifieerbaar zijn.

Paragnost Jan C. van der Heide
- opgetekend door de redactie van ParaVisie op 16 november 2008.
* Ongekende verhoging van voedselprijzen [in Nederland].

* De aanhang van de Ku Klux Klan groeit explosief.
* Een kwetsbare situatie met een vervoersmiddel met betrekking tot Willem-Alexander.
* Er komt een kink in de kabel wat het koninklijk onderkomen in Mozambique betreft.
* De zaak Natalee Holloway zal in de nabije toekomst door een bekentenis worden opgelost.
* In Japan zal een apparaatje ontwikkeld worden waarmee zwaarlijvige mensen zichzelf stroomstootjes kunnen geven op momenten dat ze in verleiding komen om te snoepen.
* Er zal een remedie tegen Alzheimer worden ontwikkeld via vaccinatie.

Paragnoste Ans Bijvank
- opgetekend op 17 november 2008::
* De koningin krijgt een nieuwe vriend en kondigt op Prinsjesdag haar troonsafstand aan. Willem Alexander neemt het stokje in mei of juni 2009 definitief over.
* Gerard Joling trouwt in besloten kring.
* Er komt een op je je jas aan te brengen paraplu die met name door fietsers steeds meer gebruikt gaat worden.

Medium Sonja Dover
- opgetekend op 20 november 2008:
* Er zullen veel eenmansfracties en -partijen in Nederland ontstaan, evenals veel nieuwe politieke

partijen,
*Obama richt zich in het eerste jaar van zijn presidentschap op hervorming van het zorgstelsel. Het Nederlandse ziekenfondssysteem zal als voorbeeld dienen,
* Polen roept zijn arbeiders in het buitenland terug om de eigen economie op te bouwen, en
* Nelly Frijda zal afscheid nemen van het toneel.

Paragnoste Françoise Wesselius
- opgetekend op 20 november 2008:
* Rita Verdonk zal een boek uitbrengen waarin zij openheid geeft over haar visies op bepaalde zaken. Dit zal zorgen voor een 'nieuwe comeback' in het najaar van 2009,
* Oude wetten met betrekking tot indianen in de Verenigde Staten zullen plaatsmaken voor nieuwe, zodat de toekomst van hun kinderen er rooskleuriger uitziet, en
* In Suriname zullen horeca- en hotelketens als paddenstoelen uit de grond schieten.

Evaluatie
* Ongekende verhoging van voedselprijzen. → Gelukkig is deze voorspelling niet uitgekomen, eerder het tegendeel, omdat er juist sprake was van prijzenoorlogen tussen de grote supermarktketens.
* De aanhang van de Ku Klux Klan groeit explosief.

→ Dit is onjuist, er is althans niets over in het nieuws geweest. Ook op een Amerikaanse website van de Klan is er niets over te lezen.
* Een kwetsbare situatie met een vervoersmiddel met betrekking tot Willem-Alexander. → Dit wordt door de redactie van ParaVisie zelf als een duidelijke 'hit' gezien vanwege de aanslag door een automobilist op Koninginnedag te Apeldoorn. Daarbij erkent men overigens dat Willem-Alexander niet als enige bedreigd werd tijdens de aanslag. Ik geef toe dat de overeenkomst opmerkelijk lijkt, maar het had natuurlijk nog wel wat preciezer gekund. Zoals het door de paragnost geformuleerd is, had het bijvoorbeeld ook te maken kunnen hebben met autopech in een onherbergzame omgeving.
* Er komt een kink in de kabel wat het koninklijk onderkomen in Mozambique betreft. → Dit is zeker juist, alleen blijkt het bij nader onderzoek minder spectaculair, want er was al vanaf eind juli 2008 ophef over het onderkomen, namelijk van de kant van de SP.
* De zaak Natalee Holloway zal in de nabije toekomst door een bekentenis worden opgelost. → Onjuist. Joran van der Sloot kwam al begin 2008 in het nieuws met verklaringen over deze zaak, maar hij heeft zich tot nu toe steeds weten te onttrekken aan justitie.
* In Japan zal een apparaatje ontwikkeld worden waarmee zwaarlijvige mensen zichzelf stroomstootjes kunnen geven op momenten dat ze in verleiding

komen om te snoepen. → Waarschijnlijk onjuist, ik heb er in ieder geval niets over terug kunnen vinden.
* Er zal een remedie tegen Alzheimer worden ontwikkeld via vaccinatie. → Op internet valt te lezen dat men hier al jaren mee bezig is. Reeds in 2007 was er sprake van veelbelovende ontwikkelingen. De specifieke uitspraak lijkt dus te kunnen berusten op cryptomnesie (verborgen, weggezakte herinnering, bijvoorbeeld aan iets wat men gelezen heeft).
* De koningin krijgt een nieuwe vriend en kondigt op Prinsjesdag haar troonsafstand aan. Willem Alexander neemt het stokje in mei of juni 2009 definitief over. → Dit is beide niet uitgekomen, of het moet zijn dat men de nieuwe vriend volledig buiten de media heeft weten te houden.
* Gerard Joling trouwt in besloten kring. → Niet uitgekomen.
* Er komt een op je je jas aan te brengen paraplu die met name door fietsers steeds meer gebruikt gaat worden. → Niet uitgekomen, ik heb zelf in 2009 veel gebruik gemaakt van de fiets en ben nooit zo'n paraplu tegengekomen.
* Er zullen veel eenmansfracties en -partijen in Nederland ontstaan, evenals veel nieuwe politieke partijen. → Niet uitgekomen, tenminste niet als het gaat om landelijke partijen. Het voormalige SP-lid Düzgün Yildirim heeft weliswaar meegedaan aan de Europese Verkiezingen met zijn partij Solidara, maar

het gaat wat ver om te spreken van 'veel eenmansfracties en veel nieuwe partijen'. [In 2017 blijkt dit overigens meer van toepassing.]
* Obama richt zich in het eerste jaar van zijn presidentschap op hervorming van het zorgstelsel. Het Nederlandse ziekenfondssysteem zal als voorbeeld dienen. → Deze voorspelling is correct, maar Obama's plan van een "health care reform" was reeds in 2008 onderwerp van gesprek..
* Polen roept zijn arbeiders in het buitenland terug om de eigen economie op te bouwen. → Niet terug te vinden, dus waarschijnlijk incorrect.
* Nelly Frijda zal afscheid nemen van het toneel. → Onjuist, ze heeft zich wegens ziekte slechts tijdelijk teruggetrokken.
* Rita Verdonk zal een boek uitbrengen waarin zij openheid geeft over haar visies op bepaalde zaken. Dit zal zorgen voor 'nieuwe comeback' in het najaar van 2009. → Volledig onjuist. Er is wel een roman uitgekomen die op een weinig vleiende manier naar haar lijkt te verwijzen, *De stem van het volk* van Roel Janssen.
* Oude wetten met betrekking tot indianen in de Verenigde Staten zullen plaatsmaken voor nieuwe, zodat de toekomst van hun kinderen er rooskleuriger uitziet. → Ik heb een bericht van 10 december 2009 teruggevonden waarin inderdaad sprake is van iets dergelijks. Volgens het Native American Rights Fund

is er reden om blij te zijn met toezeggingen van de Amerikaanse regering van belangrijke fondsen van in totaal miljoenen dollars, onder meer voor hoger onderwijs aan indianen.
* In Suriname zullen horeca- en hotelketens als paddestoelen uit de grond schieten. → Ook deze voorspelling is tot op zekere hoogte uitgekomen, namelijk in de vorm van de vestiging van twee belangrijke hotels in Paramaribo, maar... dit was al in 2008 bekend!

Beschouwing
De evaluatie van de minst triviale en meest specifieke voorspellingen voor 2009 in ParaVisie is voor mij best teleurstellend. Van de zeventien uitspraken zijn er maar liefst elf onjuist of waarschijnlijk onjuist. Van de overblijvende zes uitspraken kunnen er vijf mede verklaard worden door cryptomnesie (weggezakte normale voorkennis). Dit betekent dat er slechts één uitspraak overblijft die moeilijk 'normaal' weg verklaard (door middel van voorkennis of toeval) lijkt te kunnen worden en daarom inderdaad wijst op een vorm van voorschouw bij de paragnoste in kwestie, Françoise Wesselius.
Ik ben op grond van resultaten op het gebied van serieus onderzoek naar precognitie zelf volledig overtuigd van de realiteit van dit fenomeen. Bovendien kan er volgens mij geen twijfel over

bestaan dat sommige mensen vaker 'paranormale' ingevingen krijgen dan gemiddeld, met andere woorden dat er echt 'paragnosten' bestaan, o.a. door vroeg onderzoek naar Stefan Ossowiecki en sterproefpersonen bij kwantitatieve experimenten.
De resultaten van de evaluatie kunnen volgens mij op drie verschillende manieren geïnterpreteerd worden binnen een kader dat in ieder geval uitgaat van de mogelijkheid dat de deelnemers werkelijk paragnostisch 'begaafd' zijn en dat er paranormale voorspellingen voorkomen die werkelijk op precognitie berusten:

1. - Ik ben onbedoeld te streng geweest in mijn selectie en beoordeling van de voorspellingen. Het zou kunnen dat andere, algemenere of vagere uitspraken van de betrokkenen wel degelijk op voorschouw berustten. Het gegeven dat een uitspraak op normale voorkennis kán berusten wil voorts natuurlijk nog niet zeggen dat zij daar ook echt op berúst. Vooral skeptici bezondigen zich aan deze drogredenering.
Dat de geselecteerde uitspraken onjuist of toch niet zo spectaculair blijken te zijn, impliceert in dat geval slechts dat de deelnemers misschien niet zo bekwaam zijn in het doen van zeer specifieke voorspellingen. Misschien zijn ze wel goed in staat om een algemene lijn aan te voelen, maar wordt het moeilijker als het

om specifieke gebeurtenissen gaat.

2. - Het doen van voorspellingen voor het komende jaar is niet het sterkste punt van de (meeste) deelnemende paragnosten. Ze kunnen 'begaafd' zijn in andere opzichten. Overigens moet men dit niet verwarren met het concept van onder meer W.H.C. Tenhaeff van persoonlijke paragnostische 'specialismen'. Elke helderziende zou volgens dit concept speciale interesses en sterke kanten hebben die samenhangen met zijn of haar persoonlijkheid of levensloop. Specialismen bieden geen aannemelijke verklaring voor mijn resultaten, omdat de redactie van ParaVisie de deelnemers duidelijk de ruimte heeft geboden om zich uit te laten over thema's die hen het meest na aan het hart liggen. Zo mag de ene paragnost bijvoorbeeld uitweiden over ontwikkelingen in de politiek, maatschappij of economie, terwijl een andere zich eerder richt op sport of bekende Nederlanders. Uiteraard zouden de deelnemers nog wel systematisch onderzocht kunnen worden op hun eventuele ESP-vermogens.

3. - De toekomst is voor een deel wel voorspelbaar, maar voor een (groter) deel ook helemaal niet. Dit hangt samen met de algemene theorievorming rond precognitie. Gaat het hierbij om het contact maken via psi met een reeds objectief bestaande toekomst,

waarbij het tijdsverloop niet meer dan een illusie zou zijn? Of gaat het eerder om het buitenzintuiglijk waarnemen van waarschijnlijkheden die in de lucht hangen? In dat laatste geval zou het wel eens zo kunnen zijn dat het tegenwoordig bijna niet meer mogelijk is om juiste, niet-triviale toekomstvoorspellingen te doen. We leven in een tijd waarin allerlei details zo snel kunnen veranderen dat wat in januari nog waarschijnlijk leek in februari al volkomen onwaarschijnlijk geworden kan zijn. Dat ligt mede aan de mondialisering en de enorme stroom aan uitwisseling van informatie via internet. Grote ingrijpende gebeurtenissen zoals de aanslagen van 11 september 2001 vormen wat dit betreft misschien nog een uitzondering, maar als deze derde interpretatie juist is, zou je verwachten dat men ook zulke gebeurtenissen (tegenwoordig) slechts globaal of relatief kort van tevoren kan voorzien.

Wat dit betreft lijkt de hype rond 2012 bijvoorbeeld volkomen misplaatst. Als zelfs paragnosten in 2008 weinig specifieke treffers scoren met betrekking tot 2009, dan lijkt het absurd om te veronderstellen dat men duizenden jaren geleden wel exacte uitspraken kon doen over 2012.

Overigens is deze derde hypothese enigszins toetsbaar, namelijk door te kijken of deelnemers aan de ParaVisie-voorspellingen in vroegere jaren meer opmerkelijke treffers scoorden dan in de laatste paar jaar.

Dit artikel werd geplaatst in Tijdschrift voor Parapsychologie en Bewustzijnsonderzoek, Vol. 76, Nr. 4 [384], december 2009, blz. 16-19.

Twijfel aan het bestaan van echte paragnosten

door Titus Rivas en Anny Dirven

De verschillende TV-series rond Het Zesde Zintuig zijn een begrip geworden in Nederland. Dat wil zeker niet zeggen dat iedereen er even enthousiast over geweest is. Niet alleen waren er geruchten over onsmakelijke, jaloerse ruzies tussen de deelnemers, maar er zou volgens skeptici bovendien sprake zijn van doorgestoken kaart. Dat niet alles er even vriendelijk aan toe ging bij de eerste serie, hebben we zelf uit de mond van een van de kandidaten vernomen. Het is echter maar de vraag of dit direct pleit tegen de integriteit van het programma zelf. Anders dan de huidige serie (Het Zesde Zintuig Plaats Delict) waarin paragnosten oftewel helderzienden met elkaar samenwerken om politiezaken te helpen oplossen, hadden de vorige series een competitieve opzet. Paragnosten zijn ook maar mensen en het is niet ondenkbaar dat sommigen van hen in het heetst van de strijd bezwijken voor minder fraaie, maar wel heel menselijke emoties zoals jaloezie. De tweede beschuldiging is parapsychologisch beschouwd echter veel ernstiger, althans wel als de producenten of presentatoren van de programma's bepaalde missers van bepaalde deelnemers opzettelijk hebben voorgesteld als voltreffers.

Boerenbedrog en toeval
Nu hoeven we er niet aan te twijfelen dat er inderdaad wel eens bedrog voorkomt rond paragnosten. Je kunt in het algemeen denken aan drie hoofdvormen:

(a) *Bedrog van derden, zoals onderzoekers of programmamakers*, dat wil zeggen dat zij onderzoeksresultaten als veel belangrijker voorstellen dan ze kunnen verantwoorden. We moeten er trouwens wel zeker van zijn dat een onderzoeker in zo'n geval zelf door heeft wat hij doet, want anders kan er zelfbedrog in het spel zijn of zelfs niet meer dan een vergissing. Bewust bedrog van dit type is waarschijnlijk betrekkelijk zeldzaam, althans beduidend zeldzamer dan skeptici beweren.
(b) *Bedrog van zogeheten mentalisten die zich uitgeven voor paragnosten*. Onder mentalisten verstaan we een soort illusionisten of goochelaars die zich bijzondere trucs eigen hebben gemaakt om doelbewust de illusie te wekken dat ze over paranormale gaven beschikken. Een van de bekendste mensen die hier al decennia van beschuldigd wordt, is Uri Geller. Of dit nu terecht is of niet, er zijn ongetwijfeld pseudo-paragnosten die niet meer dan illusionisten zijn. Het is geen goede zaak als de scheidslijn tussen de totaal verschillende categorieën

van mentalisten en echte paragnosten vervaagt. De amusementswaarde van een act kan geen excuus zijn om te doen alsof je paranormaal begaafd bent terwijl dat gewoon niet waar is.

(c) *Bedrog van echte, begaafde paragnosten*, die onder bepaalde omstandigheden bang kunnen zijn dat ze niet goed genoeg scoren en daarom hun toevlucht nemen tot de (desnoods knullige) toepassing van mentalistische trucs. Een bekend voorbeeld uit de mentalistische trukendoos is cold reading, een techniek waarbij een mentalist allerlei informatie ontleent aan iemands uiterlijk en lichaamstaal, en die informatie vervolgens presenteert als paranormaal. Skeptici gaan ervan uit dat alle verrichtingen van paragnosten verklaard kunnen worden door deze vormen van bedrog, eventueel nog aangevuld door coïncidenties. Dat wil zeggen: als uitspraken van helderzienden overeenkomen met de werkelijkheid en niet berusten op boerenbedrog, dan kunnen zulke treffers alleen berusten op normale informatie of op toeval.

Meer mogelijkheden zijn er niet, want in het skeptische wereldbeeld is nu eenmaal geen ruimte voor echte helderzienden. Waarom niet? Omdat er nu eenmaal helemaal geen buitenzintuiglijke waarneming zou bestaan. Alle informatie die we over de werkelijkheid kunnen vergaren zou uitsluitend tot ons kunnen komen via de fysieke zintuigen. Dit betekent

dat helderziendheid en telepathie bij voorbaat niet meer dan verzinsels kunnen zijn.
Deze standaard skeptische overtuiging zien we bijvoorbeeld in het recente boek *Wat een onzin!* van De Regt en Dooremalen. Volgens hen zijn bijna alle paragnosten (en overigens ook mediums) geldwolven en schaamteloze bedriegers.

Bewijzen voor ESP in het laboratorium
Ondanks het respectloze offensief tegen paragnosten van de kant van materialistische skeptici, hoort iedereen met een basale kennis van de parapsychologie in elk geval te weten dat er meer dan voldoende bewijsmateriaal verzameld is voor het bestaan van telepathie en helderziendheid. Buitenzintuiglijke waarneming oftewel Extra-Sensory Perception (ESP) is aangetoond door middel van betrouwbare collecties van sterke gevallen van spontane ervaringen, maar ook door strenge parapsychologische experimenten waarbij men systematisch alle normale zintuiglijke informatie uitsluit.
Bijvoorbeeld door degene die de telepathische informatie 'uitzendt' op een andere locatie te plaatsen dan de ontvanger. Bij de Ganzfeldmethode gaat men nog verder door de zintuigen van de ontvanger zelf af te schermen. Zo worden er halve pingpongballen over de ogen van de proefpersoon geplakt en zet men hem

of haar een koptelefoon met ruis op. Bij een andere techniek, remote viewing, bevindt de zender zich op flinke afstand van de ontvanger. Ook de informatie die de proefpersoon moet opvangen wordt door middel van een toevalsproces uitgekozen. Dit soort technieken hebben positieve resultaten opgeleverd die als je er de kansberekening op loslaat niet of nauwelijks verklaard kunnen worden door zuiver toeval. Men heeft op die manier reeds voldoende aangetoond dat buitenzintuiglijke waarneming naar alle waarschijnlijkheid echt bestaat! Skeptici geven dit in de meeste gevallen nog steed-s niet toe, omdat het nu eenmaal echt niet in hun wereldbeeld past. Hun rest niet veel anders dan door te gaan met hun ontkenning, verdraaiing of doodzwijgen van het bewijsmateriaal voor ESP.

Buitenzintuiglijke waarneming en begaafde helderzienden

Dit geldt des te meer voor onderzoek naar het bestaan van paragnosten. Zelfs parapsychologen lijken wat dit betreft overigens nog wel eens besmet door skeptische desinformatie. Dat telepathie en helderziendheid bestaan, wordt over het algemeen wel erkend door beoefenaars van de parapsychologie. Er is zoals gezegd zulk sterk bewijsmateriaal voor dat het onzinnig lijkt om het nog weg te willen verklaren of te negeren.

Een andere vraag luidt echter of er ook mensen zijn met een bijzondere begaafdheid op dit gebied; paragnosten dus. Je zou bij voorbaat verwachten dat die inderdaad bestaan. Bij alle andere menselijke vermogens zijn er namelijk individuen die daarin uitblinken en het zou wel heel merkwaardig zijn als buitenzintuiglijke waarneming zomaar het enige vermogen is waar dit niet voor geldt. De meeste mensen kunnen bijvoorbeeld een paar honderd meter rennen, maar slechts een enkeling schopt het zover dat hij aan de Olympische Spelen mee kan doen. Bijna alle kinderen kunnen tekenen, maar slechts een aantal van hen wordt uiteindelijk een professioneel kunstenaar. Het is daarom niet alleen redelijk te verwachten dat de meeste mensen wel eens een paranormale ervaring meemaken, maar ook dat een relatief kleine groep werkelijk paranormaal begaafd is.

Er is onderzoek uitgevoerd dat het bestaan van zulke mensen bevestigt. Een goed gedocumenteerd voorbeeld daarvan is de Pool Stefan Ossowiecki, een vroege paragnost die in de eerste helft van de 20e eeuw onderzocht werd, en over wie onlangs het evaluerende boek *A World in A Grain of Sand* is verschenen. Dit boek van Mary Rose Barrington, Zofia Weaver en Ian Stevenson toont aan dat er in zijn geval hoe dan ook veel bewijsmateriaal bestaat voor

een heuse helderziende gave.
In dit verband wijst men vaak op het werk van dr. H.G. Boerenkamp *Helderziendheid bekeken*. Dit zou aantonen dat helderzienden die zichzelf als paragnost beschouwen bijna nooit uitspraken doen die echt als paranormaal beschouwd zouden kunnen worden. Zijn boodschap, geciteerd door het lijfblad van de skeptici, *Skepter*, luidt onder andere: "Collega's, besteedt niet veel aandacht meer aan de uitspraken van paragnosten!"
Het enige wat Boerenkamp echter mogelijk heeft aangetoond is dat sommige mensen zichzelf als paragnost beschouwen, maar dat in werkelijkheid niet zijn. Daarmee is het bewijsmateriaal voor echte helderzienden natuurlijk nog steeds niet zomaar ontkracht. Om authentieke en vermeende paragnosten van elkaar te onderscheiden kun je niet volstaan met de vraag wie zichzelf als helderziende ziet en wie niet. Er zal dan eerst een selectie moeten plaatsvinden binnen de groep mensen die zichzelf als paragnost beschouwt. Bijvoorbeeld een selectie van het type dat we voorgeschoteld hebben gekregen bij de eerste series van *Het Zesde Zintuig*. Zonder zo'n zifting worden begaafde en onbegaafde proefpersonen onvermijdelijk over één kam geschoren.
Wijlen prof. dr. W.H.C. Tenhaeff is een van de bekendste Nederlandse parapsychologen geweest die serieus onderzoek heeft verricht naar paragnosten en

zijn bevindingen daaromtrent heeft gepubliceerd in talloze artikelen en boeken. Helaas is zijn werk volgens tegenstanders niet altijd even nauwkeurig geweest, maar dat neemt niet weg dat de helderzienden die hij heeft onderzocht, zoals Gerard Croiset en Warner Tholen, naar alle waarschijnlijk wel degelijk paranormaal begaafd waren.

Rekening houden met persoonlijkheid en specialismen
Een van de hedendaagse TV-mediums en helderzienden is de sympathieke Schot Derek Ogilvie. Hij heeft onlangs meegedaan aan een experiment van de beruchte Amerikaanse skepticus James Randi. Uit de resultaten van het experimenten leiden tegenstanders af dat hij zeker niet paranormaal begaafd is. Zelfs wanneer dat de juiste conclusie is, dan heeft de deelname van Ogilvie in elk geval voor eens en voor altijd de onhoudbaarheid aangetoond van de aantijging dat alle paragnosten gewoon bedriegers zijn. Maar er is geen enkele goede reden om aan te nemen dat Ogilvie geen bijzondere paranormale gave heeft. Hij heeft namelijk onvoldoende de kans gekregen om zijn gaven te laten zien.
De vervelendste eigenschap van skeptici bij hun 'objectieve' experimenten naar paranormale verschijnselen is niet dat ze kritisch zijn en alle mogelijke verklaringen uitsluiten. Dat geldt namelijk allebei ook voor goede parapsychologen. Waarin

skeptici te kort schieten is dat ze vaak geen rekening wensen te houden met de specifieke werkwijzen of thema's die bij een paragnost horen. Ze zetten in plaats daarvan een experiment op dat niet aansluit bij de persoonlijkheid van de helderziende. Bovendien is hun skeptische houding vaak zo demotiverend en irritant dat een paragnost alleen daardoor al minder presteert dan gewoonlijk. Deze factoren verklaren waarom helderzienden als Ogilvie opeens geen gaven meer lijken hebben als zij onderzocht worden door skeptici die nog niet eens in de realiteit van ESP geloven.

Goed parapsychologisch onderzoek naar paragnosten houdt rekening met de persoonlijkheid van een paragnost en met zijn of haar interesses en deskundigheid en stelt bovendien het bestaan van ESP niet langer ter discussie.

Keurmerk
Veel mensen willen om allerlei redenen graag een begaafde helderziende raadplegen. Het zou daarom mooi zijn als we snel betrouwbare informatie over mogelijke paragnosten konden raadplegen. In dit verband zou het bovendien erg nuttig zijn als er een wetenschappelijk verantwoord keurmerk kwam, wat overigens reeds enkele jaren geleden is voorgesteld door de Nederlandse paragnost Johan Kuijpers. Zo'n

keurmerk zou bijvoorbeeld toegekend kunnen worden aan paragnosten die binnen hun persoonlijke specialisme met goed gevolg parapsychologisch getoetst zijn. Natuurlijk is het dan wel handig als het specialisme ook bekend wordt gemaakt aan potentiële cliënten.
Op die manier voorkom je dat velen in zee gaan met matig begaafde of zelfs volkomen ongetalenteerde zieners. Bovendien bescherm je ingebeelde wannabe's tegen zichzelf.

Paragnosten en parapsychologen
Tot slot nog een opmerking over het onderscheid tussen paragnosten en parapsychologen. Paragnost is een duur woord voor helderziende en betekent zoiets als "iemand die buiten zijn normale zintuigen om toegang heeft tot correcte informatie over anderen (telepathie) of buitenwereld (helderziendheid)."
Een parapsycholoog is een onderzoeker of deskundige op het gebied van de parapsychologie, d.w.z. de studie van paranormale verschijnselen. De termen zijn dus zeker geen synoniemen en mogen niet zomaar door elkaar worden gebruikt! Een paragnost kan soms weinig tot niets weten van de parapsychologie in wetenschappelijke zin. En een parapsycholoog is meestal niet meer dan gemiddeld paranormaal begaafd. De combinatie van iemand die parapsycholoog is en tegelijkertijd paragnost is voor

zover we weten uiterst zeldzaam.

Literatuur
- Barrington, M.R. (1993). Stephan Ossowiecki: a remarkable Polish medium. *The PSI Researcher, 10*, 7-8.
- Bem, D., & Honorton, C. (1994). Does psi exist? Replicable evidence for an anomalous process of information transfer. *Psychological Bulletin, 115*, 4-18.
- Boerenkamp, H.G. (1988). *Helderziendheid bekeken*. Haarlem: De Toorts.
- Bosga, D., & Busch, M. (1984). *Natuurlijk niet bovennatuurlijk!* Deventer: Ankh-Hermes.
- Broughton, R.S. (1995) *Parapsychologie: een wetenschap in beweging*. Deventer: Ankh-Hermes.
- Croiset, G. (1977). *Croiset Paragnost*. Naarden: Strengholt.
- Dongen, H. van (1994). *Para? Normaal!* Deventer: Ankh-Hermes.
- Hyman, R., & Honorton, C. (1986). A joint communiqué: the PSI Ganzfeld controversy. *Journal of Parapsychology, 50*, 315-336.
- Jahn, R.G., & Dunne, B.J. (1987). *Margins of reality: the role of consciousness in the physical world*. San Diego: Harcourt, Brace and Jovanovitch.

- Regt, H. de & Dooremalen, H. (2008). *Wat een onzin! Wetenschap en het paranormale.* Amsterdam: Boom.
- Rivas, T. (2004). *Encyclopedie van de Parapsychologie van A tot Z.* Rijswijk: Elmar.
- Targ, R., & Puthoff, E. (1977). *Zien met de geest.* Amsterdam: Elsevier.
- Targ, R., & Harary, K. (1984). *Wedloop om de geest.* Utrecht: Bruna.
- Tenhaeff, W.H.C. (1958). *Telepathie en helderziendheid.* Zeist: De Haan.
- Tenhaeff, W.H.C. (1976). *Inleiding tot de parapsychologie* (vierde druk). Utrecht: Bijleveldt.
- Tenhaeff, W.H.C. (1979). *Ontmoetingen met paragnosten.* Utrecht: Bijleveld.
- Tenhaeff, W.H.C. (1981). *De voorschouw: onderzoekingen op het gebied van helderziendheid in de tijd.* Den Haag: Leopold.

2. Psychokinese

Ken je tummo al?

Iceman Wim Hof, een hedendaagse fakir uit Nederland, evenaart tummo-beoefenaars

door Titus Rivas

Nu ik dit schrijf is het nog herfst, maar het wordt langzamerhand kouder buiten en 's nachts vriest het zelfs al regelmatig. Voor mij als rechtgeaarde koukleum betekent dit harder stoken in huis. Verder draag ik inmiddels weer twee truien en een vest over mijn bloes met lange mouwen. Ook binnen, zodat ik de kosten nog een beetje kan drukken. Zo gekleed kan ik gelukkig wel alles doen wat ik normaal zou doen, bijvoorbeeld boswandelingen maken met mijn hond. Ik kan dus wel degelijk van mooie winterlandschappen genieten.
Als een soort compensatie voor mijn gevoeligheid voor kou ben ik trouwens opvallend goed bestand tegen warmte. Wanneer anderen 's zomers volop klagen over ondraaglijke hitte, heb ik soms nog een jasje aan. Mits het niet te benauwd of echt gloeiend heet is, kan ik me op warme dagen gemakkelijker ontspannen en voel ik me vitaler dan anders. Mijn goede vriendin Anny lijkt in dit opzicht een soort spiegelbeeld van mij. Anny voelt zich juist heerlijk als

het koud is en draagt dan alleen een dunne jas, maar ze kan nauwelijks tegen warmte. Ze puft en zweet zich al gauw een ongeluk. Haar huisarts heeft wel eens gezegd dat ze wat dit betreft nog het beste bij de Inuit kan gaan leven.

Het is zeker interessant om je af te vragen waar zulke individuele verschillen vandaan komen. Deels gaat het misschien om aanleg en voor een ander deel om gewenning aan bepaalde temperaturen. Ik heb wel eens gelezen dat voorkeur voor een bepaald klimaat kan samenhangen met de omstandigheden waar iemand in een vorig leven aan gewend was. In mijn geval impliceert dit dat ik waarschijnlijk geen inwoner van Tibet geweest ben in mijn voorgaande incarnatie...

Tummo

In Tibet en andere gebieden in de Himalaya zal men over het algemeen gewend zijn aan lage temperaturen. Natuurlijk zullen ze het er ook dan nog vaker echt koud hebben dan in een gemiddeld Afrikaans land. Om die reden is juist hier een bijzondere meditatietechniek bekend geworden die doorgaans tummo (of in de Franse spelling toumo) wordt genoemd. Beoefenaars van tummo kunnen door middel van geesteskracht hun lichaamstemperatuur leren beheersen. Dit is eigenlijk maar één van de uitingsvormen van deze techniek die oorspronkelijk is afgeleid van de Indiase kundalini-yoga. Net als bij kundalini streeft men bij tummo naar controle over energiekanalen en chakra's om uiteindelijk een vorm van gelukzalige verlichting te bereiken.

De Franse ontdekkingsreizigster Alexandra David Néel maakte eind jaren 20 van de vorige eeuw al melding van boeddhistische monniken die tummo toepasten. De monniken maakten hierbij onder meer gebruik van concentratie en visualisatie van een innerlijk vuur dat het lichaam van binnenuit kan verwarmen.

Inmiddels is er ook systematisch wetenschappelijk onderzoek gedaan naar het fenomeen, onder leiding van dr. Herbert Benson van de Universiteit van Harvard. Benson is in het algemeen overtuigd van de macht van geestelijke voorstellingen over het fysieke lichaam. Hij toonde experimenteel aan dat boeddhistische monniken in een koude ruimte in staat zijn hun lichaamstemperatuur te verhogen. Zozeer zelfs dat natte doeken die men over hun rug hangt droog worden van de stoom die hun lichaamswarmte genereert.

Wim Hof
Hoewel het hier te lande goed koud kan zijn in de winter, bestaan er geen eerbiedwaardige inheemse meditatietechnieken om daar optimaal mee om te gaan. Misschien komt de legendarische wilskracht en

het doorzettingsvermogen van succesvolle deelnemers aan de Elfstedentocht nog het meest in de buurt. Toch is er een Nederlander die bekend staat vanwege zijn tummo-achtige lichaamsbeheersing. Zijn echte naam is Wim Hof alias *The Iceman*. Hof is begonnen als een soort spirituele stuntman die vervulling vond in het verleggen van zijn persoonlijke grenzen. Zo heeft hij in Lapland op blote voeten een marathon gelopen over sneeuw en ijs. Ook in de zinderende hitte heeft hij iets dergelijks gepresteerd tijdens een woestijnmarathon in Namibië, waarbij het erom ging zijn lichaamstemperatuur laag genoeg te houden. Verder beklom Hof rotswanden zonder touw en zwom hij zonder bescherming onder dikke lagen ijs door.
In diversen opzichten lijkt Hof meer op een fakir dan op een westerse atleet. Hij verdiepte zich in allerlei esoterische traditie s. Zonder specifieke oosterse diploma's heeft hij op basis van zelfstudie en ervaring een eigen methode ontwikkeld, de Wim Hof Methode oftewel WHM. Deze is gebaseerd op een combinatie van fysieke training met bewuste sturing van lichamelijke processen die normaliter onbewust, door het autonome zenuwstelsel, worden geregeld. De WHM omvat een ademhalingstechniek waardoor de opname van zuurstof wordt bevorderd, alsmede een graduele blootstelling aan kou, en natuurlijk concentratie van de geest. Dat Hof zijn lichaam aanzienlijk beter beheerst dan gemiddeld wordt

bevestigd door diverse onderzoeken waaraan hij heeft meegewerkt.
Overigens is dit niet de eerste keer dat er besteed wordt aan Wim Hof. In het novembernummer van 2010 van het tijdschrift Koorddanser stond een boeiend artikel van Johan de Wal met daarin onder andere een onthullend interview.

Experimenten
Wim Hof heeft medewerking verleend aan diverse experimenten in Nederland en in het buitenland. Daarbij werd telkens weer gekeken hoe ver de invloed van zijn geest op zijn lichaam daadwerkelijk reikt. Een deel van de onderzoeken vond plaats in het kader van het vestigen van wereldrecords. Andere experimenten hadden vooral een wetenschappelijk doelstelling.
De voornaamste onderzoeken tot nu toe zijn waarschijnlijk:
– Een experiment uit 2007 in het Feinstein Institute in Manhasset, New York, waaruit blijkt dat Hof zijn autonome zenuwstelsel kan beïnvloeden en ontstekingslichamen in zijn bloed kan onderdrukken.
– Experimenten uit 2010 bij de afdeling Fysiologie van de Radboud Universiteit te Nijmegen onder leiding van Maria Hopman en Mihai Netea. Hierbij werd Hof onderworpen aan ijsbaden in grote bakken met ijsklontjes. Bovendien heeft men gekeken of hij

zijn bloedvaten bewust kan verwijden en vernauwen. Hof blijkt inderdaad autonome processen te beheersen die volgens reguliere wetenschappers niet beïnvloedbaar zijn door het bewustzijn. Hij is bijvoorbeeld in staat zijn lichaamstemperatuur constant te houden rond 37 graden Celsius. Daardoor vertoont hij geen 'normale' reacties zoals rillen of bibberen. Zijn immuunrespons bleek duidelijk af te wijken van de gemiddelde respons.
– Een onderzoek van Peter Pickkers en Matthijs Kox van het Nijmeegse Universitair Medisch Centrum St. Radboud die hier in 2011 op doorgingen. Ze diende een mediterende Hof endotoxine toe, een dood bestanddeel van de celwand van een bacterie. Bij een gemiddelde proefpersoon reageert het immuunsysteem hierop alsof er een levende bacterie binnendringt. Hof bleek wel wat ontstekingseiwitten aan te maken, maar gemiddeld was dit maar de helft van wat andere proefpersonen aanmaakten. Daar stond tegenover dat er bij Hof veel meer cortisol vrijkwam, een stresshormoon dat de immuunrespons onderdrukt. Hij vertoonde dan ook bijna geen griepachtige symptomen.
Op de websites van Wim Hof staan al weer nieuwe onderzoeken aangekondigd.

Hofs Missie

Begonnen als een soort westerse fakir, voelt Hof zich inmiddels geroepen zijn methode uit te dragen. Dit vormt zijn voornaamste motief om mee te blijven doen met experimenten. De prestaties van de Iceman kunnen eigenlijk voor iedereen wel een bron van inspiratie vormen. De menselijke geest blijkt werkelijk veel meer te kunnen dan volgens reguliere geleerden mogelijk is. We kunnen ongetwijfeld meer grip krijgen op ons leven en meer bereiken dan we vaak denken. Dit besef kan bovendien leiden tot een gezonde toename van het zelfvertrouwen, zoals we dit bijvoorbeeld al kennen van het fenomeen vuurlopen (fire walking).

Daarnaast is er natuurlijk nog de specifieke medische toepassing, zowel bij het voorkomen van ziekte als bij de behandeling van bestaande kwalen. Hierbij horen volgens Hof zelfs aandoeningen als reuma, trombose, MS en kanker. Hij wil zijn WHM dan ook aan duizenden doorgeven, door middel van intensieve trainingen.

Na alle videoclips van Wim Hof op internet bekeken te hebben, ben ik vooral getroffen door zijn eenvoud, gedrevenheid en sensitiviteit. Ik twijfel er dan ook niet aan dat zijn bedoelingen integer zijn en hoop dat hij nog veel successen zal boeken. Heel misschien scheelt mij dat in de toekomst zelf nog eens een bedrag op mijn energierekening.

Literatuur
– Benson, H., & Stark, M. (1996). *Geloof in uw eigen geneeskracht*. Utrecht: Kosmos.
– David-Néel, A. (1929). *Mystiques et magiciens du Tibet*. Parijs: Librairie Pion.
– Hof, W. (2000). *De top bereiken is je angst overwinnen*. Andromeda.
– Mullin, Glen H. (2006). *The Practice of the Six Yogas of Naropa*. Snow Lion Publications.
– Rivas, T. (1990). Intrasomatische parergie: Een overzicht van de directe invloed van geestelijke voorstellingen op de fysiologie van het eigen lichaam. Deel 2. *Tijdschrift voor Parapsychologie*, 58, 2, 10-25.
– Yeshe, Lama Thubten (1995) *The Bliss of Inner Fire: Heart Practice of the Six Yogas of Naropa*. Wisdom Publications.
– Wal, J. de (2010). 'Het gaat erom het dier in ons te leren kennen': 'The Iceman' Wim Hof weerstaat extreme kou. *KD*.

http://www.innerfire.nl
http://www.wimhofmethode.nl

Dit artikel werd gepubliceerd in KD in 2011.

De lijkwade van Turijn: wonder of kunstwerk?

door Titus Rivas en Anny Dirven

De meeste rooms-katholieke relikwieën uit de middeleeuwen waren waarschijnlijk vervalsingen. Er bestond destijds een lucratieve handel rond de overblijfselen van Jezus, Maria of allerlei heiligen, waarbij historische authenticiteit er nauwelijks toe deed. Naarmate religieuze relikwieën minder oud zijn, wordt de kans groter dat ze werkelijk te maken hebben met de persoon aan wie ze worden toegeschreven. Dit gegeven pleit op het eerste gezicht tegen de zogeheten Lijkwade van Turijn, een lange doek waarin het dode lichaam van Jezus gewikkeld zou zijn geweest. Een C14-datering uit 1988 lijkt overigens uit te wijzen dat deze wade uit de middeleeuwen stamt. Is daar alles mee gezegd?

De lijkwade van Jezus
De *Sindone di Torino*, zoals de lijkwade in het Italiaans heet, wordt door geen enkele kerk erkend als onbetwijfelbaar reliek uit de tijd van Christus. Ze wordt vaak wel opgevat als een dramatische uitbeelding van de gevolgen van zijn lijdensweg. De

linnen doek bevindt zich in de koninklijke kapel van de Giovanni Battista-kathedraal te Turijn. Zij vertoont een donkere, bruingrijze afbeelding van een gekruisigde man. Sinds 1898 weet men dat die afbeelding veel weg heeft van een fotografisch negatief. Een fotograaf legde haar namelijk vast op de gevoelige plaat en toen bleek dat het negatief daarvan een veel duidelijker beeld van een gekruisigde te zien gaf dan de afbeelding zelf. Later onderzoek toonde ook nog aan dat het mogelijk is om op basis van de informatie in de afbeelding een realistisch driedimensionaal beeld op te bouwen.

De handen van de afgebeelde man liggen over elkaar heen en de bovenste pols vertoont een grote ronde wond. Dit komt overeen met de spijkerwonden bij een kruisiging uit de Romeinse tijd. Bij de meeste christelijke voorstellingen van de gekruisigde Christus is hij met zijn handen vastgespijkerd op het kruis, maar dit is historisch gezien onjuist. Als men iemand op die manier zou ophangen aan zijn handen, zouden die bijna meteen door midden gescheurd worden, nog voordat hij zou sterven. Het is dus opmerkelijk dat de lijkwade de christelijke kruisbeelden lijkt te corrigeren.
In zijn voeten zitten trouwens twee grote wonden die het gevolg lijken van een en dezelfde doorboring. Voorts is er nog een wond in de zij van de man te zien,

die overeen zou komen met een in de Bijbel vermelde test, om met een lans vast te stellen of Jezus al overleden was. Ook zitten er kleine gaatjes om zijn hoofd die corresponderen met de verwondingen die horen bij een doornenkroon, en een heleboel wondjes over het bovenlichaam en de benen die het gevolg lijken van een uitgebreide geseling. Verder is het gezicht opgezwollen en zitten er bloedsporen op het hele lichaam die overeenkomen met het bloedverlies bij een kruisiging. De afgebeelde man droeg een baard en snor en hij had halflang haar met een scheiding in het midden. Hij was gespierd en relatief lang. Aanhangers van de authenticiteit van deze relikwie stellen dat de afbeelding niet op een normale manier op de lijkwade gekomen kan zijn. Volgens hen gaat het in feite om een wonder, een paranormale afbeelding die door middel van geesteskracht ontstaan is. Door een vorm van goddelijke psychokinese zou de structuur van de doek veranderd zijn zodat er als het ware een soort 'foto' gemaakt werd van het moment van de verrijzenis van Christus.

Koolstofdatering
In 1988 voerden wetenschappelijke teams uit Oxford, Arizona en Zwitserland een zogeheten C-14 datering uit op de lijkwade. De mate waarin een soort koolstof (C-14) vervallen is bij een bepaald organisch overblijfsel uit het verleden maakt het mogelijk

ongeveer in te schatten hoe oud het voorwerp in kwestie moet zijn.

Men offerde een paar kleine stukjes van de lijkwade op om de ouderdom ervan te bepalen. Hierbij trok men in alle gevallen de conclusie dat de lijkwade uit de late middeleeuwen stamt, en wel uit de periode tussen 1260 en 1390. Als dit klopt, dan kan de lijkwade geen echte relikwie van Jezus zijn, maar alleen een vervalsing. Dit is een grote teleurstelling voor mensen die de Sindone als paranormaal zien. Wanneer het om een vervalsing gaat, kan de doek hoogstens nog in de technische of artistieke zin als 'wonderlijk' worden beschouwd, maar niet meer in de spirituele zin. Een lijkwade die meer dan 1200 jaar na de dood van Christus werd gefabriceerd kan nu eenmaal geen afbeelding vertonen die rond het moment van de verrijzenis werd vastgelegd. Het is dan ook niet verwonderlijk dat er diverse pogingen zijn gedaan om de conclusies van de koolstofdatering uit 1988 onderuit te halen. Overigens twijfelde bijna niemand eraan dat de C-14 datering zelf correct uitgevoerd was. Wel werd de mogelijkheid geopperd dat een bedrieger toegang had gehad tot de computers van de onderzoekers en met hun resultaten had geknoeid. Maar deze hypothese wordt ook door voorstanders van de echtheid niet bijster serieus genomen.

Sommigen stellen wel dat de stukjes stof die de onderzoekers gebruikt hebben niet geschikt waren. Die stukjes zouden pas later zijn aangebracht om delen van de lijkwade die beschadigd waren geraakt te vervangen, bijvoorbeeld tijdens een brand in 1532. Of anders zouden ze als het ware 'besmet' zijn geraakt met de C-14 van later toegevoegde stoplapjes, ook als ze zelf wel bij de oorspronkelijke lijkwade hoorden. Deze mogelijkheden zijn niet erg aannemelijk. De stukjes leken namelijk qua structuur op andere delen van de lijkwade en men lette er zelfs bewust op geen stof te gebruiken die later was toegevoegd bij reparaties van de doek. Een van de betrokkenen, John Jackson, wijst er ook nog op dat het patroon van verkleuring in de geteste stukjes stof aansluit bij het algemene patroon op de wade.

Andere deskundigen stellen dat men aan de achterkant van een doek gemakkelijk kan nagaan of delen ervan later zijn toegevoegd. Er is daarom geen goede reden om aan te nemen dat de gebruikte stukjes uit een latere periode stammen dan de lijkwade als geheel. Dit wordt bevestigd door een textieldeskundige die bij de datering betrokken was en de hypothese dat de stukjes later zijn toegevoegd uitdrukkelijk verwerpt.

In 2010 werd een overgebleven stukje van het monster dat gebruikt was door de Universiteit van Arizona nog eens onderzocht door Timothy Jull. Hij concludeerde dat het werkelijk om een deel van de oorspronkelijke

doek ging.
Bovendien heeft men de gebruikte stukjes getest op mogelijke besmetting door C-14 van moderner materiaal. Men concludeerde dat besmetting alleen een verklaring van de datering kan bieden als ongeveer twee derde van de stukjes zelf uit de middeleeuwen stamde. Overigens is het van belang dat men ook voorafgaand aan de koolstofdatering met deze mogelijkheid rekening heeft gehouden en haar van tevoren al heeft uitgesloten. Ook andere vormen van besmetting, bijvoorbeeld door de hoeveelheid C-14 uit de middeleeuwse reliekhouder waarin de lijkwade bewaard wordt, lijken voldoende weerlegd te zijn.

Een recentere poging betrof de theorie dat er rond het overlijden van Jezus een aardbeving plaatsvond in de buurt van Jeruzalem en dat die de hoeveelheid C-14 enorm zou hebben verhoogd. Deze theorie wordt echter niet gestaafd met andere voorwerpen uit die tijd waar dat natuurlijk ook voor zou moeten gelden. Tegenstanders van de notie dat de doek authentiek is, benadrukken dat niemand aan de datering zou twijfelen als het om een ander overblijfsel zou gaan.

Geen vroege vermelding
Wat de koolstofdatering lijkt te bevestigen is het merkwaardige gegeven dat er voor de 14e eeuw geen

eenduidige verwijzingen naar deze lijkwade met een afbeelding van Jezus zijn. Er bestaan zelfs geen legendes over zo'n afbeelding uit de tijd van de eerste christenen. Weliswaar zijn er vermeldingen van een lijkwade zonder afbeelding en van een andere relikwie rond het lijden van Christus, de doek van Veronica. Die zou ontstaan zou zijn toen een vrouw zweet van het gezicht van de kruisdragende Jezus afveegde en daarmee zijn gezicht 'vastlegde' op de doek. Maar er is geen duidelijke aanwijzing dat de Sindone zo'n 13 eeuwen lang als zo'n doek van Veronica werd bewaard en pas vanaf de 14e eeuw als lijkwade werd vereerd. Het is weliswaar denkbaar dat men eerst alleen het gezicht van de lijkwade tentoonstelde en pas later ook de rest, maar dat is een zuiver speculatieve hypothese.

Iets dergelijks geldt voor het zogeheten Sudarium van Oviedo, een zweetdoek die alleen het gezicht van Jezus zou hebben bedekt in zijn graf. Met dien verstande dat deze doek nog steeds in Oviedo wordt bewaard en dat men reeds heeft aangetoond dat hij uit de 8e eeuw na Christus stamt. Er bestaat dus al een andere relikwie die in verband wordt gebracht met de dood van Jezus en die met zekerheid niet authentiek is.
Overigens werd er in 2000 in de buurt van Jeruzalem een lijkwade ontdekt uit de tijd van Jezus. Deze kwam qua structuur niet overeen met de Sindone en het

weefpatroon dat men had gebruikt was veel eenvoudiger, ook al betrof het de lijkwade van een hooggeplaatst persoon. Dit betekent dat de doek in elk geval geen gewone lijkwade was voor die periode. Overigens zou het weefpatroon van de Sindone wel overeenkomen met dat van Syrische lijkwaden uit de eerste eeuw na Christus, maar het is onbekend of die ook voor joodse begrafenissen werden gebruikt.

Nieuw onderzoek
In maart 2013 voerde Giulio Fanti van de Universiteit van Padua een nieuwe datering uit op draden die volgens hem van de lijkwade waren geknipt tijdens de koolstofdatering uit 1988. Hij beweert dat dit een totaal ander tijdvak oplevert, namelijk de periode tussen 300 v.Chr. tot 400 n.Chr. Hij maakte overigens gebruik van andere methoden dan de C-14 datering. Ook beweert Fanti dat zijn onderzoek laat zien dat de stukjes stof uit 1988 wel degelijk besmet konden zijn door draden die men gebruikte om de doek te herstellen na een middeleeuwse brand. Bovendien zouden er tijdens zijn onderzoek sporen zijn gevonden van stofdeeltjes en stuifmeel afkomstig uit het Heilige Land.

Helaas zijn critici het erover eens dat zowel de door Fanti gehanteerde methoden als de geanalyseerde draden onbetrouwbaar zijn. Het 'oosterse' stof en de pollen, die ook door andere onderzoekers worden aangevoerd, zouden net zo goed pas in de middeleeuwen op de doek beland kunnen zijn, bijvoorbeeld door pelgrims die eerder in Jeruzalem geweest waren. Ze wijzen er dus niet eenduidig op dat de Sindone daar zelf vandaan komt. Dit betekent volgens ons dat alleen een nieuwe C-14 datering de eerste datering overtuigend zou kunnen weerleggen. Het is de vraag of zo'n nieuwe test binnenkort echt zal plaatsvinden, maar tot dat gebeurt, lijkt het voor leken gewoon het verstandigste om uit te gaan van de hypothese dat de lijkwade een vervalsing is. De aanwezigheid van echte, in plaats van slechts geschilderde bloedsporen is bijvoorbeeld ook geen doorslaggevend bewijs voor de authenticiteit. Net als bij de stofdeeltjes en het stuifmeel moet eerst aannemelijk worden gemaakt dat dat bloed dan echt in de Romeinse tijd op de lijkwade is beland. En dat kan uiteraard alleen als de lijkwade zelf al zo oud is.

Vervalsing
Natuurlijk moeten tegenstanders van de stelling dat de lijkwade authentiek is nog wel laten zien hoe de afbeelding op de doek dan precies gefabriceerd is. Bij andere relikwieën is dat geen probleem, maar eigenlijk is iedereen het er wel over eens dat het in dit geval om een soort geheime procedure moet gaan. De afbeelding is anatomisch beschouwd correct en

vertoont merkwaardige fotografische en driedimensionale kenmerken die allemaal verklaard moeten worden.

Nu is het ook weer niet zo dat er helemaal geen succesvolle pogingen zijn gedaan waarbij ten minste een aantal eigenschappen werden nagemaakt. Alleen is het voor zover wij weten tot op heden niemand gelukt om een afbeelding te creëren die alle kenmerken van de lijkwade bezit. Dat kan echter slechts een kwestie van tijd zijn.

Verder moet er nog een verklaring worden geboden voor de informatie die een vervalser moet hebben gehad van de precieze gang van zaken bij een Romeinse kruisiging. Die kennis moet tot zijn beschikking hebben gestaan terwijl de Kerk haar al verloren was. Misschien had de schilder toegang tot geheime bronnen.

De discussie is nog niet helemaal gesloten, maar de hypothese dat het om een knappe vervalsing gaat staat vooralsnog veel sterker dan de hypothese dat het werkelijk om een wonderbaarlijk overblijfsel van de verrijzenis van Christus gaat. Overigens waren er reeds in middeleeuwen hooggeplaatste geestelijken die dat geloofden. Een van hen, bisschop Pierre d'Arcis de Troyes, stuurde zelfs al in 1389 een memorandum met die strekking aan de tegenpaus Clemens VII te Avignon. Er bleek een anonieme kunstenaar te zijn die verklaarde dat het om een geschilderde afbeelding ging, waardoor de lijkwade uit een kerk waarin zij zich destijds bevond verwijderd werd. Later werd ze echter opnieuw tentoongesteld opdat mensen meer geld zouden doneren aan die kerk en daarbij werd d'Arcis het zwijgen opgelegd.

Literatuur
– Damon, P.E., et al. (1989). Radiocarbon Dating of the Shroud of Turin. *Nature, 337,* 6208, 611-615.
– Fanti, G., & Gaeta, S. (2013). *Il Mistero della Sindone: Le sorprendenti scoperte scientifiche sull'enigma del telo di Gesù.* Rizzolli.
– Rivas, T. (2009). Wetenschappelijk bewijsmateriaal voor 'bovennatuurlijke' wezens. *KD.*
– Wilson, I. (2020). *The Shroud.* Bantam Press.

Dit artikel werd in 2015 gepubliceerd in *Paraview,* jaargang 18, nummer 3, augustus, blz. 12-15.

Kwantitatief bewijsmateriaal voor psychokinese

door Titus Rivas en Anny Dirven

Tegenstanders van parapsychologisch onderzoek beweren dat men nog nooit deugdelijke bewijzen heeft geleverd voor paranormale verschijnselen. Dit is zeker niet terecht, want er bestaat een enorme hoeveelheid parapsychologisch bewijsmateriaal.

Dit bewijsmateriaal loopt uiteen van goed gedocumenteerde casussen met betrouwbare getuigenverklaringen tot experimenten in een laboratorium. Bij bepaalde soorten proeven maakt men zelfs gebruik van exacte berekeningen om factoren als stom toeval zo veel mogelijk uit te kunnen sluiten. We spreken daarbij ook wel van kwantitatief onderzoek.

Big five
De bekende Amerikaanse psycholoog en parapsycholoog Charles T. Tart publiceerde in 2009 een belangrijk boek, getiteld *The End of Materialism*. Hierin laat hij zien dat het materialistische wereldbeeld van veel reguliere (natuur)wetenschappers niet kan kloppen en dus zijn

langste tijd heeft gehad. Materialisten gaan er in het algemeen van uit dat de hele werkelijkheid onbezield is en volkomen opgebouwd is uit fysieke verschijnselen. De bewuste geest doet er in hun optiek niet toe, en zelfs het persoonlijke leven wordt uiteindelijk volledig bepaald door fysieke processen, met name in het brein. Tart wijst erop dat er de laatste honderd jaar zeer veel bewijsmateriaal is verzameld voor paranormale verschijnselen dat radicaal ingaat tegen dit materialisme.

Er is bovendien een aantal verschijnselen waarvoor men onder strenge onderzoekscondities 'harde' experimentele bewijzen heeft gevonden. Hij noemt dit de 'big five' (de grote vijf) en het gaat om: helderziendheid, telepathie, precognitie, paranormaal genezen en psychokinese. Men heeft daarbij steeds met behulp van kansberekening uitgerekend hoe waarschijnlijk het is dat een bepaald resultaat slechts berust op zuiver toeval.

In dit artikel willen we kort stilstaan bij zulk experimenteel bewijsmateriaal voor psychokinese oftewel PK, de beïnvloeding van de fysieke werkelijkheid door de geest. De term psychokinese is afgeleid uit het Grieks en betekent letterlijk "beweging door de psyche (ziel)". Maar in de parapsychologie duidt men er tegenwoordig elke directe beïnvloeding van de materie mee aan. Een andere, enigszins verouderde term die je nog wel eens hoort in dit verband is 'telekinese', letterlijk: beweging op afstand.

Verschillende methoden
Kwantitatief onderzoek werkt met een exacte berekening van de resultaten die je puur op basis van toeval mag verwachten. Hoe meer de resultaten van een experiment daarvan afwijken, des te aannemelijker het wordt dat er ook echt iets anders aan de hand is dan toeval. Men noemt resultaten die sterk genoeg van het toeval afwijken significant (letterlijk: betekenisvol). Om zulke kansberekening mogelijk te maken is het van belang dat je de resultaten kunt kwantificeren, dat wil zeggen dat je ze in getallen kunt uitdrukken.

De bekendste vroege onderzoeker die kwantitatieve experimenten rond psychokinese uitvoerde, was de Amerikaanse parapsycholoog J.B. Rhine. Hij deed vanaf de jaren 30 van de vorige eeuw onderzoek waarbij proefpersonen moesten trachten de uitkomst van het gooien met dobbelstenen psychokinetisch te beïnvloeden. Zuiver op basis van toeval mag je verwachten dat er een kans van 1 op 6 bestaat dat je een bepaalde uitkomst bereikt. Naarmate iemand daar – na honderden of duizenden keren gooien met dobbelstenen – consequent van afwijkt, wordt de kans groter dat de resultaten van het experiment niet zomaar op toeval berusten. Natuurlijk moeten de dobbelstenen die men gebruikt wel zuiver zijn, zodat elk getal van een tot en met zes ook echt evenveel kans maakt. Om lichamelijke manipulatie van de dobbelstenen te voorkomen verdient het bovendien aanbeveling een automatisch dobbelapparaat te gebruiken.

Dobbelstenen zijn een eenvoudig instrument om psychokinese te meten, maar het kan natuurlijk nog vernuftiger. De meeste parapsychologen maken inmiddels al tientallen jaren gebruik van zogeheten toevalsgeneratoren, oftewel Random Number Generators, afgekort als RNG's. (Soms spreekt men in dit verband ook wel van Random Event Generators.) Een toevalsgenerator of RNG is een apparaat of dat reageert op fysieke processen die volgens de huidige stand van de natuurkundige kennis 'toevallig' verlopen, of een softwareprogramma dat dergelijke toevalsprocessen nabootst. Zoals het gedrag van deeltjes bij radioactief verval.
De reacties van het apparaat op de fysieke processen (of nabootsingen daarvan door software) kunnen op verschillende wijzen worden weergegeven.
Bijvoorbeeld door middel van een display met lampjes die aan en uit kunnen, of door het produceren van geluiden of specifieke patronen op een computermonitor. Proefpersonen krijgen de opdracht

om de visuele patronen of geluiden geestelijk te beïnvloeden. Als dit lukt, beïnvloeden ze dus materiële micro-verschijnselen zodat men in de parapsychologie ook wel spreekt van micro-psychokinese of micro-PK.

Meta-analyses
Zowel de resultaten van het onderzoek met dobbelstenen als die van het onderzoek met RNG's kunnen volgens de meeste parapsychologen niet aan toeval worden toegeschreven. Het gaat hierbij overigens niet om spectaculaire psychokinetische hoogstandjes, maar om een kleine maar significante afwijking van wat je op basis van toeval zou moeten verwachten. Men heeft het over een kans op toeval in de orde van grootte van 1 op een biljoen of zelfs 1 op een triljoen. De RNG's gaan dus niet opeens vliegen of om hun as tollen en ze branden ook niet zomaar plotseling door (zoals bij poltergeist-gevallen). Maar hun gedrag duidt wel degelijk op een psychokinetisch effect, ook al kun je dat eigenlijk alleen door middel van analyse vaststellen.

Om nog beter uit te sluiten dat het toch nog om een soort toevalstreffers gaat, hebben parapsychologen zoals Dean Radin en Roger Nelson gebruik gemaakt van zogeheten meta-analyses. Hierbij men analyseert men niet slechts de onderzoeksresultaten van een enkel onderzoek, maar van alle gepubliceerde experimenten op een bepaald gebied. De meta-analyses bevestigen dat er echt meer aan de hand moet zijn dan een raar soort toeval. Zelfs een bekende Nederlandse skepticus als Rob Nanninga schreef daarom over de proeven met toevalsgeneratoren: "De RNG-experimenten leveren naar het schijnt nog steeds te veel op om ze als irrelevant terzijde te kunnen schuiven." Niet dat Nanninga er nu van overtuigd was geraakt dat het ook werkelijk om psychokinese moest gaan. Hij leek eerder te denken aan normale factoren die men tot nu toe nog gewoon over het hoofd had gezien. En hij is daarin niet de enige.

Skeptici hebben in het algemeen allerlei bezwaren aangevoerd tegen de positieve bevindingen. Ze wijzen bijvoorbeeld op een meta-analyse van drie parapsychologen onder leiding van Holger Bösch. Daaruit zou onder meer blijken dat de gevonden significante resultaten verklaard kunnen worden door te veronderstellen dat er een relatief klein aantal experimenten zijn achtergehouden. Die experimenten zouden dus overwegend negatieve resultaten moeten hebben opgeleverd, zodat alle bevindingen tezamen gewoon weer op toeval zouden kunnen berusten. Deze bewering wordt echter tegengesproken door andere parapsychologen, zoals uiteraard Charles Tart. Het is

heel opvallend dat voor- en tegenstanders nogal verschillen in hun inschatting van het aantal achtergehouden experimenten dat nodig zou zijn om de resultaten te verklaren. Tegenstanders hebben het over minder dan 2000 ongepubliceerde proeven, terwijl voorstanders het over meer dan 50.000 experimenten hebben!
Andere bezwaren die skeptici vaak uiten, betreffen onder meer de kwaliteit van de experimentele opzet en de betrouwbaarheid van individuele onderzoekers. Ook dit soort kritiek wordt meestal zelfverzekerd ontkracht door de voorstanders.

Terug naar de psychokineten?
We zien zelf vooralsnog geen bijzondere reden om te twijfelen aan de conclusies van parapsychologen als Charles Tart waar het gaat om de waarde van kwantitatief onderzoek naar psychokinese. Dit geldt niet voor de conclusies van skeptici die doorgaans een materialistisch wereldbeeld hebben en daar koste wat kost aan vast willen houden. Zij zullen voorlopig nog wel hun uiterste best doen om belangrijke uitkomsten te ontzenuwen of verdacht te maken. Overigens is dat hun goed recht zolang ze zich maar niet doelbewust schuldig maken aan misleiding. Zoals Charles Tart terecht aangeeft, zijn paranormale verschijnselen namelijk van groot belang voor ons wereldbeeld. Het is daarom nogal onverantwoord als je positieve

ontwikkelingen op parapsychologisch gebied met opzet verkeerd voorstelt. Je mag zelf niet blij zijn met zulke ontwikkelingen, maar dat geeft je niet het recht om anderen daar het zicht op te ontnemen.

Daar staat wel tegenover dat sommige parapsychologische onderzoekers, zoals wijlen dr. Ian Stevenson, stellen dat het geen goed idee is om kwantitatief onderzoek centraal te stellen binnen de parapsychologie. Zeker als de proefpersonen van tevoren geen bijzondere psychokinetische gaven hebben laten zien, is er eigenlijk geen reden om meer dan kleine effecten te verwachten. Zulk onderzoek is dus wel belangrijk om in het algemeen aan te tonen dat psychokinese werkelijk bestaat. Het geeft echter geen goed beeld van de mate waarin psychokinese spontaan kan voorkomen onder natuurlijke omstandigheden. Als we aannemen dat er echte psychokineten zijn, mogen we ook aannemen dat hun psychokinetische vermogens veel verder reiken dan bij kwantitatief onderzoek wordt aangetoond. Stevenson benadrukte daarom het belang van onderzoek naar spontane verschijnselen in hun natuurlijke context, waarbij men vooral ook dient te kijken naar 'macro'-fenomenen.

Wereldbeeld
Critici van Stevensons benadering kunnen aanvoeren

dat je bij experimenten zo goed mogelijk kunt proberen om alle relevante variabelen onder controle te houden. Kwantitatieve experimenten maken zelfs een exacte statistische analyse mogelijk. Buiten een experimentele context zou dat niet, of ten minste niet in die mate mogelijk zijn.

Deze discussie hangt samen met het algemene wereldbeeld of paradigma dat een geleerde heeft. Als je gelooft dat het zeer onwaarschijnlijk is dat er psychokinese bestaat of dat er hoogstens een klein psychokinetisch effect zal voorkomen, concentreer je al gauw op kwantitatief onderzoek. Indien je daarentegen een wereldbeeld hebt waarin het bestaan psychokinese zelfs voor de hand ligt, dan zul je minder geobsedeerd zijn door kwantitatieve analyse en meer interesse hebben in het hele natuurlijke scala aan psychokinetische effecten. Natuurlijk zul je daarbij wel gebruik blijven maken van kwantitatieve analyses, maar je zult je daar niet toe beperken.

Binnen een materialistisch of naturalistisch wereldbeeld is eigenlijk geen plaats voor een invloed van de geest of het bewustzijn op de fysieke realiteit. Als men het bestaan van bewustzijn al erkent, dan is het meestal slechts in de vorm van een machteloos bijverschijnsel (epifenomeen) van de hersenactiviteit. Binnen een niet-materialistisch paradigma is psychokinese daarentegen een normaal verschijnsel. Als bewuste geestelijke wezens oefenen we zelfs voortdurend invloed uit op de materiële wereld, namelijk wanneer we ons eigen lichaam bewegen. Er is dus geen goede reden om bewijsmateriaal voor psychokinese bij voorbaat naar het rijk der fabelen te verwijzen. Zelfs niet wanneer het om psychokinese buiten het eigen lichaam gaat.

Wij nemen hierin zelf een soort tussenpositie in. We denken dat kwantitatief onderzoek belangrijke resultaten kan opleveren omdat het kan aantonen dat psychokinese geen onzin-concept is, maar echt bestaat. Zodra je dat hebt vastgesteld, wordt het echter wel zaak dat men ook meer zorgvuldig onderzoek doet met begaafde psychokineten en spontane verschijnselen, ook als dit minder te kwantificeren zou zijn.

Literatuur
– Broughton, R.S. (1995). *Parapsychologie: een wetenschap in beweging* Deventer: Ankh-Hermes.
– Nanninga, R. (2009). Beïnvloeding van het toeval: Parapsychologische PK-experimenten. *Skepter*, 22, 2.
– Radin, D. and Nelson, R. (1989). Evidence for consciousness-related anomalies in random physical systems. *Foundations of Physics*, *19*, 1499-1514.
– Radin, Dean (2006).*Entangled Minds: Extrasensory*

Experiences in a Quantum Reality. Paraview Pocket Books.
– Rivas, T., & Dirven, A. (2011). Mensen met een psychokinetische gave. *Paraview, 15*, 4, 23-25.
– Rivas, T., & Dongen, H. van (2009). Exit epifenomenalisme: het einde van een vluchtheuvel. *Gamma, 16*, 1, 12-36.
– Schmidt, H. (1990). Correlation between Mental Processes and External Random Events. *Journal of Scientific Exploration, 4*, 233-241.
– Tart, Ch. T, (2009). *The End of Materialism: How evidence of the paranormal is bringing science and spirit together.* Oackland: New Harbinger Publications.

Dit artikel werd gepubliceerd in *Paraview, jaargang 16*, nummer 1, februari 2012, blz. 9-12.

Mensen met een psychokinetische gave

door Titus Rivas en Anny Dirven

Reguliere neurowetenschappers kunnen er lol in hebben om "aan te tonen" dat mensen geestelijk eigenlijk volstrekt machteloos staan tegenover de materiële wereld. Ons gedrag zou namelijk helemaal bepaald worden door neurologische processen in onze hersenen. Als er al bewustzijn bestaat, dan heeft het in ieder geval geen enkele invloed op ons gedrag.

De mens als robot dus, die slechts de illusie heeft dat hij er iets toe doet. Zelfs zaken als muziek, goedheid, kunst of liefde zouden volledig bepaald worden door het brein. Als er al een geest bij komt kijken, dan alleen als een soort machteloze toeschouwer. Er zijn weinig parapsychologische concepten die zo haaks staan op dit mensbeeld als het begrip psychokinese.

Invloed van de geest
Psychokinese betekent letterlijk beweging door de psyche, en verwijst naar de inwerking van geestelijke voorstellingen of wilsuitingen op fysieke processen. Een technische vakterm is psi-kappa, afgeleid van de Griekse letters psi (paranormale verschijnselen) en

kappa die verwijst naar kinese (beweging).Twee synoniemen zijn nog *telekinese* (beweging op afstand) en *parergie* (paranormale werking). Parapsychologen kunnen psychokinetische verschijnselen onderverdelen in een aantal categorieën. Bijvoorbeeld in *intrasomatische* psychokinese en *extrasomatische* psychokinese. Intrasomatisch betekent "binnen het eigen lichaam" en extrasomatisch "buiten het eigen lichaam". Van oudsher wordt de term psychokinese overigens voorbehouden voor verschijnselen die niet erkend worden door de reguliere wetenschappen. De psychomotoriek, die betrekking heeft op alledaagse motorische handelingen, wordt daarbij dus niet als een vorm van parergie opgevat. Dit is eigenlijk heel vreemd. Als je bijvoorbeeld een tekst intypt oefen je namelijk net zo goed geestelijk invloed uit op de materie als wanneer je bijvoorbeeld een lepel verbuigt door er alleen maar naar te staren. Het psychokinetische karakter van normale motorische handelingen zal echter pas algemeen worden onderkend nadat men heeft ingezien dat de geest werkelijk een impact kan hebben op de materie. Tot die tijd zullen veel reguliere neurowetenschappers volhouden dat de psychomotoriek volledig gestuurd wordt door het brein en niet door het bewustzijn. Tussen intrasomatische en extrasomatische psychokinese zit het verschijnsel *verzien*. Hierbij beïnvloedt een aanstaande moeder het lichaam van een ongeboren baby dat zich nog in haar baarmoeder bevindt door middel van geestelijke voorstellingen. Een ander onderscheid is dat tussen *micropsychokinese* waarbij iemand de fysieke wereld op atomair en subatomair niveau beïnvloedt en en *macropsychokinese*, waarbij de invloed betrekking heeft op voorwerpen die je gewoon met het blote oog kunt waarnemen.

Bewijsmateriaal voor micropsychokinese
Parapsycholoog Charles Tart rekent psychokinese tot de "grote vijf" van de parapsychologie. Daarmee bedoelt hij dat er zoveel experimenteel bewijsmateriaal voor parergie bestaat dat het geen zin heeft om nog langer aan het bestaan ervan te twijfelen. Er zijn in de loop der tijd allerlei proeven rond psychokinese gedaan. Bijvoorbeeld vroege experimenten van J.B. Rhine met een dobbelsteenmachine. De dobbelstenen werden automatisch gegooid door de machine en proefpersonen moesten met hun geest proberen het resultaat hiervan te beïnvloeden. Vanaf de jaren 70 van de vorige eeuw ontwikkelden onderzoekers zogeheten *Random Number Generators en Random Event Generators*. Dit zijn apparaten die op basis van toeval bepaalde uitkomsten voortbrengen (of software die toevalsprocessen nabootst). Bijvoorbeeld in de

vorm van willekeurige getallen die worden aangegeven met lampjes of in de vorm van beelden van diverse patronen op een computerscherm. Het is de bedoeling dat de proefpersonen zich voorstellen dat er een bepaald gewenst resultaat uitkomt. Vervolgens rekent de proefleider uit in hoeverre men de resultaten van het experiment werkelijk moet toeschrijven aan een impact van de psyche van de proefpersonen. Tegenstanders van de parapsychologie beweren uiteraard dat alle positieve resultaten op dit gebied alsnog verklaard kunnen worden door alledaagse factoren zoals puur toeval. Daarom hebben parapsychologen, waaronder Dean Radin en Roger Nelson, zogeheten meta-analyses uitgevoerd. Dit wil zeggen dat ze naar de resultaten van alle gepubliceerde experimenten rond micropsychokinese hebben gekeken. Ze hebben uitgerekend of die resultaten allemaal tezamen misschien toch nog op stom toeval kunnen berusten. Zij kwamen tot de conclusie dat dit naar alle waarschijnlijkheid niet mogelijk is. Als er mislukte experimenten zonder positieve resultaten zouden zijn achtergehouden door parapsychologen, zouden er bijvoorbeeld meer dan 50.000 van zulke experimenten uitgevoerd moeten zijn. Toeval is daarmee geen redelijke optie meer. We mogen dus concluderen dat mensen werkelijk een psychokinetische invloed kunnen uitoefenen op de fysieke werkelijkheid.

Psychokineten en parergasten
Aannemen dat we in staat zijn om op microniveau invloed uit te oefenen op de fysieke werkelijkheid is voor velen nog enigszins aanvaardbaar. Ook al staat de reguliere natuurwetenschap meestal afwijzend tegenover elke invloed van het bewustzijn, de meeste mensen geloven nog wel dat ze in ieder geval hun eigen lichaam kunnen aansturen. Het brein moet daarbij op de een of andere manier beïnvloed worden door de geest en misschien gebeurt dat wel op een vergelijkbaar niveau als bij micropsychokinese buiten het lichaam.
Er zijn echter mensen die beweren dat ze ook alledaagse voorwerpen psychokinetisch kunnen beïnvloeden. Ze worden ook wel *psychokineten* en *parergasten* genoemd, of minder gebruikelijk *telekineten*. Hun bewering wordt meestal niet erg serieus genomen. De psychomotoriek omvat weliswaar alle fysieke handelingen, maar die worden wel zonder uitzondering gestuurd vanuit de hersenen. De psychokinetische invloed komt in dit geval dus nooit neer op een rechtstreekse beïnvloeding van een orgaan buiten het brein. De geest beïnvloedt (motorische) delen van de hersenen en van daaruit gaan er signalen naar het perifere zenuwstelsel waarmee de handeling wordt uitgevoerd.
Psychokineten zouden daarbij niet alleen staat zijn een

fysiek voorwerp buiten de hersenen te beïnvloeden, maar ook nog eens in een mate die micropsychokinese in hoge mate overtreft.

Intrasomatische parergasten
De invloed van de geest op het eigen lichaam reikt hoe dan ook verder dan de hersenen. Er is veel bewijsmateriaal verzameld voor intrasomatische psychokinese. Bijvoorbeeld voor zogeheten stigmatisatie waarbij iemand de wondtekenen van Jezus Christus op zijn eigen huid vertoont. Deze "stigmata "lijken samen te hangen met de voorstellingen die de persoon in kwestie zich van de gekruisigde Christus had gemaakt. De spijkerwonden kunnen qua grootte, plaats en vorm bijvoorbeeld overeenkomen met een kruisbeeld dat de gestigmatiseerde regelmatig gezien heeft. Dit wijst er sterk op dat de geest van de persoon zelf verantwoordelijk is voor de stigmata. Als mensen slechts eenmalig een paranormaal wondteken vertonen heeft het weinig zin om ze als een echte parergast te betitelen. Maar veel gestigmatiseerden maken een soort cyclus door waarbinnen hun wonden na verloop van tijd verdwijnen en later weer terugkomen, bijvoorbeeld in verband met de lijdenstijd van Christus. Als we ervan uitgaan dat de stigmata door die mensen zelf opgewekt worden – al dan niet geïnspireerd door een hogere macht – mogen

we zulke mensen als echte psychokineten zien. Twee goed onderzochte katholieke voorbeelden van zulke *intrasomatische parergasten* zijn de Belgische mystica Louise Lateau en de Italiaanse pater Padre Pio. Bij beiden bleven de stigmata jarenlang terugkomen zonder dat men er een bevredigende normale verklaring voor kon vinden.

Bij sommigen kunnen stigmatisatie-verschijnselen zelfs herhaaldelijk experimenteel worden opgewekt. Dit geldt bijvoorbeeld voor Elisabeth K., een vrouw die onderzocht werd door dr. Alfred Lechler. Ze had de neiging symptomen van ziekten waar ze over hoorde lichamelijk zelf te gaan vertonen. Lechler kreeg toestemming van haar om, via hypnose, met succes stigmata bij haar te veroorzaken. De Franse parapsycholoog E. Osty deed iets dergelijks bij Olga Toukholka Kahl. Hij slaagde erin zogeheten bloedfiguren zoals letters en namen bij haar op te wekken.

Yogi's en fakirs

Bij stigmatici zie je een sterke, maar onbewuste psychokinetische invloed van mentale beelden. Dit ligt anders bij vérgaande psychokinetische beheersing van het eigen lichaam. Mensen die hiertoe in staat zijn, zoals yogi's en fakirs, ondergaan meestal een jarenlange training. Bij de lichaamsbeheersing kan men gebruik maken van delen van het autonome zenuwstelsel die normaliter niet onder controle staan van het bewustzijn. Zo zijn er wetenschappelijke rapporten gepubliceerd van mensen die met hun geest een bijna perfecte beheersing van processen zoals ademhaling, bloedsomloop en spijsvertering bezaten. In Nederland was er bijvoorbeeld veel te doen over iemand die zich Mirin Dajo noemde. Hij liet zich doorboren met scherpe dolken en slikte scheermesjes en glas in, zonder dat hij daar veel last van leek te hebben.

Sommige intrasomatische psychokineten kunnen naar verluid heel lang in leven blijven zonder voedsel, onder extreme temperaturen, of zelfs zonder zuurstof. Ook kunnen ze nog exotischere vermogens bezitten zoals onbrandbaarheid en levitatie (het vermogen te zweven of vliegen). Dit laatste wordt bijvoorbeeld gemeld van diverse fysische mediums, zoals het beroemde Schotse medium Daniel Dunglas Home. Dit soort psychokinetische vermogens werkt buiten het zenuwstelsel om en sluit zo mooi aan bij de volgende categorie.

Extrasomatische psychokineten
Ook de inwerking op voorwerpen buiten het lichaam verloopt lang niet altijd bewust. Zo is er het fenomeen van het zogeheten *epicentrum* bij een persoonsgebonden poltergeist. Bij dit type casussen gaat het om poltergeistverschijnselen zoals

stenenregens en klopgeluiden die zich concentreren op een bepaalde persoon. Zonder dat hij of zij dit zelf wil, doen de fenomenen zich vooral voor wanneer die persoon aanwezig is. Ze kunnen ook met diegene meeverhuizen naar een nieuwe woning. Een goed voorbeeld is dat van de 19-jarige Duitse kantoorbediende Annemarie Sch. uit het Duitse Rosenheim. Allerlei gedocumenteerde storingen in het elektriciteits- en telefoonnetwerk, maar bijvoorbeeld ook spontane bewegingen van lampen en schilderijen deden zich juist dan voor als zij zich in het kantoor ophield.

Mensen met *bewuste* psychokinetische gaven liggen natuurlijk extra zwaar onder vuur van skeptici, die er niet eens aan willen dat er zoiets als psychokinese bestaat. Ze stellen bij voorbaat dat zelfverklaarde psychokineten allemaal bedriegers zijn. Parapsychologen die zich laten beetnemen door zulke "oplichters" zijn volgens hen naïef en onvoldoende ingevoerd in goocheltrucs. Als je de parapsychologische literatuur op dit gebied bestudeert, zie je dat dit zeer onterecht is. Er worden al meer dan eeuw zeer uitvoerige controlemaatregelen genomen om normale verklaringen uit te sluiten. Een complicerende factor hierbij is wel dat sommige psychokineten inderdaad af en toe geneigd kunnen zijn om bedrog te plegen, terwijl ze bij andere gelegenheden echt gebruik lijken te maken van parergie. Dit zou bijvoorbeeld mogelijk kunnen gelden voor Uri Geller. Hij is onder strenge condities onderzocht en heeft daarbij volgens de experimentatoren echte staaltjes van psychokinese vertoond. Maar er zijn ook bronnen die stellen dat Geller regelmatig trucs gebruikt, hetgeen tot voorzichtigheid maant. Geller is overigens niet de enige lepelbuiger die wellicht meer kan dan alleen wat handig gegoochel. Andere mogelijke psychokineten op dit gebied zijn bijvoorbeeld de Zwitser Silvio en de Fransman Jean-Pierre Girard.

Minstens zo belangrijk zijn de onderzoekingen in de voormalige Sovjet-Unie naar de vermogens van Nina Kulagina. Ze lijkt bijvoorbeeld in staat te zijn geweest om voorwerpen te laten bewegen zonder deze aan te raken.

Ook paranormale genezers die regelmatig betrokken zijn bij wonderlijke genezingen vallen onder de extrasomatische psychokineten. Dit geldt tevens voor Ted Serios, die bekend stond als gedachtefotograaf. Hij concentreerde zich op een bepaalde gedachte en probeerde deze psychokinetisch vast te leggen op de gevoelige plaat. Uiteraard zijn skeptici ervan overtuigd dat hij een bedrieger was, maar er zijn knappe experimenten uitgevoerd die wel degelijk anders doen vermoeden.

Het onderzoek naar psychokineten of parergasten

heeft hoe dan ook de conclusie opgeleverd dat er hoogstwaarschijnlijk mensen zijn met een extra groot vermogen om direct invloed uit te oefenen op de fysieke werkelijkheid. Wel moet er nog veel meer onderzoek naar dit intrigerende fenomeen worden gedaan.

Literatuur
- Braude, S. (2007). *The Gold Leaf Lady and Other Parapsychological Investigations*. University of Chicago Press.
- Eisenbud, J. (1966). *Gedankenfotografie: Die Psi-Aufnahmen des Ted Serios*. Freiburg im Breisgau: Aurum Verlag.
- Groot, J.D. de (2003). *De onkwetsbare profeet*. Enkhuizen: Frontiers Publishing.
Haraldsson, E. (1998). *Modern miracles*. Colombo: Richmond Publishers.
- Rivas, T. (1999). Intrasomatische parergie: theoretische beschouwingen. *Spiegel der Parapsychologie, 37*, 1, 25-35.
- Rogo, D.S. (1986). *Mind over matter: the case for psychokinesis*. Wellingborough: The Aquarian Press.
- Roll, W.G. (1974). *The poltergeist*. New York: New American Library.
- Schmidt, H. (1990). Correlation between Mental Processes and External Random Events. *Journal of Scientific Exploration, 4*, 233-241.

- Thurston, H.J. (2007). *Physical Phenomena of Mysticism*. Roman Catholic Books.
- Zorab, G. (1980). *Home: het krachtigste medium aller tijden*. Den Haag: Leopold.

Dit artikel werd gepubliceerd in *Paraview, jaargang 15*, nummer 4, november 2011, blz. 23-25.

3. Parapsychologie rond lichamen

Wonderbaarlijke paranormale genezingen

door Titus Rivas en Anny Dirven

Patiënten die lang hebben moeten lijden onder een akelige ziekte of handicap beleven een genezing eigenlijk altijd als een soort wonder. Dat komt omdat ze zich naarmate de aandoening langer duurde, zo goed en zo kwaad als het ging hebben moeten aanpassen aan hun situatie. Als we het in parapsychologische zin over wonderbaarlijke genezingen hebben, bedoelen we echter iets anders. Het gaat om medische wonderen, dat wil zeggen gevallen die ook in de ogen van de reguliere westerse geneeskunde onverklaarbaar zijn. Parapsychologisch gezien kun je alleen bekwame artsen (d.w.z. Specialisten) een oordeel over de wonderbaarlijkheid van een genezing laten vellen.

Spontaan herstel
In de Engelstalige literatuur over medische wonderen is vaak sprake van het begrip 'spontaneous remission'. Het gaat daarbij om een ziekte die als het ware vanzelf weer over gaat. Het lichaam kan in zo'n geval de aandoening zonder specifieke hulp van buitenaf overwinnen. Naarmate de ziekte ernstiger is, zal dit

ook eerder overkomen als een medisch wonder, maar dat is dus niet terecht. Van spontaan herstel kan altijd sprake zijn wanneer een ziekte 'vanzelf' weer over kan gaan. Bij griep of kinderziektes is spontaan herstel bijvoorbeeld heel gewoon.
Hoe dan ook moet je eerst deze mogelijkheid uitsluiten alvorens te mogen spreken van een wonderbaarlijke genezing. In nogal wat gevallen is dat moeilijk, omdat reguliere artsen een spontaan herstel bijna altijd aannemelijker zullen vinden dan een echt medisch wonder. Maar er zijn wel ziektes en aandoeningen waarbij een natuurlijk herstel bij voorbaat ondenkbaar is. Bijvoorbeeld omdat er hele organen zijn aangetast of ontbreken. Mensen zijn nu eenmaal geen salamanders die hun afgebroken staart weer kunnen laten aangroeien. Dus als er vergelijkbare dingen optreden in een mensenlichaam mogen we er gerust van uitgaan dat dit niet te verklaren valt door onbekende lichamelijke processen.

Nogmaals, alleen deskundigen kunnen hier zinnige dingen over zeggen. Wij hebben zelf bijvoorbeeld al eens een bewering van een paranormale genezing nader onderzocht en daarbij bleek dat die genezing volgens de behandelende arts zelf helemaal niet wonderbaarlijk was.

Psychosomatische klachten

Een volgende categorie die niet in aanmerking komt voor de benaming 'wonderbaarlijke genezing' betreft het verhelpen van psychosomatische klachten. Veel pijn en lichamelijk ongemak heeft geen somatische oorsprong, maar komt voort uit spanning, stress of verdriet. Doordat mensen vaak niet goed beseffen dat ze gebukt gaan onder emotionele problemen of overwerkt zijn, denken ze nog wel eens dat hun klachten hoe dan ook een lichamelijke oorsprong hebben. Ze kunnen zelfs boos worden als artsen hen voor hun gevoel niet serieus genoeg nemen. Natuurlijk kan dit wel eens meespelen, maar vaker is er een misverstand in het spel, doordat de patiënten denkt dat psychosomatische klachten ingebeelde klachten zijn of berusten op aanstellerij. In werkelijkheid kunnen mensen evenveel last hebben van psychosomatische aandoeningen als van zuiver lichamelijke ziektes.

Wanneer een alternatieve genezer de psychosomatische pijn en ongemak wegneemt, kan dit ten onrechte als een wonder worden beleefd. Het is namelijk voldoende als de genezer de psychologische problemen op het spoor komt en meewerkt aan een oplossing ervan. Op zich is het al wonderlijk genoeg als dit lukt, maar dit verschijnsel hoort nu eenmaal echt niet thuis in de categorie wonderbaarlijke paranormale genezingen.

Sommige lichamelijke klachten berusten op een

zogeheten conversiestoornis, waarbij psychische problemen zelf worden omgezet in een lichamelijk ziektebeeld en allerlei vormen van functieverlies lijken op te treden. Vroeger stond dit verschijnsel bekend onder de noemer 'hysterie'. Men sprak bijvoorbeeld 'hysterische blindheid', waarbij de patiënt zelf werkelijk niets meer kon zien zonder dat hij lichamelijk iets mankeerde. Een ander voorbeeld is de hysterische verlamming. Bij een conversiestoornis is het verband tussen de lichamelijke beperking en de psychologische klachten nog directer dan bij psychosomatische klachten die voortkomen uit stress of spanningen. De genezing ervan kan ook weer wonderbaarlijk aandoen, maar er is natuurlijk geen sprake van dat ze dit ook echt is, omdat de ziekte alleen op het niveau van de geest bestond en de patiënt geen fysieke problemen vertoonde.

Bij wonderbaarlijke genezingen moeten we dus steeds uitsluiten dat het gaat om spontaan herstel, psychosomatische klachten of een conversiestoornis. Het moet steeds aantoonbaar gaan om fysieke klachten die niet spontaan kunnen genezen en die niet direct verdwijnen zodra men bepaalde psychologische problemen heeft opgelost.

Religieuze wonderen
Elke religie kent wel overleveringen over

wonderbaarlijke genezingen die door een godheid of profeet zijn verricht. Een belangrijk deel van het Nieuwe Testament in de Bijbel bestaat uit dit soort wonderverhalen. Bijvoorbeeld over de genezing door Jezus van Nazareth van mensen die blind, melaats of verlamd waren. Van de profeet Mohammed wordt beweerd dat hij iemands oogklachten verhielp en een blinde zijn gezichtsvermogen teruggaf.

Het is na zoveel jaren wetenschappelijk gezien natuurlijk erg moeilijk om vast te stellen of deze genezingen echt hebben plaatsgevonden en zo ja, of ze ook echt wonderbaarlijk waren in de betekenis die wij hier hanteren.

Het is in het algemeen van groot belang dat mogelijke wonderen goed worden gedocumenteerd en liefst ook door gekwalificeerde reguliere artsen worden onderzocht. De rooms-katholieke kerk kent een hele traditie op dit gebied, namelijk in verband met het proces dat voorafgaat aan iemands heiligverklaring. Een voorbeeld van een wonder dat aan een katholieke heilige is toegeschreven betreft het geval van een Engelsman genaamd Cecil. Hij leed aan een hersentumor waardoor hij de beheersing over zijn lichaam was verloren, vreselijke hoofdpijn had en een soort epileptische convulsies. Een Italiaanse vriend raadde hem aan de volksheilige Padre Pio te ontmoeten. Toen Cecil dit inderdaad deed, raakte Padre Pio twee keer de linkerkant van zijn hoofd aan, waardoor zijn hoofdpijn direct verdween. Op een röntgenfoto was naar verluid te zien dat de tumor volledig verdwenen was.

Bij een groot publiek zijn de genezingen die worden gemeld in verband met bedevaartsoorden zoals in het Franse Lourdes nog bekender. Er zijn overigens relatief weinig goede gevallen van dit type gedocumenteerd, en een van de beste daarvan is het geval van John Traynor uit Liverpool. Tijdens de Eerste Wereldoorlog liep deze ernstige verwondingen op in zijn hoofd en borst, waarbij een kogel dwars door zijn rechter bovenarm ging en onder zijn sleutelbeen bleef zitten. Hierdoor raakte zijn rechterarm verlamd en de spieren van de arm verschrompelden. Zijn benen waren ook gedeeltelijk verlamd en hij leed aan epilepsie. Hij werd meermalen geopereerd, maar zonder succes. In 1923 bezocht hij als pelgrim Lourdes, hoewel artsen hem dat hadden afgeraden, omdat de reis veel te zwaar voor hem zou zijn. Traynor bezocht negen keer de grot waarin Maria aan Bernadette verschenen zou zijn. Na afloop bleek er onwillekeurige spieractiviteit op te treden in zijn verlamde spieren. Uiteindelijk bleek hij weer te kunnen lopen. In 1926 werd hij grondig medisch onderzocht en daarbij bleek dat hij volledig hersteld was. De spieren van zijn rechterarm waren helemaal teruggekomen, een kogelgat bij zijn slaap was

helemaal genezen, en hij bleek vanaf 1923 geen epileptische aanvallen meer te hebben gehad.
Ook in protestante kringen worden wonderen gemeld, die de Heilige Geest door middel van de handoplegging van gebedsgenezers zou verrichten. Een bekend voorbeeld is de Nederlandse genezer Jan Zijlstra. Helaas heeft hij nooit de behoefte gevoeld om zijn mogelijke wonderen door de wetenschap te laten verifiëren. Bovendien is er een soort schandaal geweest rond Leonie Verhoef, een jong meisje dat Zijlstra genezen had verklaard, maar dat later zieker dan ooit is geworden.
Een vergelijkbaar fenomeen zien we bij de Indiase hindoeïstische wonderdoener Sai Baba. De IJslandse parapsycholoog Erlendur Haraldsson heeft getracht om zijn verrichtingen kritisch te onderzoeken maar hij kreeg daar helaas onvoldoende de gelegenheid toe.

Paranormale genezingen
Parapsychologisch beschouwd mogen alle wonderbaarlijke genezingen in feite "paranormaal" genoemd worden, dat wil zeggen dat ze niet passen in het reguliere wetenschappelijke en medische wereldbeeld. Er zijn echter ook paranormale genezingen die niet gerelateerd zijn aan één van de grote godsdiensten. Je moet dan bijvoorbeeld denken aan mogelijke wonderen in verband met het werk van healers als Jomanda, maar bijvoorbeeld ook aan het

spiritistische verschijnsel van de zogeheten "psychische chirurgie". Dit laatste is een vorm van genezen die vooral in Brazilië en op de Filipijnen wordt gepraktiseerd, maar ook in westerse landen, zoals Engeland, populairder lijkt te worden. Men beweert dat er bij de psychische chirurgie sprake is van een ingrijpen door overleden medische specialisten die het lichaam van een medium gebruiken om heuse fysieke operaties te verrichten. Helaas zien deze "operaties" er meestal primitief en onhygiënisch uit en men heeft al meer dan eens geconstateerd dat mediums hun toevlucht hadden genomen tot boerenbedrog. Ze gebruiken dan bijvoorbeeld slachtafval om mensen de illusie te geven dat ze werkelijk met hun handen door de huid van de patiënt gaan om aangetaste delen van zijn of haar organen te verwijderen. De claims van volgelingen van dit soort mediums kunnen erg ver gaan. Zo zou men bijvoorbeeld van ernstige ziektes in een terminaal stadium zijn genezen. Bovendien gaat dit nogal eens gepaard met een weerzin om dergelijke beweringen wetenschappelijk te laten onderzoeken. Toch zijn er ook op dit gebied gevallen bekend die goed gestaafd zijn door artsen. Een voorbeeld uit Engeland: de Britse genezer Harry Edwards behandelde ene Jayne Smith vanaf juli 1974. Ze had kanker in haar linker bovenbeen en haar rechter bil en het rechterbeen waren zo stijf als een plank. Artsen hadden haar linkerbeen aanvankelijk willen amputeren, maar zij constateerden dat er uitzaaiingen waren in haar heupen en bekkengebied zodat zij medisch was opgegeven. Edwards behandelde het meisje een half jaar lang één keer per maand met magnetiseren en bad daarnaast ook op afstand voor haar. Jayne stierf niet maar de kankercellen werden juist gestaag vervangen door gezond weefsel.

Paranormale genezingen hoeven trouwens niet per se gekoppeld te zijn aan een aardse genezer of overledene van wie men de identiteit kent. Er worden ook gevallen gemeld van genezingen door engelachtige 'hogere' wezens, bijvoorbeeld na een visioen of bijna-doodervaring.

De kracht van de geest
De gedachte dat er wonderbaarlijke genezingen plaatsvinden, past helemaal niet in een materialistisch wereldbeeld dat de mens opvat als een volledig fysieke machine. Zij strookt echter wel degelijk met een levensbeschouwing die mensen op de eerste plaats ziet als geestelijke wezens in een stoffelijk lichaam die met de kracht van hun geest, psychokinetisch, invloed uitoefenen op hun eigen lichamelijke welzijn en dat van anderen. Wonderbaarlijke genezingen worden door allerlei verschillende geloofsgemeenschappen gemeld. Het ligt dan ook

voor de hand te veronderstellen dat ze vooral te maken hebben met de kracht van het geloof van de patiënt of de genezer, en niet zozeer met de waarheid (of onwaarheid) van hun specifieke opvattingen. Jammer genoeg lijkt er nauwelijks belangstelling te zijn voor spectaculairdere wonderbaarlijke genezingen, terwijl er geen goede reden is om bij voorbaat te denken dat ze niet bestaan. Als paranormale genezers allerlei klachten kunnen verminderen op een manier die niet strookt met de reguliere medische noties, waarom zouden ze dan nooit de klachten radicaal kunnen verhelpen? Hopelijk zal bij onderzoekers en genezers ooit op grote schaal het inzicht postvatten dat het erg belangrijk is om mogelijke genezingen grondig te documenteren.

Dit artikel werd gepubliceerd in *Paraview*, jaargang 3, augustus 2007, blz. 18-19.

Wonderlijke genezingen tijdens of na een nabij-de-doodervaring worden besproken in het boek *Wat een stervend brein niet kan*.

Net als Jezus en Lazarus:
Lichamelijke verrijzenis

door Titus Rivas

Christenen gaan er doorgaans van uit dat alleen Jezus Christus zelfstandig uit de dood is opgestaan. Hij had daarvoor zelf al enkele overledenen tijdelijk weer tot leven gewekt. Toch moet ook een tijdelijke verrijzenis al een 'wonder' zijn, indien zij onverenigbaar is met het materialistische mensbeeld binnen de geneeskunde.

Lazarus Effect
Een van de mensen die Jezus volgens de Bijbel weer levend zou hebben gemaakt, was zijn goede vriend Lazarus. Diens nabestaanden twijfelden er niet aan dat de man 'hartstikke dood' was en hadden hem al begraven. Desondanks wist Jezus hem weer naar het land der levenden terug te roepen.
Binnen een "reguliere" wetenschappelijke optiek zou dit verhaal voor een belangrijk deel op waarheid kunnen berusten. Zo'n tweeduizend jaar geleden kon men natuurlijk nauwelijks vaststellen of iemand echt overleden was of slechts dood *leek*.
Het is mogelijk dat de "overledenen" in de evangeliën

slechts klinisch dood waren. Iemand met een hartstilstand weer tot leven wekken (reanimeren) is nog steeds bijzonder. Het is alleen geen "bovennatuurlijk" wonder meer te noemen. Althans, zo zien de meeste medici dit tegenwoordig – in elk geval officieel.
De laatste jaren lijkt er wel iets te veranderen op dit vlak. Sam Parnia maakt dit duidelijk in zijn boek *The Lazarus Effect*. Hij benadrukt dat er medisch gezien geen fundamenteel verschil bestaat tussen dood zijn en klinisch dood zijn.

Terug uit de dood
Parnia legt uit dat de dood een proces is dat zelfs nog omgekeerd kan worden wanneer iemand al geen vitale functies meer vertoont. Er is maar één relevant verschil tussen klinisch dood zijn en onomkeerbaar dood zijn. In het tweede geval blijft de toestand van levenloosheid gewoon eindeloos voortduren. Het is volgens Parnia niet met zekerheid vast te stellen wanneer de onomkeerbare dood definitief is ingetreden. Pas wanneer een lijk echt begint te ontbinden, mag je aannemen dat het niet meer tot leven zal komen. (Hij gelooft dus niet in zombies.) Grappig genoeg noemen Engelstaligen de reanimatie van patiënten met een hartstilstand "resuscitation". Dit woord is afgeleid uit het Latijn en etymologisch nauw verwant aan het woord "resurrection" (verrijzenis).

Iemand die een ander "resuscitates", veroorzaakt als het ware zijn of haar "resurrection"[1].
Het boek van Parnia gaat trouwens niet alleen over de dood of reanimatie, maar vooral ook over bijna-doodervaringen. Hij beweert dat patiënten die een bijna-doodervaring beleefden terwijl ze klinisch dood waren, werkelijk zijn teruggekeerd uit "de dood". Hij stelt zelfs voor om zulke ervaringen voortaan *Actual Death Experiences* te noemen.
Hersenen die klinisch dood zijn vertonen geen neurologische activiteit meer. Ze verschillen daarin niet van een brein dat onomkeerbaar dood is en kunnen daarom niet verantwoordelijk zijn voor wat iemand op dat moment beleeft. Voor Parnia is het overleven van de psyche tijdens de klinische dood nog veel wonderlijker dan de "verrijzenis" van het lichaam.

De verrijzenis van Jezus
Als we de Bijbel serieus nemen, stierf Jezus van Nazareth een marteldood aan het kruis. Toen zijn lichaam daarvan afgehaald was, werd het zeker niet gereanimeerd door artsen. De verrijzenis die Jezus zou hebben vertoond moet dan ook van hem zelf uitgegaan zijn. Al dan niet bijgestaan door wezens uit

---

[1] De Spaanse vertaling van het werkwoord verrijzen is *resucitar.*

een geestelijke wereld[2].
Maar ook dit fenomeen is niet uniek. De Amerikaanse hartchirurg Lloyd W. Rudy beschreef enkele jaren geleden bijvoorbeeld zijn ervaringen met een patiënt die onomkeerbaar dood leek te zijn. De man vertoonde geen enkel levensteken meer. Desondanks kwam hij na zo'n 20 minuten spontaan weer tot leven. De patiënt bleek tijdens zijn langdurige hartstilstand van boven exact te hebben waargenomen wat er allemaal gebeurd was. Rudy maar ook zijn assistent Roberto Amado-Cattaneo hebben officieel verklaard dat het zo gegaan is en dat hier geen normale verklaring voor bestaat. Ironisch genoeg heeft de skeptische anesthesioloog Gerald Woerlee in dit verband gewezen op een medisch verschijnsel dat als het "Lazarus-fenomeen" bekend staat. Woerlee stelt in feite dat de casus wel uitzonderlijk is, maar niet paranormaal[3]. Artsen begrijpen nog niet helemaal hoe het kan, maar ze hebben gewoon nog niet alle benodigde fysiologische data verzameld. Amado-

---

[2] Volgens sommigen zou de Lijkwade van Turijn het moment van de verrijzenis als het ware op een soort driedimensionale foto hebben vastgelegd. Helaas is nog steeds niet duidelijk of deze lijkwade meer is dan een middeleeuwse vervalsing. Persoonlijk heb ik vooralsnog de neiging om dat aannemelijk te vinden.

[3] Woerlee schrijft woordelijk: "In some situations, the reason for spontaneous return of circulation is unknown due to lack of details, but that does not mean a paranormal cause."

Cattaneo heeft hierop geantwoord dat het volstrekt onmogelijk is om de verrijzenis van deze patiënt materialistisch "weg" te verklaren.
De casus van de patiënt van Lloyd Rudy en Amado-Cattaneo is niet uniek en het is nu vooral zaak om aan te tonen hoe "gewoon" de psychogene verrijzenis van het dode lichaam is.

Literatuur
– Parnia, S., & Young, J. (2013). *The Lazarus Effect*. Rider & Co.
– Rivas, T., Dirven, A., & Smit, R. (2013). *Wat een stervend brein niet kan*. Leeuwarden: Elikser.
– Rivas, T., & Smit, R. (2013). Brief Report: A Near-Death Experience with Veridical Perception Described by a Famous Heart Surgeon and Confirmed by his Assistant Surgeon. *Journal of Near-Death Studies, 31*:179-186.
– Woerlee, G.M. (2014). *Rivas and Smit & A Near-Death Experience Reported by Lloyd Rudy*. Online artikel: http://www.neardth.com/lazarus.php

(Dit artikel is een bewerking van een column die ik schreef voor ParaVisie, juni 2015.)

Ervaringen rond een fijnstoffelijk lichaam

door Titus Rivas en Anny Dirven

Als je uitgaat van een overleven na de dood van de persoonlijke geest of ziel, word je bijna direct geconfronteerd met de vraag hoe die ziel zich verhoudt tot het lichaam. Kennelijk is er geen sprake van een onverbrekelijke band, anders zou de geest na de dood immers net als het fysieke lichaam vergaan. In elk geval mogen we dus concluderen dat de ziel of geest het lichaam niet nodig heeft om te overleven. De geest is dus een zelfstandige grootheid die in wisselwerking staat met het lichaam, en dan met name de hersenen.

Nu zijn er nogal wat mensen die geloven dat er naast lichaam en geest nog een 'ijl' soort tweede lichaam bestaat. Dit 'fijnstoffelijke' lichaam zou zich tijdens de waaktoestand vooral manifesteren in de vorm van een zogeheten aura, een eivormig 'energieveld' dat ons fysieke lichaam zou omgeven. Tijdens zogeheten buitenlichamelijke ervaringen of uittredingen zou het fijnstoffelijke lichaam het fysieke lichaam kunnen verlaten. Dat zou ook gelden voor de dood. Met andere woorden: het moment waarop lichaam en geest definitief van elkaar gescheiden worden. Gedurende

een aards leven zouden het fysieke en fijnstoffelijke lichaam aan elkaar verbonden zijn door een soort ijle navelstreng die vaak wordt aangeduid als het 'zilveren koord' en die op het moment van overlijden zou breken.
Na de dood zouden overledenen hun fijnstoffelijke lichaam gebruiken om zich aan andere gestorvenen te laten zien, maar ook tijdens verschijningen aan levenden. Bij spiritistische sessies zou het fijnstoffelijke lichaam van het medium of de betrokken overledenen een rol kunnen spelen bij de productie van het zogeheten ectoplasma.

Complexe theorieën
In feite bestaan er allerlei, vaak erg complexe theorieën over het dit thema. In diverse esoterische stromingen wordt er bijvoorbeeld uitgegaan van meerdere fijnstoffelijke lichamen. Zo zou er o.a. een etherisch lichaam zijn dat het fysieke lichaam in leven houdt en een rol speelt bij gezondheid en ziekte, een astraal lichaam dat vooral verband houdt met iemands emoties, en een mentaal lichaam dat te maken heeft met iemands denkvermogen. Vaak wordt aangenomen dat deze lichamen met elkaar in wisselwerking staan. Daarbij zouden chakra's, een soort energieknooppunten een belangrijke rol spelen.
In verschillende niet-westerse geneeswijzen speelt het idee van een fijnstoffelijk lichaam een belangrijke rol.

Er wordt o.a. mee gewerkt bij de Chinese acupunctuur, de Japanse reiki en de Indiase yoga. In het Westen werd vooral in occulte stromingen aandacht besteed aan een fijnstoffelijk lichaam. Het concept kwam bijvoorbeeld voor bij Paracelsus en Franz Anton Mesmer, de vader van het zogeheten dierlijke magnetisme. Het gedachtegoed van Mesmer heeft tegenwoordig nog invloed op het westerse paranormaal genezen dat vaak als 'magnetiseren' wordt aangeduid. Net als bij reiki zou een genezer daarbij invloed hebben op de 'energie' (een soort levenskracht, in tegenstelling tot het natuurkundige begrip energie) van het fijnstoffelijk lichaam. De genezer zou iemands energie bijvoorbeeld kunnen vergroten of zuiveren of 'blokkades' kunnen verhelpen. Ook paragnosten beweren vaak dat ze in staat zijn om een energielichaam of aura waar te nemen rond een cliënt dat hun door zijn vormen en kleuren informatie zou verschaffen over iemands gezondheid en gemoedstoestand.

Onderzoek naar fijnstoffelijkheid
Het is op zijn minst opmerkelijk dat er zoveel verschillende denkrichtingen zijn die het bestaan van een of meer fijnstoffelijke lichamen aanhangen. Maar daarmee is natuurlijk nog niet bewezen dat dergelijke lichamen ook echt bestaan. Binnen de wetenschap hebben we zoals altijd bewijsmateriaal en

goede argumenten nodig om van het bestaan van een bepaald verschijnsel uit te mogen gaan. Aan verschillende instituten is daarom onderzoek gedaan naar de mogelijkheid om een fijnstoffelijk lichaam zichtbaar te maken of te meten met speciale apparatuur. Het bekendste voorbeeld hiervan is wel de zogeheten Kirlian-fotografie. De resultaten van deze studies zijn helaas nog erg controversieel. Sommige deskundigen (en niet alleen skeptici) beweren dat ze normaal verklaarbaar zijn door natuurkundige effecten.

Spontane ervaringen als bewijsmateriaal
Toch is er wel enig bewijsmateriaal voor een aura, en wel in de vorm van spontane ervaringen bij mensen die er van tevoren nooit eerder van hadden gehoord. Vooral jonge kinderen kunnen wat dat betreft interessant zijn, maar ook aankomende paragnosten die zich nooit eerder met het onderwerp hebben beziggehouden. De bekende Nederlandse helderziende Gerard Croiset deed bijvoorbeeld als jongeman waarnemingen van aura's die hij pas later in verband kon brengen met boeken over dit onderwerp. De Nederlandse theologe Joanne Klink haalt een jongetje aan dat zei: "Toen mijn vriendje mij plaagde, zag ik veel rood en zwart om hem heen." En: "Meneer in de klas maakte zich kwaad, maar hij wilde het niet laten merken, maar ik zag allemaal rood uit zijn hoofd

komen".

Dergelijke waarnemingen zijn vooral interessant als we er een bepaald patroon in kunnen herkennen, bijvoorbeeld dat kleuren consequent verwijzen naar iemands gezondheid of gemoedstoestand. De scepticus Woerlee gaat trouwens zo ver dat hij alle waarnemingen van aura's weg probeert te verklaren als niet meer dan het gevolg van oogafwijkingen bij de waarnemer e.d. Dit zou alleen mogelijk zijn als er geen enkele overeenkomst zou bestaan in de waargenomen verbanden tussen aura en gezondheid of gemoedstoestand.

Uittredingen
Ook naar uittredingen is systematisch onderzoek gedaan. Volgens de skeptische auteur Susan Blackmore zijn uittredingen gewoon psychologische verschijnselen, verwant aan een soort dromen. Toch hebben parapsychologen zoals Charles Tart, Janet Mitchell en Karlis Osis getracht aan te tonen dat er authentieke uittredingen bestaan. Uit hun onderzoek blijkt in elk geval dat sommige mensen in staat zijn paranormale waarnemingen te doen terwijl ze zelf de indruk hebben een uittreding door te maken. Ook wordt hun aanwezigheid op de plek waar ze naar toe gereisd lijken te zijn soms opgemerkt door anderen. Vooral de buitenlichamelijke ervaringen bij bijna-doodervaringen zijn erg overtuigend, hoewel het wel

de vraag is of daarbij alleen de geest zelf het lichaam verlaat, of ook nog een fijnstoffelijk lichaam. Ervaringen met kinderen zijn ook wat uittredingen aangaat extra belangrijk. Joanne Klink schrijft over kinderen die vertellen over een 'zich zwevend voortbewegen' en beweren dat je "spiralend uit en weer in het lichaam komt en dat je kunt zien dat je via het zilveren koord met het aardse lichaam verbonden bent." Het is dus zeker van belang dat er meer gevallen worden verzameld op dit gebied.

Literatuur
- Dongen, H. van, & Gerding, H. (1993). *Het voertuig van de ziel: het fijnstoffelijk lichaam: beleving, geschiedenis, onderzoek.* Deventer: Ankh-Hermes.
- Klink, J. (1994). *Vroeger toen ik groot was.* Baarn: Ten Have.
- Mitchell, J.L. (1986). *Uittredingservaringen.* Naarden: Strengholt.
- Rivas, T. (2002). Kinderen en het fijnstoffelijk lichaam. *Prana, 131,* 78-83.
- Rivas, T. (2004). *Encyclopedie van de Parapsychologie.* Rijswijk: Elmar.
- Tenhaeff, W.H.C. (1980). *Magnetiseurs, somnambules en gebedsgenezers.* Den Haag: Leopold.
- Woerlee, G. (2003). *Mortal Minds: a biology of the soul and the dying experience.* Utrecht: De tijdstroom

Dit artikel werd gepubliceerd in *Paraview, jaargang 8*, nummer 1, februari 2004, blz. 18-20.

4. Synchroniciteit

'Toevallig' teruggevonden voorwerpen

door Titus Rivas

Als niemand ooit iets kwijt zou raken, zou er ook nooit iemand toevallig andermans eigendom tegen kunnen komen. Dat zou jammer zijn voor archeologen en andere gelukkige vinders. Ikzelf zou bijvoorbeeld nooit een muntje uit 1898 gevonden hebben tijdens een boswandeling zo'n kleine negentig jaar later.

Veel verloren voorwerpen vormen geen groot gemis voor de eigenaar; ze waren anders toch wel binnenkort bij het vuilnis beland. Je hoeft echter geen materialist te zijn om te beseffen dat sommige objecten niet zomaar horen te eindigen als oude troep. Bijvoorbeeld vanwege hun historische, esthetische of intellectuele belang. Voor sommige voorwerpen geldt dit zelfs bijna automatisch, zoals boeken of kunstvoorwerpen. Daarnaast kunnen dingen ook een persoonlijke waarde vertegenwoordigen. Bijvoorbeeld als souvenir, persoonlijk aandenken of blijk van vriendschap of liefde. Zulke dingen verschillen van gebruiksvoorwerpen die we zomaar kunnen vervangen door iets met een vergelijkbare fysieke functie. Ze zijn niet alleen handig maar hebben een betekenis die verder reikt dan hun zuiver praktische nut. We kunnen er daarom ook aan gehecht zijn op een manier die niet te herleiden valt tot hun bruikbaarheid of geldelijke waarde.

De Union Oxford Sport
Een minder bekend deelgebied van het parapsychologisch onderzoek naar coïncidenties en synchroniciteit haakt hierop in. Namelijk het terrein van de uitzonderlijk 'toevallige' gebeurtenissen waarbij verloren voorwerpen niet bij derden belanden, maar teruggevonden worden door de eigenaar zelf. Ze wijzen erop dat de betekenis die bepaalde dingen voor ons hebben, ertoe kan leiden dat ze fysiek bij ons terugkeren.
Een voorbeeld uit mijn eigen vriendenkring is afkomstig van psycholoog en webmaster Bert Stoop. Hij schreef er een blog over, getiteld: "Fiets neemt recht in eigen handen". Voor zijn vijftiende verjaardag kreeg Bert van zijn vader een Union Oxford Sportfiets met terugtraprem zodat hij dagelijks naar school kon fietsen. Toen hij uiteindelijk ging studeren in Groningen, gebruikte hij zijn rijwiel als stadsfiets. Eind jaren zeventig bleef hij tijdens het uitgaan ergens een hele nacht dansen. De ochtend daarop betrapte hij een groepje mensen die zijn fiets probeerde te stelen. In de jaren negentig haalde hij een keer Chinees en zag dat zijn fiets weg was toen hij buiten kwam.

Omdat hij honger had, besloot hij eerst naar huis te gaan om te eten en dan vervolgens de fiets als gestolen aan te geven bij de politie. Om de een of andere reden koos hij ervoor een omweg te nemen en kwam zo zijn fiets tegen bij een huisdeur, nog op slot. De dief had de fiets slechts honderd meter verder getild en wilde deze blijkbaar op een rustig moment verder open breken. Begin deze eeuw ging Bert een frietje halen na een avond dansen en zette daarbij zijn fiets in een steeg. Opnieuw was hij daarna verdwenen. Bert moest dus wel naar huis lopen en nam de kortste weg… die hem wederom naar zijn fiets leidde. De fietsendief had het slot geforceerd maar verder was het rijwiel onbeheerd. Bij nog een andere gelegenheid liet Bert per ongeluk de sleutels in een slot van zijn fiets zitten en concludeerde dat hij hem nu dan definitief kwijt was. Toch vond hij hem ook nu weer terug, dit keer op slot. In zijn eigen stukje concludeert Bert: "Moraal van het verhaal? Ik heb geen idee, maar zou u volgende keer mijn fiets willen laten staan, ook al heb ik deze niet op slot gedaan?"
Kennelijk werd Bert Stoop keer op keer naar de fiets geleid zodat hij zijn vertrouwde eigendom, hoe onwaarschijnlijk ook, telkens weer terugvond.

Puur toeval?
Wat moeten we van dit soort ervaringen denken? Puur toeval? Dat lijkt niet bijster waarschijnlijk, omdat het

niet slechts één keer gebeurde, maar herhaaldelijk. Bovendien zijn er meer verhalen als dat van Bert. De Duitse schrijver Wilhelm von Scholz (1874-1969) maakte er reeds melding van in zijn boeiende boek *Der Zufall und das Schicksal*. Hij besprak bijvoorbeeld het geval van een Duitse kunsthandelaar die een familielid in Amerika een gouden ketting van zijn moeder cadeau had gedaan had. De ketting werd beschermd door een blauw, zijden lint. Op een kwade dag werd er ingebroken bij de Amerikaanse familie en daarbij nam men ook de ketting mee. Vijfentwintig jaar later bood iemand dezelfde kunsthandelaar de ketting persoonlijk aan in een hotel, samen met andere voorwerpen. Er waren nog steeds resten van het zijden lint te zien.

Een andere casus van Von Scholz betreft de Oostenrijkse kunstschilder Moritz von Schwind. Tijdens een wandeling met zijn vrouw merkte zij dat haar trouwring verdwenen was. Het echtpaar maakte rechtsomkeert en zocht de ring in alle hoeken en gaten, maar zonder hem te vinden. Een jaar later bezoeken ze dezelfde omgeving en mevrouw Von Schwind herinnerde haar man eraan dat de ring ongeveer op die locatie zoek was geraakt. Ze zagen daarop hoe de ring zich op de stengel van een koningskaars, een gele bloem, bevond! Je zou bijna denken aan de bekende Friese sage van de ring van het Vrouwtje van Stavoren, hoewel daarin een vis centraal staat...

Helderziendheid of 'karma'

Als het niet om toeval gaat, hoe kunnen we dit soort gevallen dan wel verklaren? Je kunt allereerst denken aan een vorm van onbewuste helderziendheid. De eigenaar weet onbewust waar het voorwerp zich bevindt en creëert (eveneens onbewust) een situatie waardoor het weer bij hem of haar terugkomt. Daarnaast ligt een vorm van 'karma' of magie op basis van een soort positieve hechting ook best wel voor de hand. Door de waarde die iemand aan een concreet voorwerp hecht, ontstaat er een aantrekking tussen beide die zelfs fysieke gevolgen kan hebben. Zoals bij de ring om de stengel van de koningskaars. Volgens de Indonesische goena goena bestaat er ook een negatieve variant van dit fenomeen. Bijvoorbeeld in het geval van krissen die terugkeren bij hun eigenaren, ook als dat niet de bedoeling is, en hen straffen met allerlei narigheid als ze 'verwaarloosd' worden.

Het is te hopen dat men veel meer van dit soort ervaringen weet te verzamelen zodat duidelijk wordt welke hypothese het meest aannemelijk is.

Voorwerpen die terugkeren bij de eigenaar zonder dat daar een triviale verklaring voor is, passen zeker niet in het dominante westerse wereldbeeld.

De wederkomst van de knuffel Didi
Het van oorsprong Macedonische gezin M. maakte mij deelgenoot van een merkwaardige ervaring. De jongste dochter van dit gezin kreeg op haar derde een knuffelbeer, Didi genaamd, waar ze erg gehecht aan raakte. Ze beleefde Didi als een bezield, levend wezen dat haar beschermde, een bekend verschijnsel onder jonge kinderen. Enkele jaren later raakte het meisje de knuffel kwijt doordat hij tijdens een vakantiereis naar Macedonië uit het raam van de auto waaide. Vanaf dat moment verkeerden het meisje en haar oudere zus in de veronderstelling dat Didi ooit nog teruggevonden kon worden.

Na verloop van tijd probeerde het zusje de eigenares van Didi te troosten door haar voor onbepaalde tijd een eigen knuffel, Strijkje, te lenen. Ze kreeg daar echter spijt van. Haar vader stelde vervolgens voor dat ze de dag erna op zoek zouden gaan naar een nieuwe knuffel en voegde eraan toe: "Misschien vinden we Didi wel." Merkwaardig genoeg waren vader en dochters er opeens alle drie gevoelsmatig van overtuigd dat ze hem terug zouden vinden.

Die nacht droomde Didi's beschermster dat hij in een put viel met een heleboel andere knuffelbeesten daar bovenop. Ze droomde dat Didi terugkwam en dat ze dat vierden. Haar vader bekrachtigde deze droom de volgende morgen.

Diezelfde dag nog ging het drietal op zoek naar Didi.

Toen ze al diverse winkels hadden bezocht, troffen ze in een speelgoedwinkel een grote doos met knuffels aan. De vader graaide met zijn handen in de doos, in de zekerheid dat hij Didi zou vinden. Het knuffelbeest bleek helemaal onderop in de doos te zitten. De eigenares geloofde hierbij dat de knuffel werkelijk terug was gekomen en naar de speelgoedwinkel was gelopen. Ze geloofden dus dat ze niet eenzelfde soort knuffeldier hadden teruggevonden, maar exact dezelfde Didi. Ook als we deze interpretatie verwerpen, blijft staan dat er een merkwaardige overeenkomst bestaat tussen de voorgevoelens en droom enerzijds en de 'terugkeer van Didi' anderzijds.

De ketting van Leora
Een Nederlandse vrouw, Pauli, vertelde me hoe ze in 1968 met haar opa over een Amsterdamse vlooienmarkt liep. Ze werd aangesproken door een oude man die haar een ketting met de davidster aanbood. Hij zei: "Die is voor jou, je moet hem bewaren maar niet houden. Als de tijd rijp is zul je weten aan wie je hem moet geven." Daarna verdween hij weer in de menigte.
Jaren later raakte Pauli bevriend met een Amerikaanse vrouw, een jodin, Leora. Toen ze haar de ketting overhandigde, kreeg Leora een vreemde gewaarwording. Alsof ze van binnen "Ik heb hem eindelijk terug!" schreeuwde. Leora gaat ervan uit dat

de ketting al in een vorig leven bij haar hoorde.

Dierbaar goud
Auteur, onderzoekster en paranormaal genezeres Anny Stevens-Dirven heeft een bijzondere band met twee gouden sieraden. Ze bezit een kleine, gouden Indonesische kris die je als spel of broche kunt dragen. In 1944 was ze in haar woonplaats Breda als meisje getuige geweest van de aftocht van gewonde Duitse militairen. Ze marcheerden niet langer in het gelid, maar strompelden ordeloos voort en kwamen daarbij ook langs haar straat. Op een goed moment liep een van de gewonde soldaten zwijgend op Anny en een vriendin af. Haar vriendin kreeg zomaar een zegelring van hem en Anny het gouden krisje. Ze weet nog steeds niet waarom hij dit deed. Wellicht was het om te voorkomen dat (geroofde?) spullen in handen van de geallieerden zouden vallen.
Ze bewaarde de kris, die je als speld of broche kon dragen, in een schoenendoos. Pas in 1957 vroeg haar man Wim Stevens haar de kris te laten taxeren door een juwelier. Het bleek om een sieraad van 18 karaat goud te gaan. De juwelier was bereid haar er maar liefst negenhonderd gulden voor geven. Maar Anny wilde de kris niet van de hand doen. Iets zei haar dat hij echt bij haar hoorde, ook al droeg ze hem in de loop der jaren maar een keer of drie. Daarbij is hij ook driemaal zoek geraakt. Een keer bleek hij onder haar

matras te hebben gezeten. De tweede keer bleek hij zomaar op het zand in haar voortuin te liggen toen ze er aan het schoffelen was. De derde keer ontdekte ze hem onverwachts in het filter van haar wasmachine. Wat dit extra opmerkelijk maakt, is dat er traditionele Indonesische verhalen bestaan over krissen die terugkeren bij hun eigenaar.

Een gouden ring die haar overleden man Wim voor Anny kocht vond 'slechts' twee keer de weg naar haar terug. Op nieuwjaarsdag 2008 ontdekte ze dat de ring kwijt was. Heel vervelend omdat hij een grote gevoelswaarde voor haar heeft. Ze keek onder andere in haar droogtrommel en wasmachine, draaide al haar washandjes binnenstebuiten en doorzocht al haar wasgoed. Op 23 januari zag ze de ring opeens midden op de vloer liggen, in de kamer waar haar wasmachine staat. Dit was heel merkwaardig, want Anny is altijd erg netjes en proper geweest. Ze poetste, stofzuigde en dweilde deze kamer iedere week en gelooft niet dat ze de ring over het hoofd kan hebben gezien…

Bij een andere gelegenheid was ze dezelfde ring al maanden kwijt geweest. Ze had opnieuw haar hele huis afgezocht naar het sieraad. Op een dag stond ze in de badkamer toen ze iets hard op de vloer hoorde vallen. De gouden ring bleek zomaar op de vloer van de badkamer te liggen, ook al wordt die elke dag gedweild en afgestoft.

Meer lezen: Vaughan, A. (1979). Incredible Coincidence. Signet Book; Rivas, T. (2000). Parapsychologisch onderzoek naar reïncarnatie en leven na de dood. Deventer: Ankh-Hermes; Rivas, T. (2011).
Het verhaal van de knuffel Didi: Animisme bij kinderen en precognitie; Scholz, W. Von (1983). Der Zufall und das Schicksal. Freiburg im Breisgau: Herder;
Stoop, B. (2011). Fiets neemt recht in eigen handen.

Dit artikel werd in 2012 gepubliceerd in *KD* en in 2013 op txtxs.nl gezet.

De hype van 'The Secret' voorbij

Vraag is of de 'Wet van Aantrekking' voor jou heeft gewerkt
'Geen gezeik, iedereen rijk', luidde jaren geleden de verkiezingsbelofte van Jacobse en Van Es (Kees van Kooten en Wim de Bie), van het satirische programma Simplisties Verbond. Dit klonk als de belofte van The Secret, het boek uit 2006 dat iedereen de vervulling van zijn of haar dromen beloofde.
En is je leven rijker, wijzer of anderszins iets meer geworden door de 'Wet van Aantrekking' toe te passen?

door Titus Rivas

The Secret van Rhonda Byrne is waarschijnlijk een van de best verkochte 'spirituele' boeken van de laatste jaren. De boodschap van Byrne is samen te vatten als: 'Je kunt het soort leven aantrekken dat je zelf wilt'. Deze visie werd enthousiast ontvangen en verbreid door bekende persoonlijkheden zoals Oprah Winfrey. Door de juiste mentale instelling kun je letterlijk alles bereiken, van gewichtsverlies tot sociaal succes en rijkdom. Natuurlijk kwamen er ook

al gauw negatieve reacties op het boek. Wat blijft er overeind nu de 'hype' weer een beetje voorbij lijkt? De van oorsprong Australische auteur en producente Rhonda Byrne bracht haar bestseller in november 2006 op de markt. Het werk werd talloze malen herdrukt en in vele talen vertaald. Ook volgden er een gelijknamige film en twee gerelateerde boeken, The Magic en The Power. De beroemdste motivatiecoach die The Secret verbreidt is waarschijnlijk de Amerikaan Bob Proctor. Hij wordt overigens zeer uitgebreid geciteerd in het boek zelf en komt ook voor in de film. Maar ook andere coaches en trainers bieden anno 2012 nog steeds workshops en cursussen aan die op dit gedachtegoed gebaseerd zijn.
Centraal in het werk van Byrne staat de zogeheten Wet van de Aantrekking of Wet van de Aantrekkingskracht (Engels: Law of Attraction). Waar we over nadenken en aandacht aan schenken wordt automatisch sterker. We trekken met onze geest vanzelf situaties, ontmoetingen en gebeurtenissen aan, of we daar nu van doordrongen zijn of niet. Daarom kunnen we maar beter bewust gebruik gaan maken van dit principe. Dit betekent onder meer dat we ons voorstellen (visualiseren) dat wat we willen er al is, en dat we twijfels en negatieve gedachten zoveel mogelijk buiten de deur houden.
Zoals Byrne zelf aangeeft, is haar boodschap helemaal niet nieuw. Ze brengt de Wet daarom als een 'geheim'

dat in het Westen door de eeuwen heen bij allerlei ingewijden bekend gebleven is. (Of de concrete denkers die ze noemt, zoals Plato, daar allemaal onder vallen, doet hier verder niet ter zake.) De tijd zou in 2006 dus rijp zijn om het geheim voor een groter publiek te ontsluieren. Overigens had ik al jaren ervoor kennis genomen van vergelijkbare ideeën bij auteurs als Joseph Murphy, dominee Norman Vincent Peale, Neale Donald Walsch en Emile Coué.

'Nonsens'
Het succes van The Secret wordt door sceptische tegenstanders wel gezien als het ultieme bewijs dat de westerse wereld gek aan het worden is. De Wet van de Aantrekking is volgens hen een vorm van kinderlijk, magisch denken dat haaks staat op nuchtere rationaliteit. Het hoort thuis bij achtergebleven natuurvolkeren of achterhaalde occulte tradities. Door weer opnieuw in dit soort 'nonsens' te gaan geloven zouden we terugkeren naar de donkere middeleeuwen. We zouden alle problemen voortaan willen oplossen met visualisaties en positieve gedachten en bijvoorbeeld geen belang meer stellen in de reguliere somatische geneeskunde.
Volgens mij is dit echter alleen evident als men een wetenschappelijk wereldbeeld gelijkstelt aan het reductionistische model. Alleen wanneer je dogmatisch alle factoren die niet te herleiden zijn tot

fysieke wetmatigheden uitsluit, kun je The Secret bij voorbaat als flauwekul afdoen. Maar zo'n dogmatisch opstelling heeft voor mij weinig te maken met rationeel denken of nuchterheid. De sceptische aanval lijkt dus nogal kort door de bocht, maar dit wil niet zeggen dat er helemaal geen steekhoudende kritiek mogelijk is. Onder invloed van een ongebreideld optimisme kunnen mensen bijvoorbeeld allerlei negatieve ontwikkelingen over het hoofd zien. Als ze pech hebben kan dit betekenen dat hun leven juist minder goed uitpakt dan dat van mensen die oog houden voor onaangename aspecten van de realiteit.

Niet alleen op de wereld
Wat mijzelf vanaf het begin is opgevallen aan de presentatie van de Law of Attraction is dat het lijkt alsof ieder van ons alleen op de wereld is. Hoe effectief het aantrekken van positieve situaties ook kan zijn, er zijn nu eenmaal ook nog andere mensen. Het is niet bepaald ondenkbaar dat zij een heel andere kant uit willen dan wij en dat dit ertoe leidt dat bepaalde wensen onvervuld zullen blijven. Een voorbeeld hiervan zien we bij optimistische Europese Joden die in de jaren '30 domweg niet konden geloven dat Hitler zijn dreigementen waar zou maken. Hun verwachtingen voor de toekomst waren positief, maar velen van hen hebben dit met de dood moeten bekopen.

Dit betekent volgens mij dat de Wet van Aantrekking niet het enige principe kan zijn waar we in deze werkelijkheid mee te maken hebben. Er zijn ook nog de intenties en voorstellingen van anderen. In het occultisme bestaat wat dit betreft de traditie van de 'zwarte' magie, waarbij men de Wet zelfs bewust inzet ten koste van medemensen. Natuurlijk moeten we heksenwanen voorkomen, maar feit blijft wel dat we nu eenmaal niet alleen op de wereld zijn.

Dit geldt ook nog in een ander opzicht. Als je gelooft dat iedereen zijn eigen werkelijkheid creëert, betekent dit in feite dat alles wat iemand overkomt volledig zijn eigen verantwoordelijkheid is. Elke vorm van onrecht op de wereld zou dus het gevolg zijn van een verkeerde instelling van degene die dat onrecht ondergaat. Niet de dader moet tot de orde worden geroepen, maar het slachtoffer dat gewoon zijn of haar 'mind set' dient te veranderen. Hetzelfde geldt voor chronisch zieken en jonge terminale patiënten: niet de ziekte is het probleem, maar de zieke zelf. In het ergste geval kan dit gepaard gaan met onverschilligheid tegenover wezens die ergens onder lijden. Eigen schuld, dikke bult, dan moet je maar niet zo negatief in het leven staan! Zoiets is uitsluitend houdbaar als je gelooft dat een ieder in een volledig afgesloten eigen wereld leeft en niet beïnvloed kan worden door anderen, laat staan door blinde fysieke krachten.

Verder is het ongetwijfeld legitiem als we een beter leven voor onszelf willen. We zijn immers allemaal evenzeer de moeite waard als ieder ander. Het is volgens mij dan echter wel de bedoeling dat we iedereen zo'n beter leven gunnen. Ik vraag me af of dit wel altijd genoeg benadrukt wordt door mensen die de Wet willen benutten. Overigens komt engagement wel aan bod in The Secret zelf, bijvoorbeeld in verband met de wereldvrede. Vergelijk het met bidden: het is volgens allerlei godsdiensten volkomen gerechtvaardigd om te bidden voor jezelf. Maar het mag daarbij wel van je worden verwacht dat je ook voor anderen bidt.

Correcte kern
De hype rond The Secret lijkt weer een beetje voorbij maar er zijn nog steeds genoeg mensen die de boodschap ervan in de praktijk brengen. Houden ze zichzelf alleen maar voor de gek? Uiteraard hangt het antwoord op deze vraag samen met je wereldbeeld. Puur psychologisch gezien kun je hoe dan ook meer voor elkaar krijgen als je daarin gelooft dan wanneer je dat niet doet. Positief denken heeft bovendien een heilzaam effect op je stemming en je gezondheid. Maar de Wet van Aantrekking impliceert dat geestelijke voorstellingen op zich reeds voldoende zijn om de externe werkelijkheid te veranderen. Voor materialisten is dat uiteraard klinkklare onzin. Het

wordt anders als we juist rationeel aannemen dat we met onze geest rechtstreeks invloed kunnen hebben op de wereld om ons heen. Bijvoorbeeld door middel van telepathie en psychokinese of door het aantrekken van zinvolle coïncidenties. Volgens mij is het parapsychologische bewijsmateriaal voor dergelijke verschijnselen zo sterk dat het irrationeel wordt om het zomaar te negeren. Daarom ga ik er zelf van uit dat de kern van de boodschap van The Secret op zichzelf wel degelijk correct is. Er bestaat echt zoiets als een Wet van Aantrekking.

Sommigen leggen wat dit betreft, net als Byrne zelf, een link met bepaalde theorieën in de kwantummechanica. Ze stellen dat het bewustzijn bepaalt welke mogelijkheden uiteindelijk verwerkelijkt worden. Of dit nu waar is of niet, we hebben met onze geest hoe dan ook veel meer invloed op onze realiteit dan men doorgaans aanneemt. Ook al leven we niet alleen op de wereld en moeten we ook rekening houden met anderen. Om met Barack Obama te spreken: Yes, we can!

Meer lezen: Byrne, R. (2006), 'The Secret', New York: Atria Books; Cerulo, K. (2006). 'Never Saw it Coming', University of Chicago Press; Coué, E. (2007), 'Autosuggestion' (herdruk van boek uit 1922). Zürich: Ösch-Verlag; Murphy, J. (1999), 'De weg naar een rijker leven', Hermans Muntinga

Publishing; Peale, N.M. (2003), 'Het geheim van positief denken', Omega Boek; – Stenger V.J. (2007), Quantum Quackery. 'Skeptical Inquirer', January/February; Taylor, T.S. (2010), 'The Science Behind the Secret: Decoding the Law of Attraction', Baen; Vitale, J. (2006), 'The Attractor Factor', Wiley; Walsch, N.D. (2008), 'Gesprekken met God'. Zwerk.

Oprah: gruwelijke dingen...
John Gravois stelde in 2007 in een open brief aan Oprah Winfrey de hype rond The Secret aan de kaak. Hierin wees hij op het verhaal van Kim, een trouwe kijker naar Oprah's televisieprogramma, die besloten had te stoppen met de intensieve reguliere behandeling van haar borstkanker. Kim wilde zichzelf genezen met behulp van positieve mentale voorstellingen. Volgens Gravois ging dit zelfs voor Oprah te ver. Ze besteedde een extra uitzending aan The Secret waarin ze Kim toesprak en haar voorhield dat de Wet van Aantrekking niet het volledige antwoord op alle problemen vormt. Oprah erkende dat er ook gruwelijke dingen gebeuren en tragedies bestaan die niet zomaar zullen verdwijnen door er positief over te denken. Gravois complimenteert Oprah hiermee, maar neemt het haar wel kwalijk dat mensen mede door haar toedoen zijn doorgeschoten in hun geloof in de Law of Attraction. Hij geeft bovendien aan dat er wel

degelijk goeroes zijn die beweren dat alle negatieve gebeurtenissen voortkomen uit gedachten van de betrokkenen zelf. De criticus roept Oprah daarom op de hype nog verder in te dammen om mensen te behoeden voor onnodige narigheid.

Synchroniciteit
Iedereen kent uit eigen ervaring wel voorbeelden van vermoedelijke synchroniciteit of serialiteit, waarbij het 'gelijke het gelijke aantrekt'. Een voorbeeld uit mijn eigen leven van september 2012 betreft een huishoudelijk apparaat. Ik had 's middags de sterke gedachte 'had ik maar een nieuwe stofzuiger', toen bleek dat de versleten stofzuigerslang steeds weer losliet. 's Avonds zag ik tijdens een wandeling met mijn hond langs de weg een stofzuiger staan van hetzelfde model als mijn eigen apparaat. Hij stond onbewaakt aan de buitenkant tegen een hek aan. Ik was zo verbouwereerd dat ik niet gecheckt heb of ik hem mee mocht nemen en heb hem dus laten staan.

Dit artikel werd in 2012 gepubliceerd in *KD* en in 2013 op txtxs.nl gezet.

Gebeurtenissen die elkaar weerspiegelen

door Titus Rivas en Anny Dirven

Volgens materialistische geleerden wordt alles in de werkelijkheid bepaald door blinde fysieke processen. Deze opvatting is uiteraard onverenigbaar met het bestaan van een onstoffelijke geest die actief inwerkt op de materie. Maar bijvoorbeeld ook met zinvolle coïncidenties tussen gebeurtenissen die niet herleidbaar zijn tot zuiver toeval.

Hetzelfde onderwerp
In 2004 stuurden Titus Rivas en dr. Kirti Swaroop Rawat de zogeheten *Journal of Near-Death Studies* een manuscript over herinneringen aan een tussenperiode tussen twee aardse levens. Dit artikel werd met name geweigerd omdat er even tevoren een ander manuscript was aanvaard over precies hetzelfde onderwerp, geschreven door dr. Jim Tucker en Poonam Sharma. Aangezien dit artikel in het eerstvolgende nummer zou verschijnen, vond de eindredacteur het beter als Rivas en Rawat gewoon op zoek gingen naar een ander tijdschrift voor hun eigen stuk. Dit is opmerkelijk, temeer omdat de Journal of Near-Death Studies (de naam zegt het al) primair over

bijna-doodervaringen gaat en niet over herinneringen aan een tussenperiode tussen incarnaties. Geleerden publiceren natuurlijk wel vaker tegelijkertijd artikelen over een zelfde onderwerp, maar het punt is dat het in dit geval om een zeer onderbelicht verschijnsel ging – er bestaan bijna geen academische artikelen over dit thema – , dat de stukken allebei een vergelijkbare strekking hadden en dat beide manuscripten naar hetzelfde tijdschrift werden gestuurd. Het artikel van Rawat en Rivas werd uiteindelijk overigens in een ander blad geplaatst.

Het fenomeen dat geleerden zonder het te weten tegelijkertijd vergelijkbare antwoorden op bepaalde vraagstukken formuleren kent parallellen bij onder andere uitvinders en literaire schrijvers. De overeenkomsten tussen hun individuele creaties kunnen zo groot zijn dat ze lijken te berusten op een soort plagiaat. Een grappig voorbeeld betreft de stripfiguur Dennis de Menace (inmiddels ook bekend van films). Dennis droeg in het eerste Amerikaanse stripverhaal waarin hij voorkomt, van 12 maart 1951, een rood met zwart gestreepte trui. Drie dagen later verscheen er ook een eerste aflevering van de Britse strip The Beano. Hierin komt ook al een Dennis the Menace voor, die eveneens een rood met zwart gestreepte trui draagt. Er was geen enkel contact tussen de geestelijke vaders van deze twee Dennissen geweest.

Over het algemeen zullen verstokte materialisten nog eerder in bedrog geloven dan dat ze toegeven dat bepaalde 'coïncidenties' echt te onwaarschijnlijk zijn om op zuiver toeval te kunnen berusten. Er zijn echter talloze gevallen waarin bedrog niet eens denkbaar is. Een merkwaardig voorbeeld hiervan overkwam opnieuw Titus Rivas, dit keer in zijn puberteit. Hij was samen met zijn ouders en broer bij een gezin op bezoek geweest dat een eendje, Titi, als huisdier hield. Titi was erg ondernemend en vooral ook gebrand op lekker eten. Extra opvallend was zijn voorkeur voor tomaten die hij met smaak naar binnen schrokte. Bijna onmiddellijk na deze visite keek men bij Rivas thuis naar een showprogramma waarin merkwaardig genoeg een levende eend ten tonele werd gevoerd. Rivas vond dit zo ongewoon dat hij 'voorspelde' dat de presentatrice nu ook wel snel zou zeggen dat de eend helemaal verzot was op tomaten. Tot grote verbazing van alle gezinsleden was dit inderdaad het geval en men kreeg zelfs een demonstratie van de manier waarop ook deze eend een tomaat naar binnen schrokte. Naderhand bleek weliswaar dat eenden in het algemeen wel van tomaten houden, maar dat verklaart nog niet de exacte overeenkomst tussen deze twee eenden.

Serialiteit

De Oostenrijkse bioloog Paul Kammerer (1881-1926) sprak bij gebeurtenissen die elkaar lijken te weerspiegelen van een 'wet van serialiteit'. Serialiteit betekent letterlijk "het optreden (van gebeurtenissen) in reeksen oftewel series". Volgens Kammerer hangen gelijkvormige of vergelijkbare gebeurtenissen ook met elkaar samen zonder dat er een causaal verband tussen deze gebeurtenissen bestaat. Gebeurtenissen doen zich namelijk van nature voor in reeksen. Overigens leidde deze overtuiging van Kammerer er niet toe dat hij afstand deed van zijn in het algemeen materialistische wereldbeeld. Hij geloofde namelijk dat er een nog onbekend fysiek principe bestond dat de wet van serialiteit zou kunnen verklaren.

Let wel, we hebben het bij serialiteit in de zin van Kammerer dus uitdrukkelijk niet over series gebeurtenissen die dezelfde alledaagse (reeds bekende) onderliggende oorzaak hebben. Bij twee vulkaanuitbarstingen die kort na elkaar op verschillende locaties plaatsvinden kan er bijvoorbeeld sprake zijn van een gemeenschappelijke geologische oorsprong.
Kammerer publiceerde in 1919 een boek getiteld *Das Gesetz der Serie*, waarin hij honderd eigen voorbeelden van dit fenomeen beschreef. Bijvoorbeeld het geval van twee 19-jarige Duitse

soldaten genaamd Franz Richter die elkaar nooit eerder ontmoet hadden. Beide soldaten waren geboren in Schlesien en ze waren vrijwilligers bij dezelfde afdeling van het Duitse leger. Ze werden in 1915 beiden opgenomen in hetzelfde ziekenhuis in Katowitze (Bohemen) en leden allebei aan longontsteking.
Of een casus van de echtgenote van Kammerer die in 1916 een arts bezocht. In de wachtkamer nam zij het tijdschrift *Die Kunst* door en raakte daarbij onder de indruk van afbeeldingen van het werk van een schilder die Schwalbach heette. Ze bedacht dat ze de schilderijen graag een keer in het echt zou willen zien. Terwijl ze daaraan dacht, ging de deur open waarna ze te horen kreeg dat er telefoon voor ene 'mevrouw Schwalbach' was.

Paul Kammerer verdeelde reeksen gebeurtenissen in verschillende klassen onder, zoals bijvoorbeeld reeksen namen, getallen, data of situaties. Ook onderscheidde hij verschillende graden waarin reeksen kunnen optreden, op basis van het aantal overeenkomende gebeurtenissen. Hij ontwikkelde zo een complexe leer van een wetmatige serialiteit die werkzaam zou zijn naast de bekende natuurwetten. Het boek van Kammerer kreeg weinig bijval, maar niemand minder dan Albert Einstein beschouwde zijn theorie als "origineel en zeker niet absurd".

Nobelprijswinnaar Wolfgang Pauli ging zelfs expliciet uit van een specifieke kracht die zinvolle toevalligheden moest verklaren. De Zwitserse psycholoog Carl Gustav Jung, die met Pauli samenwerkte, citeerde *Das Gesetz der Serie* uitvoerig in zijn beroemde verhandeling over synchroniciteit. Dit Jungiaanse concept synchroniciteit is overigens beperkter dan het begrip serialiteit, omdat het alleen betrekking heeft op opvallende, betekenisvolle coïncidenties tussen gelijktijdige gebeurtenissen. Helaas eindigde Kammerers aardse leven in zelfmoord, nadat hij beschuldigd was van geknoei met de resultaten van zijn biologische experimenten en in het algemeen wetenschappelijk genegeerd werd.

Kritische houding
Sommige reguliere geleerden stellen dat juist het *uitblijven* van spectaculaire, (schijnbaar) zinvolle vormen van 'toeval' niet in hun wetenschappelijke wereldbeeld zou passen. Ze menen dat normale kansberekening aangeeft dat er zuiver op basis van echt toeval de raarste series gebeurtenissen moeten optreden. Dit zou alle zinvolle coïncidenties bevredigend kunnen verklaren. We vinden dit zelf echter alleen aannemelijk als men bij voorbaat alle onorthodoxe theorieën wil uitsluiten.

Zoals altijd loont het wel de moeite om specifieke

claims van serialiteit en aanverwante verschijnselen op betrouwbaarheid te onderzoeken. Er is bijvoorbeeld een bekend verhaal over spectaculaire overeenkomsten tussen de moord op John F. Kennedy en Abraham Lincoln. Bijvoorbeeld wat de achtergronden van hun moordenaars betreft of de specifieke omstandigheden waaronder de presidenten werden doodgeschoten.

De meest opmerkelijke serialiteitsclaim betreft het gegeven dat Kennedy een secretaresse had die Lincoln heette, en Lincoln een secretaresse genaamd Kennedy. Het eerste blijkt inderdaad juist te zijn, maar het tweede niet! En dit vormt niet de enige fout in de weergave van de historische feiten. Voorts zijn veel van de overige overeenkomsten heel triviaal en algemeen. Dit geval is zo ongeveer de bekendste aanwijzing voor de theorie dat de "geschiedenis zich herhaalt", maar bij nader inzien blijft er bar weinig van over.

Parapsychologische verklaringen van zinvol toeval of vice versa?
Zoals we hebben gezien, was Paul Kammerer zelf materialistisch georiënteerd. Hij geloofde weliswaar dat er achter de opvallende reeksen gebeurtenissen een nog onbekend principe schuilging, maar bracht dit bijvoorbeeld niet in verband met parapsychologische ontdekkingen. Sterker nog, hij beschouwde

parapsychologische verklaringen van zinvol toeval als niet meer dan occult bijgeloof.

Anderen hebben wel pogingen gedaan om paranormale fenomenen in verband te brengen met serialiteit of synchroniciteit:

– Men heeft geprobeerd alle parapsychologische verschijnselen te herleiden tot bijzondere manifestaties van een wetmatige vorm van zinvol toeval. Alle paranormale ervaringen zouden met andere woorden neerkomen op een vorm van serialiteit of synchroniciteit.

– Men heeft getracht zinvol toeval te herleiden tot onbewuste uitingen van paranormale vermogens. In dat geval bestaat er dus geen aparte categorie van zinvolle toevalligheden. Elke casus op dit gebied berust uiteindelijk op onbewuste telepathie, helderziendheid of psychokinese. In zekere zin kan men ook de bekende theorie van de morfogenetische velden van Rupert Sheldrake hieronder scharen. Volgens Sheldrake wisselen mensen en dieren voortdurend informatie met elkaar uit via een speciaal soort (nog niet door de reguliere wetenschap erkende) velden. Dit zou bijvoorbeeld een verklaring bieden voor het gelijktijdig optreden van dezelfde concepten en theorieën zonder dat de bedenkers ervan fysiek contact met elkaar hebben gehad.

We vinden deze pogingen tot volledige herleiding geen van beide overtuigend, en wel hierom: Psychokinese moet hoe dan ook een onderdeel van de werkelijkheid vormen. Zonder psychokinese zou er namelijk geen enkele geestelijke beïnvloeding van ons eigen lichaam mogelijk zijn. Dat zou bijvoorbeeld ook betekenen dat we nooit iets over ons geestelijk, innerlijk leven zouden kunnen zeggen of schrijven. Geest en lichaam zouden elkaar slechts kunnen weerspiegelen maar nooit direct kunnen beïnvloeden. Het is echter onbegrijpelijk hoe ons lichaam volkomen autonoom, zonder invloed van de geest, iets zou kunnen zeggen of schrijven over die geest. Er zou namelijk geen enkele fysieke aanleiding zijn om dat te doen, zuiver vanuit de lichamelijke processen zelf. Bij telepathie en helderziendheid die meer omvatten dan associaties die 'toevallig' overeenkomen met de buitenwereld, zoals specifieke, nieuwe informatie, kunnen we evenmin uitgaan van een soort serialiteit. Daartoe zouden de indrukken namelijk volledig uit de geest zelf voort moeten komen.

Bij zinvol toeval, zoals besproken in dit artikel, gaat het uitdrukkelijk niet om een externe inbreuk op een gebeurtenis door middel van telepathie, helderziendheid of psychokinese. De gebeurtenis doet zich voor als onderdeel van een zelfstandige oorzakelijke keten die op zichzelf staat, zonder dat er een inwerking van buitenaf plaatsvindt. Neem bijvoorbeeld voornoemde ervaring met het eendje Titi. Dat het eendje specifiek dol was op tomaten en dat dit even later ook gold voor de eend in het televisieprogramma staat causaal gezien volledig los van elkaar. Titi maakte het andere eendje niet extra dol op tomaten en ook niet andersom. Zelfs huize Rivas had geen invloed op deze gebeurtenissen. Ook stond het programma van tevoren reeds gepland. Het is dus uitgesloten dat deze serie gebeurtenissen veroorzaakt werd door psychokinese. Er was ook geen sprake van telepathie of helderziendheid, maar het gaat in beide gevallen om een alledaagse, zintuiglijke waarneming van gedragingen.

Overigens zouden sommige vormen van schijnbare serialiteit inderdaad wel kunnen berusten op onbewuste telepathie, met name tussen mensen die zich intensief verdiepen in dezelfde thematiek. Maar dit hypothetische mechanisme biedt dus geen verklaring voor casussen zoals het geval van de twee eendjes.

Er is hoe dan ook geen reden om aan het te bestaan van 'echte' telepathie, helderziendheid, psychokinese en andere parapsychologische fenomenen te twijfelen. Maar er lijken dus wel degelijk ook aanwijzingen te zijn voor onherleidbare vormen van zinvol toeval, serialiteit of synchroniciteit. Voorlopig is het dan ook het verstandigste om beide soorten categorieën te handhaven.

Literatuur
– Jung, C.G., & Pauli, W. (1952). *Naturerklärung und Psyche*. Zürich: Rascher.
– Koestler, A. (1971). *The Case of the Midwife Toad*. Londen: Hutchinson.
– Kammerer, P. (1919). *Das Gesetz der Serie: Eine Lehre von den Wiederholungen im Lebens und im Weltgeschehen*. Stuttgart/Berlijn: Deutsche Verlags-Anstalt.
– Maso, I. (1997). *De zin van het toeval*. Baarn: Ambo.
– Mikkelson, B., & D.P. (2007). *Linkin' Kennedy* (Urban Legends Reference Pages).
– Scholz, W. von (1983). *Der Zufall und das Schicksal*. Freiburg im Breisgau: Verlag Herder.

Dit artikel werd in 2012 gepubliceerd in het tijdschrift *Paraview*.

5. Nabij-de-doodervaringen

Parapsychologische aanwijzingen voor daadwerkelijke uittredingen

door drs. Titus Rivas en Anny Dirven(1)

Samenvatting
Er bestaat overtuigend parapsychologisch bewijsmateriaal voor paranormale verschijnselen tijdens buitenlichamelijke ervaringen (BLE's). Casussen waarin de BLE tijdens een hartstilstand optreedt, geven aan dat dergelijke ervaringen in sommige gevallen neerkomen op een letterlijke uittreding uit het fysieke lichaam....

Buitenlichamelijke ervaringen (BLE's) bestaan, dat is zeker. Mensen kunnen hoe dan ook de ervaring hebben dat ze zich mentaal, met hun bewustzijn buiten hun eigen lichaam bevinden. Maar mensen beleven natuurlijk van alles en ervaringen zijn lang niet altijd zo zinvol als de ervaarder zelf denkt. Sommige dromen zijn bedrog en de meeste psychiatrische patiënten die denken dat ze Jezus Christus zijn hebben echt ongelijk (Gerritsma & Rivas, 2007).

Verbeelding en werkelijkheid
De parapsychologie en de studie van 'exceptional experiences' overlappen elkaar voor een deel, zoals alleen al blijkt uit de huidige naam van het voormalige Tijdschrift voor Parapsychologie. Het zo zorgvuldig mogelijk in kaart brengen van de fenomenologie van buitengewone ervaringen vormt daarbij een gezamenlijke doelstelling. Daarnaast is specifiek de parapsychologie – zeker in de ruime, oorspronkelijke betekenis van psychical research – ook nog geïnteresseerd in de herkomst van buitengewone ervaringen. Hebben we uitsluitend te maken met hallucinaties of dromen die in de kern voortkomen uit de eigen psyche? Of is er meer aan de hand en zo ja, wat dan wel? Voorvechters van respect voor de persoonlijke subjectieve beleving kunnen dergelijke vragen als aanmatigend of zelfs bedreigend beschouwen. Zoiets is alleen aan de orde als men het respecteren van ervaringen koppelt aan de aantoonbaarheid van iemands eigen interpretatie. Respect voor buitengewone ervaringen dient volgens ons onvoorwaardelijk te zijn, ook als men intellectueel niet kan instemmen met de overtuigingen van de persoon in kwestie. Wij gaan uit van een gelijkwaardigheid van onderzoekers en respondenten die impliceert dat beide partijen altijd hun eigen conclusies mogen trekken.

In het geval van buitenlichamelijke ervaringen kunnen we ons bij voorbaat voorstellen dat een deel van deze ervaringen een zuiver psychologische oorsprong kent. Zowel in onze waakfantasieën als in ons droomleven komen overschrijdingen van alledaagse grenzen veelvuldig voor. De meeste mensen beleven zichzelf in het leven van alledag onwillekeurig als subjectieve wezens met een fysiek lichaam en het ligt voor de hand dat ze beeldend kunnen fantaseren over het tijdelijk verlaten van dat lichaam. Alleen op grond van de levendigheid of overtuigingskracht van een ervaring kunnen we daarom nog niet vaststellen hoe men deze het beste kan interpreteren. We hebben ook nog andere soorten aanwijzingen nodig.

Buitenzintuiglijke waarneming tijdens BLE's
In zekere zin is elke buitenzintuiglijke waarneming een 'buitenlichamelijke' waarneming. Men maakt bij ESP geen gebruik van de lichamelijke zintuigen maar treedt geestelijk rechtstreeks, buiten het eigen lichaam om, in wisselwerking met anderen of de fysieke werkelijkheid. Bij remote viewing of travelling clairvoyance kan de buitenzintuiglijke waarneming ook in een ander opzicht buitenlichamelijk zijn. De proefpersoon kan het gevoel krijgen een bepaalde situatie van bovenaf helderziend gade te slaan en zich in perceptuele zin zelf ook boven het geobserveerde tafereel te bevinden. Men 'reist' geestelijk als het ware

naar de target-locatie toe, ook al communiceert men hierover tijdens de ervaring zelf normaliter via de fysieke stembanden.

Toch is dit niet wat men doorgaans onder een 'echte' uittreding verstaat. Om daarvan te mogen spreken hoort niet alleen het perspectief buitenlichamelijk te zijn. Iemands gehele bewustzijn dient het lichaam te hebben verlaten. Wellicht kunnen we dit enigszins vergelijken met het verschil tussen de virtuele 'aanwezigheid' bij oorlogvoering op afstand en de tastbare aanwezigheid van manschappen ter plekke.

Buitenzintuiglijke waarnemingen kunnen in tal van bewustzijnstoestanden optreden, dus het is te verwachten dat ze ook voorkomen tijdens buitenlichamelijke ervaringen. Er bestaat inderdaad empirisch bewijsmateriaal dat hierop duidt. Het bekendste succesvolle experiment op dit gebied werd uitgevoerd door Charles Tart. Hij onderzocht een begaafde proefpersoon, Miss Z., gedurende vier nachten in zijn slaaplaboratorium. Zodra Miss Z. aanstalten maakte om te gaan slapen, stelde Tart op basis van toeval een willekeurig getal van vijf cijfers vast. Hij schreef dit getal op een stukje papier, deed hier een ondoorzichtig mapje omheen en bracht dit de ruimte binnen waar Miss Z. lag te slapen. Zonder dat ze het getal kon zien, haalde hij het stukje papier uit de map en legde het op een hoge plank. Dit gebeurde

op zo'n manier dat iemand het getal alleen vanaf een hoogte van minimaal twee meter duidelijk zou kunnen zien. Tijdens de nachten in het laboratorium beleefde de proefpersoon onder meer twee volledige BLE's. Pas in de vierde nacht vertelde Miss Z. dat ze het getal 25132 had waargenomen, hetgeen inderdaad overeenkwam met het papiertje op de plank. De kans dat ze dit getal slechts had geraden bedraagt 1 op 100.000. Tart benadrukt dat normale verklaringen voldoende uitgesloten zijn en stelt daarom dat een vorm van buitenzintuiglijke waarneming de aannemelijkste bron van dit resultaat vormt. Helaas is Miss Z. na afloop van het experiment verhuisd en Tart is er niet in geslaagd haar te traceren voor vervolgexperimenten (Tart, 1968).
Karlis Osis (1972) voerde vergelijkbaar onderzoek uit met Ingo Swann. De resultaten waren significant, maar minder spectaculair dan van het experiment met miss Z.
Overigens hadden er al aan het begin van de 20e eeuw informele proeven plaatsgevonden met de Poolse paragnost Stefan Ossowiecki. Stanislaw Byszewski schreef een verslag van een van deze proeven, uit 1921. We citeren *A World in a Grain of Sand* (Barrington et al., 2005): "Bij één van de openbare bijeenkomsten [met Ossowiecki], brachten we wat tijd met hem door, en mijn vrouw had de gelegenheid om even nader in te gaan op helderziendheid, een

onderwerp waar zij belangstelling voor had. Nadat we weer naar huis waren gegaan, werd ik 's nachts plotseling wakker van het geschreeuw van mijn vrouw, die me vertelde dat ze net tevoren wakker was geworden omdat ze iemands aanwezigheid in de kamer voelde. Zij beweerde dat ze dhr. Ossowiecki zag.
We zouden geen aandacht besteed hebben aan deze droomhallucinatie als dhr. Ossowiecki ons de volgende dag niet had ontmoet in Hotel Europejski, waarbij hij zei: 'Ik heb jullie gisteren een bezoekje gebracht.' Hij beschreef vervolgens in detail onze hele flat, de slaapkamer, het meubilair, de lamp en andere kleinere zaken, en ik moet benadrukken dat hij ons nog nooit eerder had bezocht. ik bevestig de authenticiteit van deze onverklaarbare gebeurtenis met mijn handtekening."
Er bestaan talloze onverifieerbare 'anekdotische' verhalen over paranormale BLE's. Gelukkig blijft het niet altijd bij zulke anekdotes. Er zijn goed gedocumenteerde casussen waarin derden de juistheid van waarnemingen bevestigen, net als bij bovengenoemde proef met Ossowiecki. Samen met experimenten vormen dergelijke spontane casussen de kern van het parapsychologische onderzoek naar buitenlichamelijke ervaringen.
Een voorbeeld van een bewijskrachtig spontaan geval dat wij zelf hebben onderzocht, betreft de

Nederlandse auteur Sylvia Lucia. Zij beleefde een uittreding waarbij zij uiteindelijk belandde in de huidige woonplaats van een oude schoolvriendin die ze al jaren niet had gezien. Daarbij nam ze met name de woning en de directe omgeving van haar vriendin gedetailleerd waar, alsmede het uiterlijk van haar zoon. Ons onderzoek wees uit dat de waarnemingen van Sylvia Lucia in diverse opzichten specifiek overeenkwamen met de werkelijkheid. Dit werd tegenover ons bevestigd door de schoolvriendin zelf en haar zoon, die verzekerden dat de details te specifiek waren om op louter toeval te kunnen berusten (Rivas & Dirven, 2010).
Paranormale verschijnselen tijdens BLE's beperken zich overigens niet tot helderziendheid. Er komen bijvoorbeeld ook casussen voor waarin sprake is van telepathisch contact, verschijningen met paranormale informatie, en zelfs psychokinetische beïnvloeding van objecten.

Buitenlichamelijke ervaringen tijdens een hartstilstand
Een bijzonder type BLE's doet zich alleen voor tijdens bijna-doodervaringen. We doelen op uittredingen die gemeld worden door patiënten die rond het moment van de ervaring klinisch dood waren. Het staat volgens ons vast dat ook dergelijke BLE's gepaard kunnen gaan met correcte buitenzintuiglijke

waarnemingen. Een mooi voorbeeld van een casus van dit type betreft de Amerikaanse chauffeur Al Sullivan (Cook et al, 1998; Rivas & Dirven, 2010). Hij had op 56-jarige leeftijd een spoedoperatie ondergaan in het Hartford Ziekenhuis te Connecticut. Tijdens de operatie voelde Sullivan hoe hij zijn lichaam verliet. Daarbij zag hij dat lichaam op een tafel liggen, bedekt met lichtblauwe lakens. Hij nam waar hoe hij opengesneden werd om zijn borstkas bloot te leggen en hij kon zijn hart zien. Bovendien zag hij de hartchirurg die hem voor de operatie had uitgelegd wat hij zou gaan doen, dr. Hiroyoshi Takata. Het leek wel alsof deze chirurg met zijn armen 'klapperde' en probeerde te vliegen. (De andere aspecten van zijn klassieke bijna-doodervaring laten we hier verder buiten beschouwing.) Naderhand deelde Sullivan zijn ervaringen tijdens de operatie met zijn cardioloog, dr. Anthony LaSala. Toen de patiënt beschreef hoe dr. Takata 'klapperde' met zijn armen, vroeg LaSala zich af wie Sullivan hierover verteld kon hebben, aangezien het om een persoonlijke gewoonte van dr. Takata ging. Om voorafgaand aan een operatie niets meer aan te hoeven raken met zijn handen, legde Takata zijn handpalmen plat tegen zijn borst aan en gaf hij zijn assistenten instructies door dingen aan te wijzen met zijn ellebogen. Op leken kon dit overkomen als een soort geklapper met de armen. Onderzoeker Bruce Greyson interviewde zowel dr.

LaSala als dr. Takata in de herfst van 1997. Daarbij bevestigde Takata dat hij de waargenomen gewoonte inderdaad bezat. Greyson stelde samen met Emily Williams Cook en Ian Stevenson vast dat Sullivan hoogstwaarschijnlijk buiten bewustzijn en onder volledige verdoving had verkeerd tijdens de BLE. Dit maakt een normale verklaring voor zijn ervaringen bijzonder vergezocht.

In 2009 deelde de Japanse geleerde dr. Masayuki Ohkado ons mede dat Takata in een Japans boek onder meer het volgende had verklaart: "Ik heb andere artsen vaak horen vertellen over een casus waarin de verdoving uitgewerkt raakt tijdens de operatie zodat de patiënt kan horen wat de artsen tegen elkaar zeggen en ik heb zelf ook zulke patiënten gehad. Maar ik ben nog nooit een geval tegengekomen waarin de patiënt dergelijke details van de operatie beschrijft alsof hij of zij gezien heeft wat er gebeurde. Eerlijk gezegd weet ik niet hoe je deze casus kunt verklaren. Maar omdat dit echt gebeurd is, moet ik het als een feit aanvaarden."

Anomaal bewustzijn
De aanwezigheid van helderziende waarnemingen en andere paranormale verschijnselen tijdens BLE's geeft aan dat deze in bepaalde gevallen een probleem vormen voor een materialistisch mensbeeld. Bij dergelijke BLE's overschrijdt men geestelijk de

grenzen van het eigen lichaam. Dit impliceert echter nog niet dat de interpretatie van een buitenlichamelijke ervaring met buitenzintuiglijke waarneming als een 'echte uittreding' automatisch correct is. Misschien gaat het toch alleen om een bijzondere vorm van remote viewing zonder dat men werkelijk het lichaam verlaat. Er kunnen wat dit betreft zelfs ontologisch verschillende soorten BLE's bestaan. Bij bijna-doodervaringen tijdens een klinische dood komt er echter een bijzonder aspect bij. Het type corticale hersenactiviteit dat volgens materialisten verantwoordelijk zou zijn voor menselijk bewustzijn ontbreekt bij een hartstilstand reeds na 4 tot 20 seconden, wat met name blijkt uit een 'vlak EEG'. Uiteraard proberen parapsychologen met een 'naturalistisch' wereldbeeld alle BLE's met veridieke waarnemingen te herleiden tot BLE's die plaatsvinden tijdens een toestand waarin er alsnog 'voldoende' hersenactiviteit zou zijn. Zij stellen dat zelfs de hypothesen van precognitie en retrocognitie van gebeurtenissen tijdens de hartstilstand, met adequate neurologische ondersteuning, nog aannemelijker zijn dan de hypothese van 'real time' helderziende waarneming tijdens de hartstilstand zelf. Hierin lijken zij op skeptici zoals Gerald Woerlee die aan de meest onwaarschijnlijke normale verklaringen de voorkeur geven boven de erkenning dat er werkelijk sterke aanwijzingen voor psi gevonden zijn

(Woerlee, 2003). Aangezien het materialisme filosofisch beschouwd geen partij is voor het lichaam-geest dualisme (Rivas, 2012) hebben we hier o.i. te maken met intellectueel conformisme zonder rationeel fundament.

Eerder hebben wij reeds uitvoerig stilgestaan bij de discussie rond twee bekende casussen op dit gebied, de 'Man met het Gebit' en Pam Reynolds (Rivas & Dirven, 2010; Smit, 2003; Smit & Rivas, 2010; Van Lommel, 2007). Daarom hier een paar andere voorbeelden van bevestigde gevallen:
– Op de mailing-list van de Society of Scientific Exploration stuitten we eind 2010 op een bericht van dr. Dominique Surel uit Denver. Haar ex-partner was medio jaren 70 klinisch dood geweest. Hij wist nadat hij weer bijgekomen was te beschrijven hoe de artsen hem probeerden te reanimeren, maar ook wat er in de ruimte ernaast gebeurd was en wat men daarbij zoal gezegd had. We verzochten dr. Surel per mail om meer details. Zij antwoordde ons dat zowel de artsen als de verpleegkundigen verifieerden wat haar ex-partner tijdens de klinische dood in beide ruimten had gezien en gehoord. Ze herinnert zich nog hoe een verpleegkundige in haar bijzijn praatte over de BDE. Hieruit bleek dat haar ex werkelijk bepaalde situaties had gadegeslagen en getuige was geweest van gesprekken die zich in de aangrenzende ruimte

hadden voorgedaan. Het is volgens dr. Surel uitgesloten dat de patiënt dit alles op een normale manier had kunnen waarnemen.

– Dr. Melvin Morse vertelde onlangs tijdens een uitgebreid online interview met Alex Tsakiris hoe hij in de plaats Pocatello (Idaho) geconfronteerd werd met een meisje dat bijna verdronken was in een zwembad. Ze was minstens 17 minuten onder water geweest. De reanimatie in het ziekenhuis verliep moeizaam en volgens Morse was ze in feite al 'dood'. Hij vertelde haar familie dat ze maar beter afscheid van haar konden nemen. Het meisje werd uiteindelijk overgebracht naar Salt Lake City en tegen elke verwachting in bleek ze toch weer bij te komen en zelfs volledig te herstellen. Enige tijd later kwam Morse het meisje toevallig tegen toen het ze voor controle naar het ziekenhuis was gekomen. Het meisje herkende hem daarbij als "de man die een buisje in een mijn neus deed". Toen hij vroeg waar ze het over had, voegde ze eraan toe dat Morse haar naar een andere ruimte had gebracht die er uitzag als een donut. Ook wist ze nog dat hij iemand had opgebeld om te vragen wat hij verder nog moest doen. Ze beschreef dat verpleegkundigen gepraat hadden over het overlijden van een kat. Aangezien deze details correct waren, vormde de ontmoeting een belangrijke omslag voor Morse. [Deze casus betreft, zo bleek ons na publicatie, een meisje dat Kristle Merzlock heet,

maar ook bekend staat onder de pseudoniem 'Katie'.]
– Naar aanleiding van een interview in de Gelderlander ontvingen we onder andere een reactie van een medewerker op de ICU van een ziekenhuis die anoniem wilde blijven. Hij schreef ons over een bijna-doodervaring waar hij zelf bij betrokken was geweest:
"Direct na een geslaagde reanimatie kon de patiënt, een fotograaf met een verse dwarslaesie en hartritmestoornis, een gedetailleerd verslag geven van de handelingen die men in de minuten ervoor had verricht en hij wist daarbij precies aan te geven wie welke handeling had uitgevoerd. Dit zag hij vanuit een hoek boven in de kamer. Aangezien hij volstrekt buiten kennis was, heeft hij het hele team, een anesthesist en drie of vier verpleegkundigen, erg doen verbazen. Er is daarna nog veel over gesproken, schaamteloos, niet als een taboe, maar als een opmerkelijk verhaal.
De waarnemingen destijds waren haarscherp. Vanuit een hoek bovenin de kamer zag hij ieder duidelijk met activiteiten bezig. Bijvoorbeeld iemand met een zwarte ballon bij zijn hoofd. Dit was de beademingsballon. Iemand die op zijn borst drukte. En verder veel gedoe om zijn bed, veel mensen. Hij noemde de personen ook bij naam en noemde de plaats waar ze stonden in de kamer. Aangezien iemand met ventrikelfibrilleren geen bloedcirculatie heeft in

zijn hersenen en daardoor buiten kennis raakt, acht ik het niet waarschijnlijk dat hij zintuiglijk nog kon waarnemen."

Voor nog meer voorbeelden verwijzen we graag naar Holden (2009), Sartori (2008), Sabom (1982, 1998), Rivas et al. (2010), Moody & Perry (1988) en Rawlings (1991).

De zogeheten 'AWARE Study' onder leiding van dr. Sam Parnia, Peter Fenwick en anderen probeert wereldwijd door middel van vernuftige tests experimenteel bewijsmateriaal te leveren voor dit type BLE's, vergelijkbaar met de veridieke waarneming van Tarts proefpersoon Miss Z. Hier is uiteraard niets op tegen, zolang het niet gepaard gaat met een onderschatting van de wetenschappelijke waarde van resultaten van casuïstisch onderzoek.

Hoe dan ook is er nu reeds serieus bewijsmateriaal verzameld dat wijst op de realiteit van echte 'uittredingen' in die zin dat de bewuste geest of ziel gedurende de ervaring onafhankelijk van het brein opereert. De anomalie beperkt zich hierbij niet tot de buitenzintuiglijke waarneming of andere paranormale verschijnselen, maar omvat in feite elke bewuste psychische activiteit tijdens de BLE (Nahm, 2012).

Eindnoot
(1). Met dank aan Rudolf Smit, Inge Manussen, Masayuki Ohkado en Corrie Rivas-Wols.

Literatuur
- Barrington, M.R., Stevenson, & Weaver, Z. (2005). *A World in a Grain of Sand*. Jefferson/Londen: Mc Farland & Co.
- Cook, E.W., Greyson, B., & Stevenson, I. (1998). Do any Near-Death Experiences provide evidence for the survival of human personality after death? *Journal of Scientific Exploration, 12*, 3, 377-406.
- Gerritsma, T., & Rivas, T. (2007). *Gek genoeg gewoon*. Deventer: Ankh-Hermes.
- Holden, J.M., Greyson, B., & James, J. (Eds.) (2009). *The handbook of near-death experiences*. Santa Barbara, CA: Praeger.
- Lommel, P. van (2007). *Eindeloos bewustzijn*. Kampen: Uitgeverij Ten Have.
- Moody, M., & Perry, P. (1988). *The Light Beyond*. New York, NY: Bantam Books.
- Nahm, M. (2012). *Wenn die Dunkelheit ein Einde findet*. Crotona Verlag.
- Osis, K. (1972). New ASPR Search on Out-of-the Body Experiences, *ASPR Newsletter, 14*, 2.
- Rawlings, M.S. (1991). *Beyond Death's Door*. Bantam Books.
- Rivas, T. (2012). *Geesten met of zonder lichaam*. Lulu.com.
- Rivas, T., & Dirven, A. (2010). *Van en naar het Licht*. Leeuwarden: Elikser.

- Rivas, T., Dirven, A., & Manussen, I. (2010). Drie minder bekende casussen van bewustzijn tijdens een vlak EEG met bevestiging. *Terugkeer, 21*, 4, 28-29.
- Sabom, M. (1982). *Recollections of Death.* New York: Harper & Row.
- Sabom, M.B. (1998). *Light and Death.* Grand Rapids: Zondervan Publishing House, 1998.
- Sartori, P. (2008). *The Near-Death Experiences of Hospitalized Intensive Care Patients.* Lewiston/Queenston/Lampeter: The Edwin Mellen Press.
- Smit, R.H. (2003). De unieke BDE van Pamela Reynolds (Uit de BBC-documentaire "The Day I Died"). *Terugkeer, 14*(2), 6-10.
- Smit, R.H. (2008). Corroboration of the Dentures Anecdote Involving Veridical Perception in a Near-Death Experience. *Journal of Near-Death Studies, 27*, 47-61.
- Smit, R.H., & Rivas, T. (2010). Rejoinder to "Response to 'Corroboration of the Dentures Anecdote Involving Veridical Perception in a Near-Death Experience.'" *Journal of Near-Death Studies, 28*(4), 193-205.
- Sylvia Lucia. (2008). *Verlangen naar mijn tweelingziel.* Leeuwarden: Elikser.
- Tart, C. (1968). A psychophysiological study of out-of-the-body experiences in a selected subject. *Journal of the American Society for Psychical Research, 62*, 3-

27.
- *The AWARE Study*:
http://www.horizonresearch.org/main_page.php?cat_id=38.
- Woerlee, G.R. (2003). *Mortal Minds*. Uitgeverij De Tijdstroom.

English Abstract
There is convincing parapsychological evidence for paranormal aspects of Out-of-the-Body Experiences (OBEs). Cases in which the experience occurs during a cardiac arrest, suggest that OBEs may sometimes amount to real extra-corporeal phenomena.

Dit artikel werd gepubliceerd in het *Tijdschrift voor Parapsychologie & Bewustzijnsonderzoek, nr. 2*, 2012, blz. 12-16.

Empathie en bijna-doodervaringen

door Titus Rivas en Anny Dirven

Er wordt steeds meer onderzoek gedaan naar bijna-doodervaringen (BDE's) oftewel nabij-de-doodervaringen, zodat daar ook steeds meer over bekend is geworden. Een van de fasen die iemand kan doorlopen tijdens een bijna-doodervaring is het zogeheten panoramische levensoverzicht, een soort terugblik op het aardse leven dat men tot dan toe heeft geleid. Dit overzicht wordt vaak in verband gebracht met de zegswijze "het was alsof ik mijn hele leven aan mij voorbij zag flitsen." Maar er zit meer vast aan zo'n 'life review'. Bij het levensoverzicht is doorgaans ook sprake van het doorleven van de effecten die de eigen handelingen hebben gehad op de beleving van anderen.

Een levensoverzicht tijdens een BDE kan dus meer behelzen dan een soort film waarin alle ogenblikken van je leven samengebald zijn. Op zich is dat aspect al heel opmerkelijk. Mensen kunnen het gevoel hebben dat ze hun hele levensloop herbeleven, met alle gedachten, overwegingen en gevoelens die daarbij hoorden. Lang vergeten momenten kunnen weer terugkomen en verbanden en patronen in je eigen houding en gedrag kunnen zo verhelderd worden. Maar daarnaast zit er dus ook een empathische dimensie aan veel 'life reviews' vast. Daarbij beleef je wat anderen, die bij jouw leven betrokken waren of er indirect door beïnvloed werden, innerlijk hebben doorgemaakt. De bekende cardioloog en onderzoeker van bijna-doodervaringen Pim van Lommel haalt in dit verband een patiënt aan:

"Mijn hele bestaan tot nu toe leek voor mij geplaatst in een soort panoramische, driedimensionale terugblik en elke gebeurtenis leek gepaard te gaan met een bewustzijn van goed of kwaad of met een inzicht in zijn oorzaak of gevolg.
Ik aanschouwde niet alleen voortdurend alles vanuit mijn eigen gezichtshoek, ik wist ook de gedachten van iedereen die bij de gebeurtenis betrokken was geweest, alsof zij hun gedachten binnen in mij hadden. Hierdoor kreeg ik niet alleen te zien wat ik had gedaan of gedacht, maar zelfs hoe dat anderen had beïnvloed, alsof ik met alwetende ogen zag. Ook je gedachten gaan niet verloren. En aldoor tijdens de terugblik werd het belang van liefde benadrukt. Ik kan achteraf niet zeggen hoe lang dit levensoverzicht en levensinzicht duurde, het kan lang zijn geweest, want elk onderwerp kwam aan bod, maar tegelijk leek het

wel een fractie van een seconde, omdat ik alles tegelijk waarnam. Tijd en afstand leken niet te bestaan. Ik was overal tegelijk, en soms werd mijn aandacht ergens op gericht, en dan was ik daar ook aanwezig."

Een ander voorbeeld zien we bij de bijna-doodervaring van ene Mary. Zij schrijft (vrije vertaling):

"Op de een of andere manier kon ik niet alleen zien en begrijpen wat er in de loop de tijd gebeurd was, maar ik onderging ook weer de gevoelens die ik destijds beleefd had, evenals de emoties die ik bij anderen had opgewekt. Ik keek toe en voelde hoezeer mijn moeder zich schaamde toen ze mij als alleenstaande moeder op de wereld bracht. Ik voelde echter ook haar enorme vreugde en liefde toen ik eenmaal geboren werd en de ontwrichtende pijn van de afwijzing en het verraad van de kant van haar omgeving. Zo voelde ik ook de onzekerheid van de man die mij later zelf pijn deed en zijn schuldgevoelens toen hij zijn relatie met mij verbrak en later ook nog vernam dat ik zwanger van hem was. Ik beleefde bovendien elke goede of slechte daad die ik ooit had verricht en de uitwerking die deze op anderen hadden. Het was een moeilijke tijd voor me, maar ik kreeg ondersteuning, in de vorm van onvoorwaardelijke liefde."

Empathie
Net als enkele andere diersoorten zoals bonobo's, olifanten en dolfijnen, beschikken mensen normaliter over een relatief groot empathisch vermogen. Dit is het vermogen om je in anderen te verplaatsen en je in hen in te leven. Dit is erg belangrijk omdat het ons in staat stelt rekening te houden met anderen en liefdevolle verbindingen met hen aan te gaan.
Men neemt aan dat mensen die ernstig tekort schieten in empathie een of andere geestelijke beperking of psychiatrische stoornis bezitten. Inlevingsvermogen is namelijk essentieel voor het menselijk functioneren, het aangaan van zinvolle relaties en de integere omgang met anderen, zodat het bijna meteen opvalt als er iets aan mankeert. Empathie staat bijvoorbeeld aan de basis van ons respect voor anderen, en – op basis daarvan – ook van principes als mensenrechten en dierenrechten.

Bij het levensoverzicht gedurende een BDE gaat de empathie verder dan bij de doorsnee inleving tijdens het menselijke leven. Als we ons in deze wereld inleven in anderen dan gebeurt dit meestal op basis van verbale informatie en zintuiglijke prikkels. We horen bijvoorbeeld wat iemand vertelt over zijn beleving, we registreren daarbij met name ook hoe hij dingen zegt, evenals non-verbale signalen, zoals de gezichtsuitdrukking en lichaamshouding. Aan de hand daarvan trekken we conclusies over wat er in hem omgaat, wat hij denkt, voelt en wil. Hoe meer inzicht we hebben in onze eigen beleving en hoe beter we in staat zijn om informatie over de beleving van anderen te interpreteren, des te adequater zal onze inleving zijn. Toch blijft het altijd mogelijk dat we ons vergissen in onze empathische inschattingen. Bijvoorbeeld doordat de ander niet alle relevante informatie met ons deelt of doordat we zelf niet of nauwelijks levenservaring hebben met een bepaalde gevoelsdimensie. Heel veel menselijke communicatie is bovendien meerduidig en contextgevoelig. Dit geldt niet alleen voor verbale informatie maar ook voor non-verbale signalen. Het maakt dat je iemand pas echt goed kunt begrijpen als je lang genoeg met hem bent opgetrokken en bijvoorbeeld ook de achtergronden van die persoon voldoende kent.

Telepathische empathie
Reeds hier op aarde bestaat er echter ook een speciale uitingsvorm van inleving die gebaseerd is op directe communicatie van geest tot geest. Ook in dit geval blijft er een interpretatie-moment bestaan, d.w.z. dat je moet plaatsen waarom de ander dingen op een specifieke manier beleeft. Maar er kan bij geslaagd telepathisch contact geen twijfel meer zijn over *wat* die ander beleeft. Er is namelijk directe toegang tot de

indrukken, herinneringen, gevoelens, gedachten en verlangens. Zonder dat er ruis kan ontstaan op een verbaal of non-verbaal niveau. Natuurlijk kan er wel verwarring optreden tussen de eigen beleving en die van de ander, maar niet door haperende communicatie.

Bij paragnosten kan het vermogen in te tunen op de beleving van anderen goed ontwikkeld zijn. De helderziende krijgt dan rechtstreekse telepathische informatie over wat de persoon in kwestie beleefd heeft. Wanneer die persoon terug zou blikken op de eigen beleving, spreken we van 'herinnering'. Maar omdat het bij paragnosten niet gaat om eigen ervaringen maar om wat een ander doorgemaakt heeft, bedacht parapsycholoog W.H.C. Tenhaeff de term 'inneren' voor dit proces. De helderziende 'innert' dus wat de persoon zich zou her-inneren. Wanneer een paragnost helemaal opgaat in deze gevorderde vorm van telepathische empathie kan het van buitenaf lijken alsof hij tijdelijk die ander 'wordt'. Hij kan bijvoorbeeld bepaalde typerende gedragingen of emotionele reacties gaan vertonen die bij die persoon horen. Dit kan zo ver gaan dat hij lichamelijke gewaarwordingen zoals pijn of misselijkheid kan ervaren die de ander heeft beleefd. Het lijkt in bepaalde gevallen zelfs alsof de paragnost door die ander geestelijk wordt 'overgenomen'. Dit zou echt het geval kunnen zijn bij telepathische mediums die mentale inhouden 'inneren' uit de geest van overledenen.

Inneren tijdens BDE's
Als we kijken naar de telepathische empathie bij bijna-doodervaringen, dan lijken veel patiënten wel even een soort paragnost te worden. Ze krijgen vrijelijk toegang tot de beleving van iedereen die rechtstreeks of indirect met hun leven te maken heeft gehad. Dit geeft aan dat we eigenlijk allemaal telepathische vermogens moeten hebben, ook al bestaan er op aarde in dit opzicht grote individuele verschillen tussen mensen. Directe communicatie van psyche tot psyche hoort bij onze basisuitrusting als geestelijke wezens.
Dit sluit aan bij het veelvuldig voorkomen van buitenzintuiglijke waarneming wanneer een patiënt zijn of haar fysieke lichaam verlaat. Er zijn gedocumenteerde verslagen bekend van mensen die tijdens een hartstilstand specifieke gebeurtenissen waarnamen terwijl hun zintuigen en brein op dat moment uitgeschakeld waren.

Het sluit nog concreter aan bij telepathische ervaringen tijdens een BDE lós van het panoramische levensoverzicht. Een patiënt kan bijvoorbeeld voelen wat er innerlijk door artsen, verpleegkundigen, familieleden of vrienden heen gaat. We hebben het dan niet over voorspelbare algemeenheden zoals: "Wat erg dat ze misschien dood gaat!", maar over specifieke gedachten en gevoelens. Zo is er een casus van een beginnende arts, dr. Tom Aufderheide, die zomaar geconfronteerd werd met een medisch noodgeval en daarbij dacht: "Hoe kunnen jullie [de ervaren artsen] mij dit aandoen?" Bij het weerzien na de reanimatie wist de patiënt niet alleen te vertellen wat Aufderheide gedaan had maar vooral ook welke gedachte er door hem heen was gegaan.

In uitgetreden toestand maken we weer contact met onze buitenzintuiglijke vermogens, ook als die tijdens het leven nauwelijks actief waren.
Daarbij dient het inneren tijdens het levensoverzicht een duidelijk doel. Het maakt je er bewust van hoe gebeurtenissen precies hebben doorgewerkt. Je wordt er zo nog meer van doordrongen dat je handelingen een grote impact kunnen hebben op het leven en welzijn van anderen. Voorts laat het ook nog zien dat je aan 'gene zijde' kennelijk moeiteloos telepathisch contact kunt maken Wat betekent dat we als geestelijke wezens dus veel nauwer met elkaar verbonden zijn dan we in deze fysieke werkelijkheid meestal beseffen.

Verhoogde empathie na BDE's

Zoals bekend maken mensen na een bijna-doodervaring in veel gevallen een persoonlijke transformatie door. Ze staan anders, 'spiritueler' en liefdevoller in het leven. Ze voelen zich ook meer betrokken bij anderen.
Voorts zijn er BDE'ers die na hun ervaring paranormale 'gaven' lijken te vertonen, waaronder ook telepathische vermogens. Ze krijgen 'door' wat anderen denken en voelen, en kunnen hen veel beter begrijpen dan voorafgaand aan hun bijna-doodervaring. Soms voelen ze zich, net als een beginnend paragnost, overspoeld door de telepathische indrukken en moeten ze leren om hiermee om te gaan.

De verhoogde sensitiviteit en empathie kan allerlei gevolgen hebben. Men kan bijvoorbeeld een groter voorstander worden van een sociaal en menslievend politiek beleid. Ook kan men meer begrip opbrengen voor bepaalde groepen mensen waar men vroeger alleen weerzin bij voelde.
Er kunnen overigens ook wel minder plezierige kanten aan zo'n transformatie zitten, namelijk wanneer de mensen in de omgeving van de BDE'er niet meegaan in de veranderingen. Er zijn bijvoorbeeld nogal wat gevallen bekend waarin mensen uit elkaar gingen omdat de partner de geestelijke metamorfose van de BDE'er niet zag

zitten. Natuurlijk kan de verhoogde empathie ook positief uitwerken en op die manier juist een relatie versterken. Het toegenomen inlevingsvermogen kan zich overigens ook nog manifesteren in de houding tegenover dieren. Dit kan bijvoorbeeld leiden tot een verlangen om vegetarisch of veganistisch te gaan leven en niet langer gebruik te maken van producten waar dieren voor zijn uitgebuit.

Literatuur
– Lommel, P. van (2004). De grote betekenis van wetenschappelijk onderzoek naar Bijna-Dood Ervaringen. *Terugkeer.*
– Rivas, T., & Dirven, A. (2010). *Van en naar het Licht.* Leeuwarden: Elikser.
– Rivas, T., Dirven, A., & Smit, R. (2013). *Wat een stervend brein niet kan.* Leeuwarden: Elikser.
– Stoop, B., & Rivas, T. (2014). *Spiritualiteit, Vrijheid en Engagement* (2 delen). Brave New Books.

Dit artikel werd gepubliceerd in *Paraview*, jaargang 18, nummer 2, mei 2015, blz. 12-15, en *Levenslicht 44*, herfst 2015, blz. 3-5.

De transculturele 'excursie' van Jan de Wit

door Titus Rivas

Eind juli 2011 werd de redactie per e-mail benaderd door dhr. Jan de Wit (pseudoniem), gepensioneerd maatschappelijk werker. Via de redactie bereikte zijn mail ook de overige leden van de wetenschapsgroep. Naar aanleiding daarvan nam ik eerst contact op met Jan de Wit via de redactie en zo ontstond er ten slotte een digitale correspondentie.

De ervaringen van Jan de Wit
Hier eerst de BDE oftewel 'excursie' zoals meneer De Wit zijn ervaringen ook wel noemt, in zijn eigen woorden:

"Na enige aarzeling overwonnen te hebben zou ik graag willen overleggen over mijn ervaringen. Mijn eerste kennis van zaken over BDE dateert van zo ongeveer dertig jaar geleden, toen ik nog op een afdeling geestelijke volksgezondheid van een GGD werkte en de toenmalige publicaties voor de nodige deining zorgden. Voor mij als agnosticus leverde dit minder problemen op, dan voor de collega's met meer uitgesproken godsdienstige standpunten.

Wat mij enige maanden geleden overkwam, tijdens een hartstilstand na een grote operatie in een ziekenhuis, is toch een behoorlijk wonderlijke aangelegenheid. Vertrouwd ben ik met het verschijnsel van een BDE binnen een culturele of godsdienstige opvatting over een leven na de dood. Het vaak gerapporteerde verhaal over de lichtende figuur of de tunnel naar het licht of de ontmoeting met overledenen zouden voor mij, als maatschappelijk werker, geen vragen meer hoeven op te roepen.
Mijn eigen ervaring is enigszins wonderlijk, omdat ik nog nooit een 'transculturele' BDE gerapporteerd heb gezien. Natuurlijk kan dat zijn oorzaak vinden in een informatieachterstand mijnerzijds, maar het blijft voor mij toch een wonderlijke en tegelijk ontwortelende ervaring.

Mijn eigen BDE:
Eerst bevond ik mij in een grote vergaderruimte met een ovale vergadertafel. Een vraag zonder woorden echode in mijn hoofd, of ik dat vergaderen weer wilde meemaken. Nee, was mijn antwoord, het is zo saai. Ik ging een trapje af en kwam in een ruimte met een bureau waarop in een soort van gleuven twee slangachtige linialen lagen. Achter het bureau bevond zich een groot ovalen hoofd zonder verdere lichamelijke kentekenen als ogen enz. De twee linialen ontpopten zich als twee slangen met

zwanenhoofden of als twee zwanenhalzen en maakten een ongelooflijk kabaal. Daarbij werden ze door het grote ovalen hoofd tot de orde geroepen en hielden zich stil. Dit heeft zich enige malen herhaald. Ik heb dat niet als beangstigend ervaren.

Daarna ging ik de kamer ernaast, een derde kamer, binnen en trof meteen links naast de deur een typische hindoe godin. Bij het betreden van die ruimte dacht ik overigens: "Jakkes, van die Aziatische kleurtjes. Zo dat vage blauw en dat roze-achtige." Ik zag een zittende vrouwelijke godheid, waarvan ik me alleen het bovenlijf herinner. Ze droeg blauwe kleren, geen sieraden, en zat heel ontspannen, een beetje scheef leunend op de grond, terwijl ze doorlopend glimlachte. De godheid zat links van mij, ik stond. Wonderlijk is dat de godheid zittend groter was dan ik. Belangrijk is de kleur blauw, kleding met korte mouwen, weinig opvallend, jurk-achtig. In de linkerhand had de godheid een boekje met een blauwgrijs geschulpte kaft (1). Dit speelde verder geen rol. Het gezicht dat ik me goed herinner, was uitermate vriendelijk, maar verder niet bijzonder. Wel een nogal apart element: na een heel kort ogenblik, verschenen bij de mondhoeken twee snor-achtige zwarte stippen, een ietsje langgerekt. Toch bleef de godheid op mij de indruk van een vrouw maken. Mij werd duidelijk, dat ze op mij wilde overbrengen dat ik eigenlijk veel voor anderen had gedaan en weinig aan mezelf was toegekomen. (Ik ben het daar eigenlijk niet mee eens, ik kom niets tekort). Het geheel werd ongelooflijk emotioneel. *Een oneindig gevoel van acceptatie en liefde overspoelde me.* Het is nauwelijks te doen om de diepte van deze ervaring te communiceren. Daarna werd ik wakker en keek de behandelend arts recht in de ogen. Tja. Ik moest een verklaring ondertekenen, dat ik met de verdere behandeling akkoord ging. Het was me allemaal te veel, ik had geen idee waar het over ging. Ik weet alleen zeker dat ik niet met mijn eigen naam ondertekend heb. Wat ik in mijn hoofd heb, is dat ik ondertekend heb met een omgekeerde U met een streepje aan de bovenkant. Ik moet dat zien uit te zoeken, kijken of mijn herinnering klopt met de werkelijkheid. Het kan natuurlijk een compleet onleesbare, onduidelijke krabbel zijn. Hoewel ik me herinner, dat ik een extra streepje op die U heb gezet. (Ik dacht: "Het klopt niet" en heb toen dat streepje gezet.) Daarmee was het geheel nog niet afgerond, want een paar minuten later was ik weer van deze wereld verdwenen en bevond me op een dijk langs een rivier, waar ik een persoon zou ontmoeten. Ik zie mezelf nog tegen deze dijk op klauteren. Het was er erg warm, drukkend. Ik voelde die warmte duidelijk. Het enige wat ik verder weet, is dat ik langs bomen ging met lange, smalle bladeren en stopte om die vreemde langgerekte bladeren te bekijken, maar de rivier heb ik niet bereikt. Ik heb tot op de dag van vandaag een vreemd soort verlangen om toch die rivier te bereiken. Vooral de man, die daar op mij wachtte. Ik heb nog steeds het gevoel van het lauwwarme water, waarin ik naast deze man zou gaan zitten. Tegelijk had ik daarbij het gevoel: eindelijk schoon. Vreemd. Weer werd ik wakker. Echt wakker was ik niet, maar meer een sub-bewuste toestand. Daarna ontstond een langdurige strijd met twee individuen. Ik lag in mijn ziekenhuisbed. Twee mannen om mij heen. Een van deze mensen was gekleed in een lichtbruin soort safaripak met van die grote borstzakken, met hem was te overleggen. Hij vroeg mij of ik hem nodig had. Hij ging weg en zou later nog terugkomen. De man in het zwarte pak was lastiger, zo niet onbeschoft. Hij bleef zitten hoewel ik zei hem niet nodig te hebben. Hij liep rond, dwars door het kastje naast mijn bed en ging weer zitten. Dit heeft uren en uren geduurd. Hoogst onaangenaam, maar niet een hopeloze aangelegenheid. Ik voelde me erg sterk in het conflict met deze man.

Essentieel voor mij is, dat ik me nog nooit heb bezig gehouden met ook maar iets uit de boeddhistische of de hindoeïstische wereld. Ik was volkomen onwetend over wat dan ook binnen deze filosofisch/religieuze opvattingen. Niets wist ik daarvan.
Om dan tijdens een hartstilstand met een overduidelijk

Aziatische godheid geconfronteerd te worden is een nogal verontrustende aangelegenheid.
Ik kan maar één antwoord op mijn eigen ervaringen verzinnen. Het is een echte ervaring geweest. Ik kan, of ik wil of niet, me alleen maar bezig houden met het fenomeen dat me daar duidelijk is geworden.
Ik doe momenteel niets anders dan mijn kennis van zaken met betrekking tot hindoeïsme en boeddhisme van nul tot ik weet nog niet welk niveau te vergroten. En de dood waar ik zo intens mee geconfronteerd ben geweest, althans volgens verpleging en artsen, nou ja: het is uiteindelijk toch maar een kleinigheid. Later bij de intake in het revalidatiecentrum vertelde de arts mij, dat ik erg moest oppassen, omdat ik anders een bloeding zou krijgen en dat dan niemand mij meer zou kunnen helpen. "Dan gaat u dood", zei hij mij letterlijk. Ik heb de man alleen maar lang aangekeken en dacht: "Nou, zo erg is dat ook weer niet". Er is maar één probleem, het gemak waarmee ik, mijn naasten, dierbaren, geen seconde meer in mijn gedachten heb gehad, alleen maar zelf bezig ben geweest, met dingen die op dat moment voor mij belangrijk waren. Dat is een egoïsme dat ik mezelf kwalijk neem en niet voor mogelijk had gehouden (2).
Ik heb mijn ervaring hierboven in grote lijnen weergegeven. De emotionaliteit in het geheel heb ik maar wat laten rusten."

Aanvullende vragen
Jim van der Heijden stelde voor meneer De Wit nog enkele aanvullende vragen te stellen naar aanleiding van zijn relaas.

– Voor zover ik weet zijn Indiase godinnen op afbeeldingen meestal rijk behangen met sieraden.
Ze zijn inderdaad nogal overdadig uitgedost, maar niet in mijn waarneming. Alleen zoals ik aangaf, die kleuren. Verder donker haar, donkere gelaatskleur. Niet Europees. Wat ik er achteraf als ervaring bij kan aangeven, is dat als ik nu afbeeldingen zie, mij ook niet opvalt, dat er zoveel sieraden en andere opsmuk afgebeeld worden; dat dringt in ieder geval niet tot mij door. Het is ook, althans voor mij, niet de essentie.

– U heeft het over een gevoel van acceptatie. Zou dit wellicht kunnen verwijzen naar een gebrek aan acceptatie in uw leven?
Nee, ik heb werkelijk geen gevoel van gebrek aan acceptatie. Ik ben tevreden met de keuzes die ik gemaakt heb. Dat die keuzes niet altijd een bewonderend applaus hebben opgeroepen is duidelijk. Toch zijn er een aantal voorvallen geweest, waar ik tot op de dag van vandaag gewoon trots op ben. Net andere keuzes gemaakt dan verwacht werd, goed, deloyaal aan de instelling waar ik werkte, maar in

ieder geval loyaal aan mezelf, mijn eigen opvattingen en loyaal aan de mensen waarvoor ik geacht werd me in te spannen.
In de werksfeer ligt dat probleem niet en in de privésfeer hebben we net onze veertigjarige huwelijksdag achter ons. Als oneindige acceptatie een vraagpunt voor mij zou zijn, dan kon ik daar niet zo vrij op reageren als ik nu eigenlijk doe. Basaal geluk is nogal veel mijn deel geweest. Dat gaat niet vanzelf, dat kost inspanning, vooral rekening houden met een ander, met vrouw en kinderen en hun belangen. Nu schiet me een oude opvatting over mijn eigen gezin te binnen, jaren niet meer aan gedacht, maar toch. Het gezin, vond ik indertijd, is een soort van lanceerplatform; je kinderen moeten een goede start kunnen maken en daarom is mijn positie, samen met die van mijn vrouw meer een dienende geweest. Niet zozeer dienend in de reguliere betekenis van het woord, maar meer voorwaarden scheppend.
Het enige wat in mijn bestaan redelijk gecompliceerd verlopen is, is mijn schoolloopbaan. Het lyceum ergens aan het eind van de jaren vijftig was in mijn ogen een van de meest domme instellingen die ik ooit had bezocht. Wat ik thuis uit de bibliotheek van mijn vader kon opvissen was oneindig veel interessanter dan het geneuzel over jeugdboeken. (Thuis *Ein Kampf um Rom* lezen en dan op school *Kai aus der Kiste*).Tot overmaat van ramp werd ik getest omdat het op

school niet zo wilde lukken en het beroerde was dat de uitslag van die test aangaf, dat ik met gemak die school zou kunnen afmaken. Als er ergens waardering heeft ontbroken, dan was het in die tijd. Ik heb dat zelf toen niet zo in de gaten gehad; mij ging het prima. Het wreekt zich natuurlijk wel in het onderwijsniveau dat je later kunt halen of liever inhalen. Ik heb het niet zo op onderwijs gehad. Mijn HBO scriptie, droeg de titel (gegapt van van Kooten en de Bie) "Zoek jezelf, broeder". Ik meende te kunnen aantonen, dat de opleiding een soort pseudo-therapie was met de docent in de rol van therapeut en de cursist in de rol van cliënt. Het was me intussen ontgaan, wat daar verder te leren viel. Dit was een van mijn laatste confrontaties met het onderwijs. Tja.

– Misschien doelde de godin op te weinig zelfacceptatie of op meer rekening houden met zichzelf, erkenning van de diepere behoeften?
Dit vereist een echt antwoord of kan anders beter onbeantwoord blijven. Het is eigenlijk een opmerking die te maken heeft met mijn zelfbeeld. Ik ben misschien in mijn werk een tikje ongemakkelijk voor mijn werkgevers geweest. Klokkenluiders worden door bestuur en directie meestal niet zo gewaardeerd. Ik ben er voor mezelf eigenlijk wel trots op om op een gegeven moment een streep te trekken en te zeggen: "Daar doe ik niet aan mee". Nee, ik heb werkelijk

geen gevoel van gebrek aan zelfacceptatie.
Die godheid zei eigenlijk niets, toch was het duidelijk.
Non-verbale communicatie? Nu bedoel ik niet, dat er met lichaamstaal werd gecommuniceerd, meer een soort onuitgesproken, maar toch duidelijke vorm van communicatie.

– Telepathie dus?
Ik ga er van uit, dat er een vorm van communicatie bestaat zonder woorden of gebaar. Ik bedoel niet iets op het niveau van, plat gezegd, gedachtelezen. Wat ik bedoel, is het ervaren van waar een ander intens mee bezig is. Ik denk, dat daarvoor geen woorden nodig zijn; het hangt van de intensiteit van de betrekking tussen de individuen af. (Een kleinigheid van jaren geleden binnen dit verband: Ik lig 's ochtends nog in bed en denk, dat een vriend, die ik lang niet gezien had een soort reünie gaat organiseren. Ik ga naar beneden en daar ligt het overlijdensbericht van zijn vrouw op de deurmat. Natuurlijk was daarna de vriendenkring weer bij elkaar. Een wonderlijk soort reünie, maar nog een wonderlijker soort communicatie.)

– U heeft het over een grote impact van de BDE. Kunt u daar nog wat meer over zeggen?
Om het geheel toch wat te verduidelijken, het volgende. Ik had niet gedacht, dat mijn korte

Aziatische avontuur zo'n impact op mijn bestaan zou hebben. Het is allemaal nogal vreemd, misschien is het wel een soort overreageren. Ik kan me alleen niet losmaken van de wens meer over hindoeïsme en boeddhisme te willen weten. Ik ben daar nogal fanatiek in. Vooral op het gebied van taal probeer ik me nu vertrouwd te maken met de beginselen van Devanagari en Sanskriet. Mijn bedoeling is om wat ik, zo te zeggen, beleefd heb ook te kunnen begrijpen. Wat betreft de voorstellingswereld en de religieuze opvattingen van enige miljarden Aziaten begin ik een beetje te vatten wat er in de hoofden van deze mensen omgaat. Het is meer dan een oppervlakkige belangstelling, het is een nogal ontwortelend fenomeen met betrekking tot wat ik voorheen belangrijk vond. Ik merk dat er zich veel veranderingen, vooral op emotioneel gebied, voordoen. Toen ik pas uit het ziekenhuis thuis was had ik me moeite mij te realiseren, dat alles wat ik meemaakte echt was. Mijn vrouw was er echt, was ze wel dezelfde? Was ze het echt? Natuurlijk wist ik dat wel rationeel, maar emotioneel was een ander punt. Verder dacht ik mensen te moeten waarschuwen voor van alles en nog wat. Tot en met de groenteman toe, als hij weer wat niet zo verse spullen verkocht. Dat heeft veel narigheid en conflicten gegeven. Dan hou je er na een tijdje wel mee op. Toch was het een soort behoefte van me, die ik eigenlijk niet kon

tegenhouden. Goed willen doen of zo iets, lastig daar het waarom van te achterhalen.
Natuurlijk heb ik lang nagedacht over de vraag hoe het nu mogelijk kan zijn, dat de waarneming zo Aziatisch was. Zo´n twintig jaar geleden had ik een collega die nogal geïnteresseerd was in Aziatische kunst. Hij bracht op een keer een kleine reproductie mee van een hindoegodin. Ik herinner me het goed omdat ik het een beetje een kinderlijke, amateuristische voorstelling vond. Mijn afkeer van dit soort afbeeldingen was duidelijk. Goed, het zal wel zoiets geweest zijn als culturele dominantie mijnerzijds. Het vreemde is nu, dat ik na ´mijn excursie` mij min of meer opgelucht voel, als ik dit soort afbeeldingen zie. Ik heb daar nog geen verklaring voor. Verder emotioneert mij intens bijvoorbeeld Indiase muziek, op de achtergrond van een televisie-documentaire. Dat is des te meer verwonderlijk, omdat ik geen herinnering aan deze muziek tijdens mijn Indiase 'excursie' heb. (Ik heb moeite met de term BDE, vandaar deze formulering). Eigenlijk wil ik niet in vaagheden en omtrekkende bewegingen blijven steken en de veranderingen proberen te verwoorden, hoe lastig dat ook is. Ik geef anders geen antwoord op de vraag. De essentie is, dat ik veel kwetsbaarder ben geworden, veel sneller gevoelsmatig reageer, hetgeen niet altijd een voordeel voor mijn omgeving is. Ik kan discussies eigenlijk niet

goed meer aan; dat emotioneert me teveel. Ik kan eigenlijk niet meer gedistantieerd reageren op emotionele kwesties. Ik heb moeite keuzes te maken. Dat is iets dat ik niet begrijp, ik heb zeker in mijn werk als projectmanager juist steeds snelle beslissingen kunnen nemen. Wat dat betreft is het bestaan er niet makkelijker op geworden.

Er is toch nog wel een punt, dat van belang kan zijn. Ik heb nooit zoveel moeite gehad me een andere taal eigen te maken en dan ook zonder op te vallen in die andere leefwereld te kunnen functioneren. Ik woon nu zeven jaar in Duitsland en de doktersassistente heeft niet in de gaten gehad, dat ik Nederlander ben. Pas toen ik met een Nederlandse vriend daar in de praktijk Nederlands sprak, viel het op. Je kunt daarover ook wel lachen. Ik was tijdens een eerdere ziekenhuisopname bij de longarts. Ik vertelde hem, dat ik ook bij een longarts in het Erasmus ziekenhuis in Rotterdam was geweest. Zijn vraag was of ik daar misschien had gewoond. Ik vertelde hem, dat ik Nederlander ben. Grappig. Misschien past het wel bij me om in andere culturen een poging tot integratie te ondernemen. Misschien speelt het in mijn 'excursie' dus ook wel een rol. Afgezien van het feit, dat ik niet verder kom met het vinden van antwoorden wil ik graag nog eens benadrukken, dat mijn ervaringen een ongelooflijke impact op mijn bestaan hebben. In feite kan ik niet anders zeggen, dan dat mijn bestaan door deze ervaringen een andere kleur heeft gekregen. Ik kan onmogelijk meer beweren, dat een atheïstische levenshouding voor mij centraal staat, daarvoor zijn de ervaringen te reëel. Zo word je dus van atheïst of agnost tot iemand, die in zijn bestaan de filosofische, religieuze waarden van hindoeïsme en boeddhisme tracht te integreren. Onvoorstelbaar in feite. Vreemd is bovenal, dat ik me van deze ervaring ook nu na een jaar niet kan losmaken, er nog steeds mee bezig ben. Samengevat was dit het meest ingrijpende en ontwortelende, dat ik in mijn leven heb meegemaakt. Bijna paradoxaal is het dan ook, dat ik oneindig blij ben, dit meegemaakt te hebben.

– Wat zouden de beelden die u tijdens uw BDE heeft gezien kunnen symboliseren voor u?
De eerste kamer, de vergaderruimte leek overeen te komen met de vergaderkamer van de Duitse bondskanselier Angela Merkel. Misschien omdat ik me nogal druk had gemaakt over de Duitse houding met betrekking tot Libië.
Persoonlijke symboliek is het verder zeker niet, ik kan daar althans in mijn bestaan niets van terugvinden. Ik zal wel proberen het beeld duidelijker te maken. Ten eerste het ovale hoofd. Het was erg groot, zoiets als een meter lang. Het zweefde en was nergens aan bevestigd. De kleur was wit en er waren een soort van sporen op het hoofd alsof er zweetdruppels naar

beneden waren gerold. Het wonderlijkste is wel, dat aan de onderkant van het hoofd zich een soort van ring bevond, waarmee het hoofd als het ware op een nek bevestigd zou kunnen worden.

Wat de linialen betreft, het is me ook nu nog niet duidelijk of het slangen waren met zwanenhoofden, trouwens met kroon, of alleen maar nekken van zwanen. Natuurlijk is het symboliek, maar de interpretatie is onduidelijk tenzij ik mezelf toesta te verwijzen naar Japanse mythologie waarin inderdaad die zwevende hoofden voorkomen. In het hindoeïsme bewaken slangen het Nirwana.

Maar dit is nu precies dat, waarvan ik vind, dat de interpretaties riskant worden. Ik doe dat liever niet, hoewel ik enorm veel tijd heb besteed aan het proberen te duiden van deze zaken. Ik kom op internet wel afbeeldingen en verklaringen van hoofden tegen, maar dat is toch allemaal wat ver gezocht. Ik denk dat het vooral simpel en voor de hand liggend moet zijn, wil het echt een verklaring kunnen zijn.

De hindoe godheid was voor mij achteraf te herkennen en terug te vinden door mijn herinnering aan een boek, dat de godheid bij zich had. Twee godheden voldoen aan dit criterium. Ten eerste Saraswati en ten tweede Chitragupta. Deze laatste godheid is de assistent van Yama, de god van de dood. Chitragupta is een man en daarmee uitgeschakeld in mijn verhaal. De twee slangen, die ik noemde zijn

terug te vinden op oude afbeeldingen van Yama.
De twee mannen, die mij langdurig hinderden worden
in het hindoeïsme Yamatoot (3) genoemd en hebben
de functie van begeleiders naar het dodenrijk.
Naar mijn idee is eventuele verborgen symboliek niet
de essentie van mijn belevenissen. Veel meer is het de
ervaring van een compleet nieuw bestaansuitzicht.
Hoe dat te hanteren valt, is ook nu nog, na een jaar,
een open vraag.

Graag wil ik mijn relaas afsluiten met een citaat uit
1922 van de door mij zeer gewaardeerde Duitse
schrijver en journalist Kurt Tucholsky.

Was sind Schönheit, Geld und Ruhm - ?
Om-mani-padme-hum **(4)**.

Commentaar van Titus Rivas
Het gegeven dat Jan de Wit een 'excursie' heeft gehad
die lijkt aan te sluiten bij de Indiase mythologie is
uiteraard heel opmerkelijk. We kennen elementen uit
de hindoe traditie natuurlijk al van BDE's uit India,
maar in dat verband zijn die elementen niet
wonderlijker dan wanneer christenen beelden van
Jezus van Nazareth of Maria waarnemen. Zulke
elementen kan men doorgaans zonder veel moeite
opvatten als cultuurgebonden symbolen. Zoals De Wit
aangeeft, was hij echter niet op de hoogte van de

mythologie van het hindoeïsme of boeddhisme. Betekent dit nu dat zijn ervaring bewijst dat hij werkelijk contact met hogere wezens uit de Indiase mythologie moet hebben gehad, met andere woorden dat die wezens ook los van de mythen werkelijk moeten bestaan? Niet per se. Een alternatieve verklaring kan bijvoorbeeld zijn dat hij in een vroegere incarnatie zelf hindoe geweest is en nu onbewust gebruik heeft gemaakt van een sluimerende oosterse beeldentaal in zijn onderbewustzijn. De beelden zouden in dat geval alsnog cultuurgebonden zijn, maar dan wel gebonden aan zijn culturele bagage uit een vorig leven. Ook is het denkbaar dat 'hogere wezens' hem vanuit een andere dimensie op een ander spoor hebben willen zetten (naar "een compleet nieuw bestaansuitzicht") en daarbij met opzet voor deze mysterieuze, exotische vorm hebben gekozen. Misschien hebben ze in dat geval wel aansluiting gezocht bij oude symbolen die in een vroegere incarnatie al iets betekenden voor De Wit. Het is in dit verband frappant dat hij zelf een verband legt met de godin Saraswati (5), aangezien dit onder meer de Indiase godin van de wijsheid is...

Noten
1. Misschien een symbool voor een 'levensboek'.
2. Wat betreft het egoïsme: dit is een thema dat in veel BDE's terugkomt. Volgens mij heeft het weinig met

echt egoïsme te maken. Het gaat eerder om een overweldigende ervaring die velen zozeer in beslag neemt dat ze even niet toekomen aan andere gedachten, ook niet aan gedachten aan geliefden. (TR).
3. Ook wel gespeld als Yam(a)dut.
4. *Om*: het oergeluid bij het ontstaan van de aarde. *Hum*: het geluid bij het einde van de aarde. *Mani* en *Padme*, hoewel ook letterlijk te vertalen, vooral bedoeld als: alles wat tussen begin en einde opgesloten ligt.
5. Oftewel Sarasvati.

Dit artikel werd gepubliceerd in *Terugkeer 23(2)*, zomer 2012, blz. 19-23.

Steven Laureys en BDE's als bewijsmateriaal tegen het materialisme

door Titus Rivas

De gerenommeerde Belgische neuroloog Steven Laureys, verbonden aan de Universiteit van Luik, is onder andere bekend geworden door zijn onderzoek naar bijna-doodervaringen. Zijn onderzoeksresultaten wijzen onder meer uit dat BDE's niet opgevat kunnen worden als bekende varianten op dromen of hallucinaties. BDE'er beleven hun ervaringen als 'echter dan echt'. Minder duidelijk is of Laureys dit gegeven opvat als een aanwijzing *tegen* reguliere materialistisch/naturalistische verklaringsmodellen en *voor* een theorie die de psyche opvat als een in ultieme zin onafhankelijk entiteit die de dood van de hersenen kan overleven. Uit diverse artikelen kun je twee onverenigbare conclusies trekken:
– Laureys verwerpt het materialistische model maar hij houdt zich hierover op de vlakte, bijvoorbeeld om sponsoren van zijn wetenschappelijke onderzoek niet voor het hoofd te stoten.
– Hij is volledig materialistisch georiënteerd en beschouwt BDE's vooral als een merkwaardig soort

subjectieve ervaringen die worden voortgebracht door de hersenen. In dit opzicht lijkt hij dan bijvoorbeeld op iemand als Kevin Nelson. Om aanhangers van een ziel niet tegen zich in het harnas te jagen, houdt hij zijn standpunten zoveel mogelijk voor zich.

Mijn interesse in de vraag waar Laureys wat dit betreft staat, wordt niet ingegeven door een intolerante neiging om iedereen op dit gebied te toetsen op 'ketterse' opvattingen, maar door een soort lichte frustratie die onduidelijkheid op dit gebied nu eenmaal teweeg kan brengen. Ik ben zelf zoals bekend een uitgesproken tegenstander van het materialisme en aanverwante stromingen en wil juist daarom graag weten waar anderen wat dit betreft staan. Dit betekent niet dat ik anderen het recht zou willen ontzeggen materialist te zijn (of te blijven).

Recent interview
Veel stukken over Laureys laten geen onweerlegbare conclusie toe over zijn visie over de betekenis van BDE's voor de discussie over de relatie tussen hersenen en geest of bewustzijn. De desbetreffende passages zijn namelijk te vaag of ambigu geformuleerd.
Ik was dan ook blij verrast onlangs een Franstalig interview aan te treffen op de eigen Facebook-tijdlijn van Steven Laureys. Het betreft een artikel van

Olivier Rogeau van 1 november 2014. In dit interview zegt de neuroloog onder meer dat bijna-doodervaringen een 'fysiologische realiteit' vormen. Op zijn minst een merkwaardige woordkeuze als hij BDE's beschouwt als fenomeen dat niet herleid kan worden tot (een product van) het brein. Dit wordt bevestigd door het antwoord van Laureys op de vraag van Rogeau waar BDE's uit voortkomen. Hij zegt (vrije vertaling): *"Bij de Coma Wetenschapsgroep, gaan we ervan uit dat elk onderdeel van de beschrijving van een BDE – welzijn, tunnel, wit licht – wordt veroorzaakt door de activatie van een specifiek hersengebied, als gevolg van zuurstofgebrek na een hartstilstand. Dat is de eenvoudigste verklaring. Maar we hebben er geen zekerheid over zolang we het functioneren van het bewustzijn nog niet begrepen hebben. Degene die zal verklaren hoe het bewustzijn emergeert uit een fysiek verschijnsel zal een Nobelprijs krijgen!"*
Ik vatte deze uitspraken zo op, dat Laureys inderdaad een (emergentie-)materialist is die er niet aan twijfelt dat bijna-doodervaringen volkomen veroorzaakt worden door neurologische processen, maar wel erkent dat hij niet weet hoe het brein bewustzijn in het algemeen voortbrengt. Hij geeft dus toe dat er een reëel vraagstuk bestaat dat de Australische filosoof David Chalmers het 'hard problem' (moeilijk probleem) heeft genoemd. Alleen twijfelt hij er niet

aan dát het bewustzijn het product is van de hersenen, ook al weet hij dan nog niet hoe dit precies in zijn werk gaat.

Reactie van Laureys
De afgelopen maanden heb ik de neuroloog een paar berichten gestuurd waar ik helaas geen antwoord op heb ontvangen. Na de publicatie van het Franstalige interview, zag ik mijn kans schoon hem opnieuw een vraag te stellen. Mijn vraag luidt: "Bent u inderdaad van mening dat er vooralsnog geen serieus bewijsmateriaal bestaat voor bijna-doodervaringen die niet bevredigend ingepast kunnen worden in een naturalistisch-materialistisch model? Met andere woorden, denkt u dat vooralsnog geen van de tot nu toe gedocumenteerde BDE's (ondanks hun bijzondere fenomenologische eigenschappen) een anomalie vormt voor dat model? Zo ja, staat u wel open voor zulke anomalieën en houdt u terdege rekening met hun mogelijke bestaan?" Steven Laureys gaf hierop het navolgende antwoord: "*Hallo Titus, als wetenschapper moet je open staan voor nieuwe inzichten en academische arrogantie vermijden. Zolang we geen bevredigende wetenschappelijke verklaring kennen voor het menselijk bewustzijn is enige nederigheid geboden, maar elke hypothese of theorie dient wel worden getoetst aan observaties, vrij van dogma's of a priori ingenomen stellingen. Ik*

hoop hiermee uw vraag te beantwoorden."
Zoals de lezer zal begrijpen, was ik niet geheel tevreden met dit antwoord, omdat het qua helderheid eerder overeenkomt met de gemiddelde uitspraken van Laureys op dit punt, dan met zijn uitspraken bij voornoemd interview. Ik stuurde hem het volgende, vooralsnog onbeantwoorde bericht: "Dank u, maar u geeft hiermee niet echt een antwoord op mijn vraag, vrees ik. Ik zal mijn vraag derhalve nog eens herformuleren. Denkt u dat er nu reeds aanwijzingen zijn binnen de context van het BDE-onderzoek dat (veridieke waarnemingen tijdens) BDE's zélf onverenigbaar zijn met een materialistisch-naturalistische hypothese? Met andere woorden: zijn er casussen van bijna-doodervaringen gedocumenteerd in uw visie, die de materialistische hypothese lijken te falsifiëren? Dus niet alleen in de zin van het hard problem van David Chalmers (het subjectieve bewustzijn binnen een fysieke wereld), maar specifiek door eigenschappen van bijna-doodervaringen zelf?"

Voorlopige conclusie
Alleen Steven Laureys zelf kan aangeven waar hij nu precies staat, maar mijn voorlopige conclusie is dat Laureys een soort Belgische Kevin Nelson is. Hij gaat uit van een materialistisch-naturalistisch wereldbeeld waarin het bewustzijn altijd en in alle opzichten een

(weliswaar mysterieus) product van de hersenen vormt. Bijna-doodervaringen vormen een bijzondere vorm van bewustzijn, maar ook BDE's worden voor Laureys dus volkomen voortgebracht door het brein. Ze vormen geen bijzondere anomalie, die iets zou toevoegen aan de anomalie van het subjectieve bewustzijn in het algemeen.
Dat hij hier niet wat meer uitgesproken voor uit wil of durft te komen, hangt waarschijnlijk samen met zijn wens mogelijke respondenten niet af te schrikken. Door een schijnbaar neutrale houding aan te nemen, kan hij ook bij het grote publiek op sympathie blijven rekenen.
Ik 'gun' Steven Laureys zoals gezegd een stellingname die radicaal afwijkt van die van mijzelf. Hij mag mijn voorlopige conclusie uiteraard ook ontkrachten.
Alleen vind ik het zelf in het algemeen wel prettig als mensen transparant proberen te zijn in hun opvattingen.

Referentie
– Rogeau, O. (2014). L'homme qui recueille les expériences de mort imminente. Vif/L'Express, 11 november.

Dit artikel werd gepubliceerd in *Terugkeer 26(1)*, voorjaar 2015, blz. 20-21, en *Levenslicht 42*, voorjaar 2015, blz. 13-14.

Het belang van neurologisch onderzoek voor het begrip van BDE's tijdens een hartstilstand

door Titus Rivas

Bijna-doodervaringen zijn in allerlei opzichten belangwekkend en interessant. Dat geldt in het bijzonder voor BDE's tijdens een hartstilstand. Volgens reguliere theorieën binnen de neurowetenschappen kan er tijdens een hartstilstand al na maximaal een halve minuut geen bewustzijn meer zijn. Laat staan het heldere soort bewustzijn waar een bijna-doodervaring door gekenmerkt wordt en dat onder andere gepaard gaat met waarnemingen, gedachten, herinneringen, verlangens en emoties. De laatste jaren horen we telkens weer over wetenschappelijk onderzoek dat gericht is op de "neurologische aspecten" van bijna-doodervaringen. In feite heeft men hierbij te maken met twee soorten onderzoeksprogramma's:

– Onderzoek naar bijna-doodervaringen tijdens een hartstilstand waarbij er te weinig neurologische activiteit in de hersenschors optreedt om het gemelde bewustzijn materialistisch te verklaren. Het gaat met name om BDE's waarbij de patiënt een specifieke gebeurtenis heeft waargenomen die plaatsvond terwijl er onvoldoende corticale activiteit was om welke soort waarneming ook te mogen verwachten. Hierbij draait het onderzoek dus om een speurtocht naar anomalieën die niet passen in het gangbare wetenschappelijke wereldbeeld. Als iemand hier serieus onderzoek naar doet, mag je verwachten dat hij of zij ten minste uitgaat van de mogelijkheid dat het materialistische wereldbeeld niet juist is.

– Onderzoek naar bijna-doodervaringen waarbij geen sprake is van het ontbreken van corticale activiteit op het moment van de ervaring. Het gaat dus om BDE's die optreden zonder dat de patiënt een hartstilstand ondergaat, of anders om casussen waarbij het bewustzijn niet overtuigend in verband gebracht kan worden met het ontbreken van corticale activiteit. Men streeft ernaar de hersenprocessen in kaart te brengen die zouden samenhangen met de BDE. Dit type onderzoek staat in feite haaks op het vorige onderzoeksprogramma omdat men verwacht dat bijna-doodervaringen grotendeels of zelfs volledig worden veroorzaakt door hersenprocessen. BDE's zouden dus moeiteloos passen in een materialistisch mensbeeld. Als iemand hier serieus onderzoek naar doet, mag je dan ook verwachten dat hij of zij niet wezenlijk twijfelt aan het reguliere, materialistische denkkader.

Men is niet op zoek naar anomalieën maar wil bijna-doodervaringen juist inlijven in het reguliere model. Dit past bij het naturalistische streven al het 'bovennatuurlijke' uit te bannen.

Zo beschouwd is het enthousiasme van sommigen binnen onze kringen voor onderzoek naar hersenprocessen rond BDE's weliswaar begrijpelijk maar ook voorbarig. Het ligt er namelijk maar net aan binnen welk type onderzoeksprogramma het desbetreffende team werkt. Bewijzen voor de stelling dat er 'bijzondere dingen' in de hersenen gebeuren tijdens een BDE zijn in feite helemaal niet verheugend te noemen. Ze zouden er namelijk op kunnen wijzen dat bijna-doodervaringen wel degelijk door de hersenen worden opgewekt en dus hoogstwaarschijnlijk een bijzonder soort hallucinaties zijn. Gelukkig blijkt het bij dergelijke bevindingen echter nooit te gaan om BDE's tijdens een vlak EEG, zodat we helemaal niets hebben aan zulk neurologisch onderzoek bij deze categorie bijna-doodervaringen . BDE's tijdens een toestand van klinische dood kunnen binnen het denkkader van het tweede type onderzoeksprogramma namelijk niet eens bestaan. Volgens mij kan men hier een belangrijke les uit trekken: de reguliere neurologie heeft ons niets wezenlijks te vertellen als het om BDE's gaat. Behalve dan wanneer men kan vaststellen dat er tijdens de BDE geen relevante neurologische activiteit in de hersenschors optrad. De vraag naar de neurologische correlaten van de bijna-doodervaring is in feite een materialistische vraag.

Dit artikel werd gepubliceerd in *Terugkeer 25(3)*, herfst 2014, blz. 24, en *Levenslicht 40*, herfst 2014, blz. 21. BDE's tijdens een hartstilstand

Enkele opmerkingen over "Occam's Chainsaw"

door Titus Rivas

Dr. Jason J. Braithwaite en Hayley Dewe, verbonden aan de Universiteit van Birmingham, publiceerden in 2014 een gezamenlijk artikel in het Britse tijdschrift *The Skeptic* (magazine). In dit artikel, ***Occam's Chainsaw: Neuroscientific Nails in the Coffin of Dualist Notions of the Near-death Experience*** pretenderen ze voor eens en voor altijd af te rekenen met dualistische verklaringen van bijna-doodervaringen. Dualistische verklaringen gaan ervan uit dat het bewustzijn of de geest niet te herleiden is tot een product van de hersenen en dat dit mede verklaart hoe bijna-doodervaringen mogelijk zijn. De auteurs stellen dat recente bevindingen van neurologisch onderzoek duidelijk maken dat BDE's volledig materialistisch (weg) verklaard kunnen worden. Zo beweren ze bijvoorbeeld dat alle onderdelen van bijna-doodervaringen al bekend zijn uit onderzoek naar de gevolgen van diverse neurologische condities. Braithwaite en Dewe blijken dus overtuigde voorstanders van de theorie dat BDE's het product zijn van verwarde, stervende hersenen.

Bijna-doodervaringen worden opgevat als: *"hallucinatoire ervaringen, laatste stuiptrekkingen van een in hoge mate ontremd brein."* Ik ben een van de auteurs van een boek met de titel "Wat een stervend brein niet kan", en dus ben ik het uiteraard oneens met deze centrale stelling. Hier daarom een paar aanmerkingen op Occam's Chainsaw.

1. **De auteurs** van het artikel doen alsof alle serieuze hedendaagse neurologen het met hen eens zijn dat bewustzijn een 'emergente' eigenschap is, een soort product van de hersenen. Daarmee ontkennen ze in feite dat er (serieuze) neurologen bestaan die een dualistische theorie over de relatie tussen hersenen en bewustzijn aanhangen. Drie voorbeelden van dergelijke neurologen, die nota bene erg bekend zijn binnen het BDE-onderzoek, zijn: Peter Fenwick, Eben Alexander en Mario Beauregard.

2. **Volgens de auteurs** is een niet-materialistische verklaring van BDE's gebaseerd op een *'explanatory gap'*. Ze bedoelen hiermee dat dualisten materialistische verklaringen afwijzen omdat de bestaande materialistische theorievorming nog niet alle aspecten van BDE's lijkt te kunnen verklaren. Er zou slechts sprake zijn van een voorlopige 'gap', een leemte of hiaat, die opgevuld wordt door een in feite onwetenschappelijke theorie, aldus de auteurs. Dit is

echter een onjuiste voorstelling van zaken. Dualisten wijzen neurologische verklaringen niet af omdat deze nog niet alle details kunnen verdisconteren. Er is iets anders aan de hand: sommige details zijn niet alleen nóg niet verklaard, maar principieel onverklaarbaar door (en onverenigbaar met) een materialistische theorie. Ze passen bij voorbaat niet in een materialistisch wereldbeeld. Het zijn toetsstenen voor het materialisme, in die zin dat ze, als ze echt blijken te bestaan, de materialistische theorie falsifiëren (weerleggen).

3. **De auteurs beweren** dat er geen enkel betrouwbaar wetenschappelijk bewijsmateriaal bestaat voor paranormale aspecten van BDE's die de materialistische theorie kunnen weerleggen. Naar mijn bescheiden mening bestaat er meer dan genoeg bewijsmateriaal op dit gebied. Samen met Anny Dirven en Rudolf Smit heb ik het proberen te bundelen in ons boek *Wat een stervend brein niet kan*.

4. **Tot dusverre** zou er bovendien geen enkele casus zijn waarin sprake is van buitenzintuiglijke waarneming zonder (voldoende) ondersteunende corticale activiteit. Zoals we aantonen in ons boek, is dit opnieuw incorrect. Duidelijke voorbeelden zien we bij de casussen van de patiënten van Lloyd Rudy, Richard Mansfield en Tom Aufderheide, en bij de

Man met het Gebit. Het is overigens erg belangrijk voor Braithwaite en Dewe dat dit type casussen niet bestaat, omdat ze goed beseffen dat de te verwachten activiteit in de hersenschors tijdens een hartstilstand onvoldoende zou zijn voor heldere subjectieve ervaringen. Ze gaan er daarom vanuit dat BDE's altijd optreden vóór het uitvallen van de corticale activiteit of anders tijdens de herstelfase, vlak voor het ontwaken. BDE's die optreden tijdens de hartstilstand zelf zijn al na gemiddeld 15 seconden domweg onmogelijk, omdat de corticale activiteit volgens materialisten niet zou volstaan om een helder bewustzijn te verklaren. Mijn conclusie luidt dan ook dat de materialistische theorie van het stervende brein afhankelijk is van het negeren van de bewijskracht van dit soort casussen.

Overigens hebben bepaalde Facebook-vrienden mij gevraagd waarom ik de auteurs niet confronteer met deze kritiek. Mijn antwoord luidt dat ik al zoveel negatieve ervaringen heb gehad met respectloze pseudo-skeptici, dat ik niet langer opensta voor zinloze discussies. Ik heb dus stellig de indruk dat zij in die categorie thuishoren.

Referenties
– Braithwaite, J.J. & Dewe, H. (2014). Occam's Chainsaw: Neuroscientific Nails in the Coffin of

Dualist Notions of the Near-death Experience. *The [UK] Skeptic magazine*, (25) 2, 24-31.
– Rivas, T., Dirven, A., & Smit, R. (2013). *Wat een stervend brein niet kan*. Leeuwarden: Elikser.

Dit artikel werd geplaatst in *Terugkeer 26(1)*, voorjaar 2015, blz. 22, en *Levenslicht 42*, voorjaar 2015, blz. 15.

Een kritische vraag van een psychologiestudent

door Titus Rivas

*Op dinsdag 13 mei 2014 gaf ik een lezing aan de Radboud Universiteit met de titel **Bijna-doodervaringen: meer dan een geruststellende droom**. De lezing vormde een onderdeel van het congres Circle of Life, georganiseerd door SPIN (Studievereniging Psychologie in Nijmegen). Aangezien er in een andere zaal een parallelle lezing werd gegeven over het thema hoogsensitiviteit, was het aantal bezoekers van mijn lezing bescheiden. Daar stond wel tegenover dat de aanwezige studenten blijk gaven van een oprechte belangstelling in het onderwerp door een aantal relevante vragen te stellen.*

Mijn lezing met powerpoint-presentatie concentreerde zich na een algemene inleiding over bijna-doodervaringen op de paranormale aspecten van BDE's die niet in het materialistische mensbeeld passen. Samen met Anny Dirven en Rudolf Smit heb ik hier in 2013 een boek over samengesteld, getiteld *Wat een stervend brein niet kan*.

Eén van die paranormale verschijnselen betreft zoals bekend het optreden van bewuste ervaringen tijdens een hartstilstand. Bewustzijn tijdens een hartstilstand vormt een anomalie voor het materialisme, omdat er reeds binnen minder dan een halve minuut te weinig corticale hersenactiviteit overgebleven is om bewuste ervaringen mogelijk te maken. Ook al zou er in andere delen van het brein nog enige activiteit optreden, dit zou irrelevant zijn voor de verklaring van de BDE. Als er al (materialistisch beschouwd) bewustzijn mogelijk was met alleen minimale corticale activiteit, dan zou dit een sterk ingeperkte vorm van bewustzijn moeten zijn. Dit komt omdat de cortex algemeen verantwoordelijk geacht wordt voor de hogere cognitieve functies van de menselijke geest. Geen of een sterk gereduceerde corticale activiteit betekent dus dat er hoogstens wat gedachteloze, onsamenhangende indrukken beleefd kunnen worden. Zoals bekend komt dit niet overeen met de juist extra rijke en heldere bewuste beleving bij bijna-doodervaringen. Het is in dit opzicht voor mij nogal onbegrijpelijk waarom skeptici verwijzen naar (mogelijke) subcorticale activiteit als verklaring voor bewustzijn tijdens een hartstilstand.

Overigens heb ik als medische leek begrepen (bijvoorbeeld uit *Eindeloos bewustzijn* van dr. Pim van Lommel) dat bij een hartstilstand binnen een mum van tijd ook de neurologische activiteit ophoudt

in structuren die alleen voldoende zouden zijn voor
eenvoudige vormen van bewustzijn.

Vraag uit de zaal
Eén van de studenten stelde in dit verband een
relevante vraag, namelijk: "Er wordt tegenwoordig
steeds meer bekend over bewuste waarnemingen,
gevoelens en gedachten bij bepaalde comapatiënten.
Vormt dit fenomeen ook een anomalie voor het
materialisme of is het juist een bedreiging voor de
stelling dat bewustzijn tijdens een hartstilstand
materialistisch gezien volledig onverklaarbaar is?"
Met 'coma' werd in dit verband uiteraard alleen een
vegetatieve toestand bedoeld buiten een klinische
dood, dat wil zeggen zonder dat er sprake is van een
hartstilstand. Ik gaf direct toe dat ik onvoldoende op
de hoogte was van de casussen van coma waarbij
sprake is van een min of meer normale beleving
terwijl dit van buitenaf beschouwd onmogelijk werd
geacht. Gevallen van coma waarin er alleen
subcorticale activiteit optrad toen de patiënt bewuste
ervaringen onderging kunnen overigens alleen
relevant zijn voor casussen van BDE's waarin er ten
minste nog zulke subcorticale activiteit kan zijn. Voor
zover ik weet, geldt dit in elk geval niet voor BDE's
waarin het bewustzijn nog aanhoudt terwijl de
hartstilstand reeds langer dan enkele tientallen
seconden voortduurt. In dit opzicht is bewustzijn

tijdens een coma (zoals hier gedefinieerd) met subcorticale activiteit dus niet relevant voor BDE's tijdens een hartstilstand. Het vormt dus zeker ook geen bedreiging voor een anti-materialistische verklaring van zulke casussen.
Toch blijft het een interessante vraag hoe men in de reguliere neuropsychologie de aanwezigheid van bewustzijn bij comapatiënten verdisconteert. Het zou op zijn minst merkwaardig zijn als men in dit verband complexe vormen van bewustzijn toeschrijft aan neurologische activiteit buiten de hersenschors.

Beschikbare informatie
De online bronnen die ik over dit onderwerp heb geraadpleegd, blijken niet te gaan over comapatiënten die (buiten een hartstilstand) bewuste ervaringen hebben ondergaan terwijl hun cortex er helemaal mee opgehouden was. Sterker nog, het blijkt over het algemeen moeilijk om exact te bepalen wat voor een activiteit er op specifieke momenten aanwezig geweest kan zijn. Dit hangt hier mee samen dat een coma in veel gevallen omkeerbaar kan zijn. Het is dan dus een tijdelijke fase waarin neurologisch beschouwd weer verandering kan komen.
De 'wonderlijke' casussen van comapatiënten met bewustzijn vormen dan ook slechts een oppervlakkige parallel met bijna-doodervaringen tijdens een hartstilstand. De overeenkomst is dat medici bij beide

soorten gevallen verrast kunnen zijn dat de patiënt bewuste ervaringen heeft ondergaan. Het verschil is echter dat men bij de comapatiënten niet beweert dat er sprake is van een anomalie voor het heersende paradigma. Men stelt hoogstens dat schijn erg kan bedriegen en dat het bijzonder moeilijk kan zijn om relevante fysiologische signalen die samenhangen met bewustzijn op te merken. Bij BDE's tijdens een hartstilstand is er iets heel anders aan de hand. Daarbij weten artsen reeds wat de gevolgen van een hartstilstand voor het uitvallen van hersenactiviteit betekent. Het gaat dus niet om een methodisch meetprobleem, maar echt om een verschijnsel dat volstrekt onverenigbaar is met het dominante materialistische model.

Overigens heb ik de gangbare materialistische claim dat bewustzijn tijdens een coma veroorzaakt wordt door subcorticale activiteit niet teruggevonden. Het gaat in plaats daarvan om corticale restactiviteit of een opleving in de hersenschors zelf. Zo haalt auteur Edwin Oden neuroloog Albert Hijdra van het AMC aan:

"Het wakker worden uit coma is een geleidelijk proces dat enkele dagen kan duren. In die fase beginnen de hersengebieden her en der met opstarten. De droomachtige belevingen waar mensen het over hebben, treden waarschijnlijk dán op. Het is logisch dat ze zich heel veel belevingen herinneren, want je

kunt al enorm veel meemaken in een droom van dertig seconde."

Oden schrijft verder: "Dat vegetatieve patiënten nog wel basale functies hebben, zoals een slaap-waakritme en bepaalde reflexen, kan verwarrend zijn voor hun familie, weet neuroloog Hijdra. 'Zo'n patiënt lijkt wakker te zijn, om zich heen te kijken, en soms reageert hij op pijnprikkels met bewegingen of gezichtsuitdrukkingen. Je zou daardoor het idee kunnen krijgen dat hij bij kennis is. Maar daar is geen sprake van: als je hem aanspreekt volgt geen reactie, en er is evenmin oogcontact mogelijk. Voor een bewustzijn heb je echt een hersenschors nodig; een hersenstam alleen is daarvoor onvoldoende. "
Zelfs de Belgische onderzoeker Steven Laureys, bekend van zijn werk rond BDE's, blijkt het volgens dit artikel uitsluitend te hebben over activiteit in de hersenschors wanneer hij verwacht dat bepaalde comapatiënten een vorm van bewustzijn kunnen ervaren. Hij erkent overigens dat dit bewustzijn beperkter moet zijn naarmate er minder relevante activiteit in de hersenen optreedt.
De conclusie lijkt dan ook duidelijk: bewustzijn bij comapatiënten buiten de context van een hartstilstand vormt géén anomalie voor een materialistisch wereldbeeld zolang er daarbij nog sprake kan zijn van activiteit in de cortex. Zodra dat niet meer het geval is, komt de situatie feitelijk (in dit verband)

functioneel overeen met die van een patiënt met een hartstilstand. Dat wil zeggen dat menselijk bewustzijn materialistisch beschouwd niet meer mogelijk zou moeten zijn. Vooralsnog zijn mij geen casussen van dit type bekend, buiten het BDE-onderzoek wel te verstaan.

Referenties
– Lommel, P. (2007). *Eindeloos bewustzijn: een wetenschappelijke visie op de bijna-dood ervaring.* Kampen: Ten Have, 2007.
– Oden, E. (2012). Het brein in coma. *Psychologie Magazine*, januarinummer.
– Rivas, T., & Dirven, A. (2010). *Van en naar het Licht.* Leeuwarden: Elikser.
- Rivas, T., Dirven, A., & Smit, R. (2013). *Wat een stervend brein niet kan.* Leeuwarden: Elikser.

Dit artikel werd geplaatst in *Terugkeer 25(2)*, zomer 2014, blz. 20-21.

6. Na de dood

Kruiscorrespondenties: puzzels van gene zijde?

door Titus Rivas en Anny Dirven

Ook al blijft het onderwerp van een persoonlijk voortbestaan na de dood helaas nog steeds een taboe binnen de wetenschap, we mogen gerust spreken van een bloeitijd van het onderzoek op dit gebied. Zo worden er bijvoorbeeld op relatief grote schaal bijna-doodervaringen, reïncarnatieherinneringen, sterfbedvisioenen en spontane contacten met overledenen parapsychologisch onderzocht. Ook het thema experimenten met mediamieke communicatie, een van de voornaamste interesses van vroege parapsychologen rond de vorige eeuwwisseling, mag zich in een toenemende belangstelling verheugen.

Er is sprake van recente verschillende Amerikaanse en Engelse projecten waarbij de paranormale vermogens van mediums systematisch worden getest. Daarbij is volgens ons de conclusie van de eerste parapsychologische onderzoekers bevestigd dat zogeheten mentale mediums hoe dan ook over paranormale informatie kunnen beschikken. (Met 'mentaal' geeft men in dit verband aan dat het om geestelijke indrukken e.d. gaat, en niet om fysieke verschijnselen zoals tafeldansen of materialisaties.)

Bewijsmateriaal voor mediamieke communicatie
Zoals we reeds eerder geschreven hebben, zijn aanwijzingen voor de paranormale vermogens van mentale mediums nog niet meteen hetzelfde als bewijzen voor daadwerkelijk contact tussen die mediums en overledenen. Het is denkbaar dat mediums in feite een soort helderzienden oftewel paragnosten zijn die gespecialiseerd zijn in paranormale informatie over het aardse leven van mensen die reeds gestorven zijn. Zolang we geen specifieke reden hebben om aan te nemen dat de overledenen zelf een actieve rol spelen in de mediamieke prestaties, blijft dit een reële mogelijkheid. Mediums zouden in dat geval gebruik maken van telepathie en helderziendheid en daarin niet verschillen van andere paragnosten. Een helderziende die aan kan geven op welke locatie het lijk van een vermiste persoon zich precies bevindt, heeft daarmee niet bewezen dat die informatie per se van de vermiste zelf afkomstig moet zijn. Op een vergelijkbare manier bewijst het bestaan van paranormale indrukken over overledenen nog niet dat ze door die overledenen zelf opgewekt moeten zijn.

Als je wilt aantonen dat mediums echt contact kunnen leggen met de geesten van mensen die gestorven zijn, moet er meer aan de hand zijn dan alleen paranormale informatie. Bijvoorbeeld zo dat het medium niet uit was op de informatie over een specifieke overledene en ook geen contact had met zijn of haar nabestaanden. Dit fenomeen kennen we onder de Engelse naam "drop-in communicators" (DIC's) of "drop-ins". Het draait om onbekende overledenen die spontaan doorkomen bij een seance en daarbij genoeg paranormale gegevens verstrekken om verificatie van hun verhaal mogelijk te maken.

Verder kan de informatie van gene zijde verdeeld zijn over diverse mediums, als een soort puzzel dia meestal via automatisch schrift wordt doorgegeven. De boodschap wordt dan pas begrijpelijk door de puzzelstukjes met elkaar te combineren. Over dit verschijnsel willen we het hier hebben. Het staat bekend als kruiscorrespondenties, afgeleid van het Engelse woord *cross correspondences*.
Er wordt een onderscheid gemaakt tussen drie soorten correspondenties: (1) eenvoudige boodschappen waarbij verschillende mediums onafhankelijk van elkaar dezelfde opvallende woorden of zinnen produceren, (2) complexe boodschappen die op het eerste gezicht onbegrijpelijk zijn en veel interpretatie vergen, en (3) ideale boodschappen die uit echte 'puzzelstukjes' bestaan. In de literatuur over een voortbestaan heeft men meestal vooral de tweede en

derde categorie op het oog.

Netwerk van mediums
Een van de vroege serieuze onderzoekers naar de prestaties van spiritistische mediums was de Britse classicus Frederic W.H. Myers. Hij is nog steeds erg bekend onder parapsychologen, onder meer door zijn invloedrijke werk "Human Personality and its Survival of Bodily Death" (verkrijgbaar in diverse edities).
Myers was zich bewust van het onderscheid tussen paranormale informatie die op helderziendheid en telepathie kon berusten en paranormale informatie die werkelijk afkomstig was van overledenen. Van daaruit vroeg hij zich herhaaldelijk af aan welke criteria de laatste soort zou moeten voldoen. Na zijn dood in 1901 ontstonden er uitgebreide en complexe kruiscorrespondenties waar met name deze zelfde Myers achter leek te zitten. Zo werd er in de correspondenties bijvoorbeeld gerefereerd aan de mythologische rivier de Lethe. Daarbij werd bij het ene medium expliciet verwezen naar verzen in een boek van Ovidius en bij een ander medium naar verzen in een werk van Vergilius. Later kwamen er ook boodschappen van andere overleden Britse onderzoekers bij, zoals Henry Sidgwick en Ermund Gurney.
De kruiscorrespondenties bleven tot in de jaren 30

doorkomen bij een heel netwerk van soms wel twaalf mediums in drie verschillende werelddelen. Bekende namen in dit verband zijn Mrs. Piper, Mrs. Holland, Mrs. Verrall en Mrs. Willett. Niet alle mediums die hierbij betrokken werden, zagen overigens het nut van de doorgekomen boodschappen in. De fragmenten waren op zich namelijk altijd onbegrijpelijk voor ieder van de mediums afzonderlijk.

Zeker bij de latere correspondenties, letten onderzoekers er goed op dat de mediums zelf geen contact met elkaar opnamen over de boodschappen. De puzzelstukjes werden dus door onderzoekers met elkaar in verband gebracht, niet door de mediums zelf. Het duurde soms jaren om een puzzel compleet te maken. In totaal werden er zo'n 3000 pagina's tekst ontvangen. De boodschappen bevatten bovenal specialistische verwijzingen naar de klassieke literatuur uit de Oudheid, maar ook naar gedichten en persoonlijke ervaringen en interesses van de betrokken overledenen.

Overigens leken de correspondenties niet alleen gericht op het leveren van bewijzen voor een voortbestaan na de dood. Ze bevatten ook een soort handleiding voor het scheppen van een nieuwe wereldorde van vrede en gerechtigheid.

The Palm Sunday Case
Een van de bekendste kruiscorrespondenties werd pas

in 1960 gepubliceerd door de gravin van Balfour, onder de titel *The Palm Sunday Case*. Het ging om teksten die door verschillende mediums ontvangen waren door middel van automatisch schrift over specifieke gebeurtenissen in het privéleven van ene Arthur Balfour. Hij was een filosoof en politicus en een neef van de schrijfster van het latere verslag. De correspondenties kwamen al aan het begin van de 20e eeuw binnen, verdeeld over vijf mediums. Ze hadden betrekking op een overleden jonge geliefde van Arthur Balfour, Mary Catherine Lyttleton, roepnaam: May, die op palmzondag 1875 onverwacht gestorven was aan tyfus. Balfour had haar datzelfde jaar net ten huwelijk willen vragen maar ze overleed voordat hij daar de gelegenheid toe kreeg. Geen van de betrokken mediums wist iets van deze tragedie af. De kruiscorrespondenties mondden uiteindelijk uit in een vorm van trance mediumschap waarbij May rechtstreeks sprak door de mond van het medium Mrs. Willett en Balfour vertelde hoeveel ze van hem hield. De boodschappen omvatten onder meer indirecte, maar onmiskenbare verwijzingen naar een ring die Balfour in haar doodskist gestopt had, een kistje waarin hij een haarlok van May bewaarde, en de gegraveerde bloemen die op dat kistje te zien waren. May werd in de correspondenties onder andere aangeduid als de "palm maiden".
Daarnaast kwam er in dit geval ook nog een bizar

'plan' in de boodschappen (van overleden onderzoekers) voor om via een soort eugenetica een nieuwe voorhoede van spirituele leiders te scheppen. Dit betekent overigens niet dat de hele casus op fantasie of bedrog moet berusten, want helaas vierden eugenetische waangedachten destijds hoogtij. De betrokken overledenen kunnen daar gewoon aan vastgehouden hebben.

Verklaring van kruiscorrespondenties
Als men het in de parapsychologische literatuur over kruiscorrespondenties heeft, doelt men in wezen altijd op boodschappen die in fragmenten verdeeld ontvangen werden door mediums in de eerste drie decennia van de twintigste eeuw. Op zich is dit discutabel, want er zijn ook andere voorbeelden bekend van delen van mediamieke boodschappen die via verschillende mediums los van elkaar zijn ontvangen. Er zijn zelfs recente claims rond elektronische boodschappen van overledenen die als een soort kruiscorrespondenties doorgekomen zouden zijn. Voor de verklaring van het fenomeen doet dit er op zich niet zoveel toe, want alle mogelijke casussen vertonen grofweg hetzelfde grondpatroon.

De kracht van de complexe kruiscorrespondenties is meteen ook hun zwakte. Het is nodig om fragmenten van een boodschap verdeeld over diverse mediums inhoudelijk en qua vorm met elkaar in verband te brengen. Dit lijkt zoals gezegd op het oplossen van een soort legpuzzel, maar dan wel zonder gedrukt voorbeeld erbij. Het is dus denkbaar dat de eenheid die men tussen de boodschappen onderling meent te zien niet overeenkomt met de oorspronkelijke bedoeling van de overledenen in kwestie. Toch gaat het waarschijnlijk te ver om te stellen dat elk vastgesteld patroon alleen maar willekeurig is.

Een volgend probleem is dat de boodschappen doorgaans alleen door specialisten op waarde geschat kunnen worden. Dit maakt de kruiscorrespondenties minder geschikt als bewijsmateriaal voor mensen die niet over de benodigde specialistische kennis beschikken.

Maar als we nu eens aannemen dat sommige kruiscorrespondenties inderdaad goed geïnterpreteerd zijn, dan moeten we ons afvragen wie er de bron van vormt. Daarbij is het heel belangrijk dat geen van de betrokken mediums over de expertise beschikt die nodig is om de gebruikte verwijzingen en symboliek zelf te kunnen plaatsen. Van het medium Mrs. Verrall is bijvoorbeeld bekend dat ze klassieke talen had gestudeerd en daarin zelfs les had gegeven. Het is daarom niet verwonderlijk dat sommige parapsychologische auteurs haar hebben aangewezen als de onbewuste telepathische bron van bepaalde correspondenties. Wanneer Verrall onderdeel uitmaakte van het mediamieke netwerk, maakt dit de stelling dat de verwijzingen zelf alleen van de overleden Myers afkomstig zijn dus een stuk zwakker.

Xenoglossie
Stel nu echter dat er een duidelijk verband tussen de boodschappen lijkt te zijn en dit gevonden verband ook duidelijk is voor niet-specialisten, zonder dat het onbewust afkomstig kan zijn van een van de mediums. In dat geval lijkt het inderdaad voor de hand te liggen dat de correspondenties afkomstig zijn van overledenen. In dit opzicht lijken kruiscorrespondenties op paranormale vaardigheden zoals xenoglossie, het spreken van een vreemde taal zonder dat het medium die taal ooit geleerd heeft. Voor vaardigheden heb je niet alleen informatie nodig – dat zou op zich nog verklaarbaar zijn door helderziendheid of telepathie van het medium – maar meestal ook een langdurige oefening of training.

Sinds de jaren 30 zijn gevallen van dit type zeldzaam geworden. Er is onder hedendaagse onderzoekers van een voortbestaan ook relatief weinig aandacht voor. Dit heeft waarschijnlijk te maken met het feit dat kruiscorrespondenties erg omslachtig en complex zijn. Er bestaan eenvoudigere manieren om de realiteit van een leven na de dood en communicatie met overledenen parapsychologisch aan te tonen. Dit neemt niet weg dat we waardering mogen hebben voor alle inspanningen van vroege onderzoekers en de mediums die met hen samenwerkten.

Literatuur
– Bosga, D. (1986). *Een broertje dood aan spiritisme.* Deventer: Ankh-Hermes.
– Braude, S.E. (2003). *Immortal remains: the evidence for life after death.* Rowman & Littlefield Publishers.
– Fontana, D. (2004). *Is there an afterlife?* Deershot Lodge, Park Lane, Ropley, Hants: O Books.
– Gauld, A. (1982). *Mediumship and survival: a century of investigations.* Londen: Paladin.
– Jacobson, N.O. (1990). *Leven de doden?* Utrecht: Aura (Het Spectrum).
– Rivas, T. (2003). *Uit het leven gegrepen: beschouwingen over een leven na de dood.* Delft: Koopman & Kraaijenbrink.
– Rivas, T. (2008). Wie is daar? Parapsychologische controverses rond mediumschap. *Prana, 8,* 165, 12-23.
- Roy, A. (2008). *The Eager Dead.* New Road: The Book Guild.
– Saltmarsh, H. F. (1938). *Evidence of Personal Survival from Cross-Correspondences.* London: Bell.
– Schwartz, G.E. (2002). *The Afterlife Experiments.* Atria.

- Thouless, R. (1972). *From Anecdote to Experiment in Psychical Research*. London: Routledge and Kegan Paul.
- Tenhaeff, W.H.C. (1965). *Het spiritisme*. Den Haag: Leopold.

Dit artikel werd gepubliceerd in *Paraview*, jaargang 18, nummer 1, februari 2015, blz. 12-15.

Spontane ervaringen rond het moment van overlijden

door Titus Rivas en Anny Dirven

Er is de laatste jaren een groeiende belangstelling merkbaar voor paranormale ervaringen rond het moment waarop iemand overlijdt. Dit soort ervaringen vormt een continuüm met bijna-doodervaringen enerzijds en communicatie met overledenen die al langer geleden gestorven zijn anderzijds. Met een moeilijk woord heten ze ook wel 'perimortale' ervaringen, afgeleid van het Griekse voorzetsel peri (rondom) en het Latijnse woord mors (dood).

Een Nederlandse onderzoekster die zich de laatste jaren laat gelden op dit gebied is Marianne Lensink. Ze heeft er inmiddels twee boeken over geschreven. Lensink staat in een lange onderzoekstraditie die onder meer teruggaat tot de eerste Britse parapsychologen van de Society for Psychical Research, de vroege Italiaanse auteur Ernesto Bozzano en de Franse astronoom Camille Flammarion. In Amerika is onlangs overigens een invloedrijk boek van Bill en Judy Guggenheim verschenen over alle soorten van spontaan contact na de dood. Dit werk is in het Nederlands vertaald als "Tekenen van Geluk".

Perimortale ervaringen doen zich in allerlei vormen voor. Ze kunnen beelden, geluiden, gevoelens en gedachten omvatten, maar ook fysieke verschijnselen zoals klokken die plotseling stilstaan, het verplaatsen van voorwerpen en het horen van iemands karakteristieke voetstappen. Bovendien kunnen ze zich voordoen terwijl we waken, maar ook in dromen of veranderde bewustzijnstoestanden.

Aan het sterfbed
Het ligt aan je definitie of je sterfbedvisioenen rekent tot de categorie van perimortale ervaringen. Als je ze opvat als ervaringen van derden, d.w.z. de nabestaanden, dan vallen ze er niet onder. Althans niet wanneer het om visioenen van een stervende zelf gaat.

Er zijn echter ook gedeelde of 'empathische' sterfbedvisioenen waarbij de nabestaande een paranormale ervaring krijgt die samenhangt met de overgang naar een andere wereld. Hij of zij kan bijvoorbeeld 'hemelse' muziek gaan horen. Maar ook neemt men soms waar hoe de ziel van de stervende het lichaam verlaat op weg naar een geestelijke werkelijkheid.
Een recent voorbeeld uit Nederland betreft een

ervaring van G.W. Jansen:
"Toen mijn moeder overleed in een ziekenhuis, werd ik door de zuster, het was midden in de nacht, gezegd dat ik in een wachtruimte moest gaan wachten, omdat ik overstuur was. Ik zat daar alleen en hoorde ongelooflijk mooie muziek: zingende koren. Op een gegeven moment 'zag' ik dat mijn moeder gehaald werd door twee engelen; ze brachten haar naar boven. Ze hadden haar onder haar oksels vast. Ik wist toen dat ze overleden was en ik hoorde de muziek niet meer. Een paar minuten later kwamen mijn tantes zuster en vader mij zeggen dat ze was overleden. Maar ik wist het al. Ik was nooit met paranormale zaken bezig en geloofde er eigenlijk helemaal niet in. Ik dacht dat iedereen die daarin geloofde gek was."

Kim Sheridan vermeldt een geval rond een huisdier. Ene Karen Young nam tijdens het overlijden va haar kat Strawberry Shortcake waar hoe deze geestelijk haar lichaam verliet. Karen zag hoe twee glimlachende mensen een deur openden "met daarachter zonlicht en veel activiteit". Strawberry Shortcake ging hier doorheen nadat ze eerst nog even had omgekeken naar haar dode lichaam.

Ook zijn er gevallen bekend waarin nabestaanden aan het sterfbed vreemde lichtverschijnselen zagen, een fenomeen dat ook wel bekend staat als "necrotisch

licht". Een hedendaags voorbeeld uit de collectie van de bekende onderzoeker Peter Fenwick, afkomstig van een weduwe:
"Plotseling verscheen er een bijzonder schitterend licht uit de borst van mijn man, en terwijl dit licht opsteeg, waren er de prachtigste muziek en zingende stemmen te horen. Mijn eigen borst leek vervuld te worden van een oneindige vreugde en het leek alsof mijn hart ook opsteeg om zich bij dat licht en die muziek te voegen. Opeens voelde ik een hand op mijn schouder en een verpleegkundige zei: 'Het spijt me, schat. Hij is zojuist overleden.' Ik verloor het licht en de muziek uit het oog en voelde me zo ellendig, omdat ik achter moest blijven."

Verschijning van levenden
Stervenden kunnen wanneer ze buiten bewustzijn zijn klaarblijkelijk hun lichaam verlaten en zich aan anderen laten zien in de vorm van een soort geestverschijningen. Dit wordt in de serieuze parapsychologische literatuur meer dan eens genoemd als argument voor de stelling dat ook verschijningen die lang na iemands dood plaatsvinden echt een manifestatie van die persoon kunnen zijn.

Een voorbeeld wordt gegeven door Camille Flammarion. Het draait om een jonge Engelse vrouw die tijdens een reis van India naar Engeland zeer ernstig ziek werd. Ze verlangde er hevig naar haar kinderen terug te zien. "In de ochtend van de dag waarop haar schip de reis naar Europa had hervat, viel de jonge vrouw in een diepe slaap. Gedurende haar urenlange slaap bleef zij heel kalm en rustig liggen. 's Middags echter ontwaakte zij opeens en roep uit: "Ik heb ze toch gezien...! Ik heb ze gezien! God zij geprezen!" Zij viel weer in slaap tot het avond werd en toen stierf ze.

De kinderen van deze stervende vrouw genoten hun opvoeding in Torquay, onder toezicht van een vriend van hun ouders. Die dag speelden zij, vermaakten zich met hun speelgoed en hun boeken onder toezicht van een kinderjuffrouw, die hun ouders nooit gezien had. Opeens kwam hun moeder, zoals zij vroeger gewoonlijk deed, de kamer binnen, bleef stilstaan, keek enige ogenblikken glimlachend naar elk van de kinderen, ging toen naar het aangrenzende vertrek en verdween. De drie oudsten herkenden haar onmiddellijk en waren zeer ontroerd door de zwijgende verschijning. De jongste en de kinderjuffrouw zagen een in het wit geklede dame het kleinste vertrek binnenkomen en meteen weer verdwijnen. De datum van deze verschijning werd zorgvuldig opgetekend en later werd geconstateerd dat beide gebeurtenissen op hetzelfde moment plaatsvonden."

Indrukken over het overlijden zelf
Veel perimortale ervaringen vinden niet aan het sterfbed plaats en de nabestaande was zich er vaak niet eens van bewust dat de persoon in kwestie stervende was. Dat geldt natuurlijk vooral voor gevallen waarin men de dood niet zag aankomen, bijvoorbeeld bij een dodelijk ongeluk of moord, maar ook bij hartaanvallen. De perimortale ervaringen kunnen in dit geval uiteenlopen van een aangrijpend gevoel dat er iets ergs gebeurd is tot een visioen van de omstandigheden waaronder een specifieke persoon gestorven is en zelfs tot een geestverschijning waarbij men direct contact kan hebben met de overledene.

Een Amerikaanse vrouw kreeg een visioen van haar vader die tegen haar sprak: "Het is goed, lieverd. Het is hier mooi, dus maak je geen zorgen." Hij lachte en voegde eraan toe: "Nu hoef ik niet te betalen voor al die meubels die je moeder en je zus hebben gekocht." Minuten later kreeg deze vrouw een telefoontje dat haar vader onverwachts aan een hartaanval was overleden. En niet lang daarna ontving ze een brief van haar moeder die haar vertelde dat zij en haar zus een huis vol meubels hadden gekocht, vlak voordat haar vader overleed.

In een ouder geval, opnieuw van Flammarion, ervoer een Française plotseling een zachte aanraking als van de vleugels van een onzichtbare vogel en ze hoorde duidelijk zeggen: "Vaarwel, Rosalie!" Zij herkende de stem van haar vriendin Emilie en vertelde haar moeder snikkend dat ze dacht dat haar vriendin afscheid van haar had genomen. Haar moeder wilde haar overtuigen dat het enkel om gezichtsbedrog ging. "Maar meteen daarop kwam er iemand aanlopen om mede te delen dat Emilie, plotseling, zonder dat iets het naderende einde deed vermoeden, overleden was.

Ook dieren kunnen geestelijk afscheid komen nemen op het moment van hun overlijden, zoals blijkt uit het geval van Dasiy van Kim Sheridan. Daisy was een waakhond die bijna altijd aan de ketting lag en ernstig verwaarloosd was. Toen haar eigenaar op reis ging, vroeg hij ene Regina Fetrat om een tijdje op Daisy te passen. Regina deed haar in bad en bezorgde haar allerlei leuke ervaringen. Jaren later, toen Regina allang geen contact meer met Daisy of haar baas had, droomde ze dat de hond haar bedankte voor die bijzondere tijd. Een week later voelde Regina de drang om haar eigenaar te bellen. Die vertelde de vrouw dat Daisy de week ervoor was gestorven.

Indrukken kort na de dood
Ook nog enige tijd na het overlijden kun je spreken van perimortale ervaringen, hoewel de scheidslijn soms moeilijk te trekken is. In ieder geval heeft het

weinig zin om bij een contact dat pas tien jaar na iemands dood optreedt nog te spreken van een ervaring 'rondom' diens overlijden. Het kan daarbij overigens nog steeds om exact dezelfde verschijnselen gaan als wanneer de persoon in kwestie kort daarvoor is overgegaan. Het eerste boek van Marianne Lensink gaat over dit soort verschijnselen na het overlijden van een partner.

De contacten kort na de dood kunnen onder andere gericht zijn op het troosten van de nabestaanden en natuurlijk op het uiten van liefde of vriendschap. Een overledene kan zich na zijn dood ook aan meerdere nabestaanden afzonderlijk laten zien, zonder dat zij dit op dat moment van elkaar weten.
In sommige gevallen gaat het vooral om het nakomen van een 'pact', waarbij men soms jaren van tevoren met iemand heeft afgesproken om de ander een teken van leven te geven kort na de dood. De belofte kan bijvoorbeeld worden ingelost door een verschijning of door fysieke verschijnselen of natuurlijk door allebei.

Vaak hebben vreemde 'toevalligheden' die nabestaanden meemaken een duidelijke symbolische lading. Zo is er een geval van een vrouw uit Texas die graag gecremeerd wilde worden zodat haar as na afloop uitgestrooid kon worden over een kerkhof en zo kon dienen als voeding voor wilde bloemen. Na haar dood was het toevallig zo droog in Texas dat het ernaar uit zag dat er die lente geen bloemen zouden bloeien. Maar in maart dat jaar bleek uitgerekend het gedeelte waarover as was uitgestrooid helemaal bedekt te zijn met blauwe wilde bloemetjes. Haar man herkende de bloemen niet en nam er een paar mee naar huis. Een vriend van hem identificeerde ze als vergeet-me-nietjes.

Troostrijk
Perimortale ervaringen vormen een bevestiging dat men er nog steeds is na de dood, en ook dat er juist rond de overgang naar een spirituele dimensie behoefte bestaat om de achterblijvers een troostrijk teken van leven te geven. Geen wonder dat dit soort ervaringen door velen gekoesterd wordt en het is te hopen dat er nog veel meer gevallen gedocumenteerd zullen worden.

Dit artikel werd gepubliceerd in *Paraview*, jaargang 11, nummer 1, februari 2007, blz. 18-19.

Een intersubjectieve geestelijke wereld

door Titus Rivas en Anny Dirven

Hallucinaties zijn waarnemingen van dingen die er niet zijn. Typerend voor een hallucinatie is dat alleen de persoon zelf iets waarneemt; de beleving is dus zuiver subjectief. Hallucinaties verschillen van illusies doordat de waarneming bij illusies wel berust op externe prikkels, maar die prikkels alleen verkeerd worden opgevat. Bij hallucinaties wordt de waarnemingen door de psyche zelf opgewekt. Ze lijken in dat opzicht dus op droombeelden. Overigens bestaan er ook massa-hallucinaties, namelijk wanneer een groep mensen gezamenlijk een hallucinatie lijkt te beleven. Je zou misschien denken dat zulke massale hallucinaties toch een basis in de buitenwereld moeten hebben. Hoe kunnen al die mensen anders allemaal 'hetzelfde' zien, horen of ruiken? Alleen verschillen zulke massa-hallucinaties natuurlijk wel van gewone waarnemingen doordat er in feite niets (uitwendigs) waar te nemen valt. Bovendien heeft iedere persoon binnen de menigte in kwestie zijn of haar eigen hallucinaties, vergelijkbaar met wanneer je een groep gezamenlijke meditatieoefeningen laat doen en daarbij de opdracht geeft om een boom te visualiseren. Als het lukt, ziet iedereen weliswaar een boom voor zich, maar het gaat bij elke deelnemer hoe dan ook weer om een ándere boom.

Volgens materialisten zijn beelden van een geestelijke werkelijkheid, hiervoormaals of hiernamaals in feite een soort hallucinaties of – wanneer de persoon in kwestie bewusteloos lijkt – droombeelden. Er is in hun optiek namelijk, buiten ieders persoonlijke beleving, domweg geen andere externe realiteit dan de fysieke wereld van alledag. Een spirituele dimensie kun je dus ook niet echt buiten jou waarnemen, omdat ze los van je voorstellingen ervan nu eenmaal niet bestaat.

Persoonlijke ervaringen
Wanneer we het materialisme verwerpen, wordt de vraag naar de waarneming van een geestelijke werkelijkheid natuurlijk wel relevant. Eigenlijk kunnen alleen materialisten deze vraag als onzinnig aan de kant schuiven.

Nu hebben mensen al duizenden jaren visioenen, dromen en uittredingen gemeld waarbij ze een spirituele wereld zouden hebben waargenomen. Dit is de wereld waarin zielen na hun dood verblijven tot ze eventueel weer reïncarneren. Het lijdt geen twijfel dat talloze mensen ervaringen hebben gehad die betrekking hebben op die geestelijke werkelijkheid.

Ook als het hun moeite kost de juiste woorden te vinden om hun ervaringen te beschrijven, is er geen reden om te twijfelen aan het bestaan van die ervaringen zelf. Een herinnering aan een bijna-doodervaring zou in bepaalde gevallen misschien nog kunnen berusten op een soort droombeelden of onbewuste projecties waarbij de ziel het lichaam niet eens verlaten heeft. Maar er zijn hoe dan ook ervaringen die optreden terwijl de hersenactiviteit stilgelegd is en dus niet meer verantwoordelijk kan zijn voor zulke ervaringen. Dit geldt met name voor bijna-doodervaringen tijdens een vlak EEG waarbij de patiënt eerst specifieke gebeurtenissen in de fysieke wereld (correct) waarneemt, en later ook een spirituele realiteit binnentreedt.

'Actual-Death Experiences'
Dergelijke ervaringen worden niet ondersteund door de activiteit van het brein en ze worden daarom bijvoorbeeld door onderzoeker Sam Parnia 'Actual-Death Experiences' genoemd. Volgens Parnia gaat het niet om wat de patiënt beleeft als hij of zij de dood nadert, maar om ervaringen tijdens een toestand die men moet aanduiden als 'dood zijn'. Medisch gezien verschilt een klinische dood voornamelijk van een onomkeerbare, definitieve dood doordat iemand die

klinisch dood is nog tot leven kan worden gewekt. Maar in feite zijn het volgens Parnia fasen binnen dezelfde toestand van 'dood zijn' en dus niet alleen binnen het stervensproces. Als we hiervan uitgaan, mogen we verwachten dat de spirituele werkelijkheid die iemand gedurende een bijna-doodervaring beleeft niet wezenlijk zal verschillen van de spirituele werkelijkheid die een overledene tegen zal komen.

Iets dergelijks geldt ook voor herinneringen aan een geestelijk voorbestaan bij jonge kinderen. Sommige peuters en kleuters hebben levendige herinneringen aan een andere wereld van waaruit ze zijn 'afgedaald' naar de aarde. Net als in het geval van bijna-doodervaringen kunnen hun herinneringen ook waarnemingen van deze fysieke wereld omvatten. Ze hebben dan bijvoorbeeld als geestelijk wezen gezien hoe hun ouders elkaar ontmoet hebben en hoe ze er destijds uitzagen.

Overeenkomsten tussen ervaringen
Men kan bijna-doodervaringen tijdens een hartstilstand en herinneringen aan een spiritueel voorbestaan bij jonge kinderen onderzoeken op overeenkomsten. Als elke ervaring weer totaal anders blijkt te zijn, dan is het denkbaar dat ervaringen in een buitenlichamelijke toestand uiteindelijk toch neerkomen op een soort privédromen of projecties.

Maar indien er sterke overeenkomsten zijn bijna-doodervaringen onderling, tussen afzonderlijke preëxistentie-herinneringen en tussen bijna-doodervaringen en preëxistentie-ervaringen, wijst dat op zijn minst op een gemeenschappelijke oorsprong.

Uit onderzoek blijkt inderdaad dat er grote overeenkomsten aangewezen kunnen worden. Over het algemeen mogen we bijvoorbeeld stellen dat er sprake is van een prachtige, bovenaards aandoende werkelijkheid. Er zijn hogere wezens die de persoon ondersteunen, helpen of adviseren. Er kan telepathische communicatie plaatsvinden met mensen of dieren die men tijdens een aards leven heeft gekend. Men kan terugblikken op een aards leven om daar iets van op te steken. Algemener lijkt de specifieke vorm waarin de andere wereld zich manifesteert aangepast te zijn aan de persoonlijkheid en opvattingen van de betrokkene. Een hoger wezen of gids kan zich bijvoorbeeld tegenover een christen presenteren als een traditionele engel of Jezus Christus, terwijl een hindoe bijvoorbeeld een god of godin kan waarnemen. Vervolgens kan er een voorbereiding zijn op een fysiek leven, waarbij men terugkeert naar het lichaam dat men al had of afdaalt naar een nieuw lichaam.
Dergelijke overeenkomsten zijn zo opvallend dat we mogen concluderen dat de spirituele werkelijkheid die

men ervaart een zogeheten intersubjectieve werkelijkheid moet zijn. Met andere woorden: een werkelijkheid die door meer dan één persoon subjectief beleefd wordt.

We merken eerlijkheidshalve op dat er ook wel negatieve bijna-doodervaringen bestaan, maar volgens Parnia is het de vraag of die ervaringen werkelijk tijdens een klinische dood optreden of misschien eerder een soort koortsdromen zijn. Het is volgens ons echter denkbaar dat negatieve elementen daadwerkelijk kunnen voorkomen in de andere wereld, namelijk als aanpassing aan negatieve verwachtingen (bijvoorbeeld over hel en verdoemenis).

Per saldo lijkt het erop dat ervaringen van een andere wereld enerzijds doen denken aan dromen, omdat ze sterk gekleurd kunnen worden door de inhoud van onze eigen geest. Anderzijds vertonen ze ook gedeelde kenmerken, waardoor ze lijken op waarnemingen binnen deze materiële werkelijkheid. De andere wereld is dus minder 'stoffelijk' dan deze wereld en richt zich meer naar de inhoud van de psyche, maar het is naar alle waarschijnlijkheid wel een *gedeelde* werkelijkheid. We delen haar met anderen die er vergelijkbare ervaringen mee kunnen opdoen.

Bijna-doodervaringen en preëxistentie-ervaringen vormen trouwens niet de enige soorten ervaringen die je op dit punt met elkaar kunt vergelijken. Je kunt bijvoorbeeld ook kijken naar overeenkomsten met bewuste uittredingen (buiten een levensbedreigende situatie) of mediamieke boodschappen van overledenen over de realiteit waarin ze sinds hun overlijden vertoeven. Bijna-doodervaringen en preëxistentie-ervaringen zijn volgens ons, vanuit het aardse perspectief gezien, echter wel de betrouwbaarste bronnen van informatie over een geestelijke realiteit. Bij gewone uittredingen (buiten een bijna-doodervaring) kan er bijvoorbeeld nog sprake zijn van een soort lucide dromen en bij mediamieke boodschappen kan het soms gaan om onbewuste fantasieën.

Gedeelde ervaringen
Wanneer we kijken naar bijna-doodervaringen, preëxistentie-ervaringen en de opmerkelijke overeenkomsten daartussen mogen we zoals gezegd concluderen dat de geestelijke wereld een gedeelde, intersubjectieve realiteit is en dus niet slechts een privé-droom. Dit maakt het ook mogelijk om te veronderstellen dat we in de andere wereld concrete ervaringen kunnen delen met andere geestelijke wezens.

Er blijkt bewijsmateriaal voor deze mogelijkheid te bestaan. Namelijk in de vorm van zogeheten *shared death experiences* (gedeelde dood-ervaringen) waarbij iemand een glimp opvangt van de spirituele wereld die waargenomen wordt door een familielid of vriend, terwijl deze stervende of klinisch dood is. Raymond Moody heeft hier het mooie boek *Een blik in de eeuwigheid* over gepubliceerd. Een moeder onderging bijvoorbeeld een soort terugblik op het leven van haar overleden zoon waardoor ze later vrienden van hem en plaatsen waar hij geweest was wist te herkennen. In een ander geval zagen de volwassen kinderen van een patiënte hoe haar ziel haar lichaam verliet en door een soort poort ging. Stichting Athanasia heeft zelf ook een aantal ervaringen op dit gebied onderzocht. Ze worden beschreven in ons boek *Van en naar het Licht*.

Mensen kunnen ook de ervaringen van overleden dieren telepathisch meebeleven. Kim Sheridan vermeldt enkele casussen van dit type. Bijvoorbeeld een geval waarin iemand een terugblik op het leven van een paard te zien krijgt en de casus van iemand die zag hoe haar overleden kat welkom werd geheten in een wereld van Licht.

Dit type ervaringen toont aan dat het in de andere wereld mogelijk blijft om contact te houden met geliefden. Men zit dus niet 'opgesloten' in een volledig afgeschermd, eigen stukje geestelijke werkelijkheid maar kan desgewenst ook dingen delen met anderen.

Contacten met overledenen
Dit blijkt tevens uit het contact met overledenen dat sommigen tijdens een bijna-doodervaring of preëxistentie-ervaring ten deel valt. Het verschijnsel komt overigens ook voor bij gedeelde doodervaringen waarbij naaste betrokkenen bijvoorbeeld kunnen zien hoe een geest met een specifiek uiterlijk de patiënt komt ophalen. Na afloop blijkt dan dat het uiterlijk van de geest exact overeenkomt met dat van een geliefde overledene die de nabestaande in kwestie zelf nog niet kende.

Een voorbeeld van een bijna-doodervaring met contact met een overledene:
De kleuter Andrew had tijdens zijn BDE een 'zwevende dame' gezien die hem mee naar boven nam. Een tijdje later liet zijn moeder hem een oude foto van haar eigen moeder zien toen deze haar huidige leeftijd had. Andrew zei: "Dat is ze, dat is die dame."

Een voorbeeld van een preëxistentie-ervaring:
De driejarige Johnny vroeg op een dag plotseling of zijn moeder hem een verhaaltje over 'Opa Robert' wilde vertellen. Zijn moeder was hier erg verbaasd

over, want ze had hem nooit eerder over Opa Robert, een van haar eigen opa's, verteld en de man was al voor haar trouwen overleden. Ze vroeg hoe hij wist dat er een Opa Robert had bestaan. Johnny antwoordde op eerbiedige toon: "Nou mamma, hij was degene die me naar de aarde gebracht heeft."

Dit soort ervaringen geeft volgens ons aan dat men in de andere wereld actief banden kan onderhouden en bij anderen betrokken kan blijven. Er is niet slechts sprake van incidentele telepathische indrukken van de ervaringen van anderen, maar ook van bewuste communicatie met wezens die je lief zijn.

Literatuur
– Hinze, E. (2006). *We lived in heaven: Spiritual accounts of souls coming to earth.* Spring Creek.
– Moody, R., & Perry, P. (2010). *Een blik in de eeuwigheid.* Bruna.
– Parnia, S., & Young, J. (2013). *Erasing Death: The Science That Is Rewriting the Boundaries Between Life and Death.* HarperOne.
– Rawat, K.S., & Rivas, T. (2005). The Life Beyond: Through the eyes of Children who Claim to Remember Previous Lives. *Journal of Religion and Psychical Research, 28,* 3, 126-136.
– Rivas, T. (2010). Herinneringen aan een geestelijk bestaan voor de conceptie. *Reflectie, Tijdschrift voor*

Religie en Spiritualiteit, *1*, 7, voorjaar, 20-22.
– Rivas, T. (2013). *Uit het leven gegrepen* (derde druk). Lulu.com.
– Rivas, T., & Dirven. A. (2010). *Van en naar het Licht*. Leeuwarden: Elikser.
– Sharma, P., & Tucker, J.B. (2004). Cases of the Reincarnation Type with Memories from the Intermission Between Lives. *Journal of Near-Death Studies*, *23* (2), 101-118.
– Sheridan, K. (2004). *Animals and the Afterlife*. Escondido: EnLighthouse Publishing.

Dit artikel werd gepubliceerd in *Paraview*, jaargang 17, nummer 3, augustus 2013, blz. 12-15.

Dieren en geestverschijningen

door Titus Rivas en Anny Dirven

Van de aardse wezens bezit alleen de mens een onsterfelijke ziel, zo stellen de christenfundamentalisten. Om die reden proberen ze de psyche van dieren volledig te herleiden tot hun fysieke brein. Anders dan mensen zouden dieren bijvoorbeeld niet in staat zijn tot abstract denken of creativiteit. Ze zouden zelfs geen enkel zelfbesef hebben en volledig worden geregeerd door biologische mechanismen zoals instincten. Deze visie is niet houdbaar.

Dierlijke spoken, bestaan ze?
Gelukkig beseffen geleerden in toenemende mate dat dieren veel meer zijn dan complexe biologische machines. Ook in de parapsychologie is het van belang om dieren primair als geestelijke wezens met een lichaam te beschouwen. Dit heeft bijvoorbeeld implicaties voor een vraagstuk als communicatie met overleden dieren.

Net als mensen
Wij mensen zijn zelf natuurlijk ook dieren en wanneer

zelfs mensapen - onze evolutionaire neven – niet verder leven na hun dood, is het uiterst onwaarschijnlijk dat dit wel voor ons geldt. Andersom vormen aanwijzingen voor een persoonlijk voortbestaan bij mensen een goed argument voor de hypothese dat er ook voor dieren een hiernamaals bestaat. Er is bovendien concreet parapsychologisch bewijsmateriaal dat voor die hypothese pleit. Bijvoorbeeld in de vorm van geestverschijningen. Ook al houden westerse ouders hun kinderen al eeuwenlang voor dat geesten niet bestaan, westerlingen zijn altijd ervaringen met spookverschijningen blijven melden. Vaak gaat het daarbij alleen om overleden mensen, soms om mensen die begeleid worden door een dier (bijvoorbeeld spookachtige ruiters te paard) en in een aanzienlijk aantal gevallen juist alleen om dieren. Een 19e-eeuws enquêteonderzoek naar 'hallucinaties' van de Britse parapsychologische vereniging SPR (Society for Psychical Research) telde 25 ervaringen met geestverschijningen van dieren. Het ging vooral om huisdieren zoals katten, honden, een konijn en een paard. In drie van deze gevallen kon men vaststellen bij welk overleden huisdier de verschijning hoorde. We dienen trouwens niet alle verslagen op dit gebied even serieus te nemen. Er bestaan bijvoorbeeld volksverhalen over monsterlijke of zelfs demonische spookdieren. Zoals reusachtige en agressieve zwarte honden die uit het niets opdoemen en zeer angstaanjagend zijn. Onderzoekers denken dat zulke verhalen mogelijk teruggaan tot de prehistorie toen men bijvoorbeeld geloofde in totemdieren of dierlijke beschermgoden. Ze hebben waarschijnlijk weinig te maken met authentieke geestverschijningen.

Plaatsgebonden filmpjes
Volgens diverse auteurs zijn bepaalde typen geestverschijningen van mensen niet zozeer manifestaties van overledenen, maar eerder een soort "video-opnames" die gekoppeld zijn geraakt aan een bepaalde plek vanwege de heftige, emotionele dingen die daar zijn gebeurd. Het zijn volgens hen dus geen echte geesten maar een soort onbezielde echo's uit het verleden, waarmee je verder geen contact kunt leggen. De handelingen die de verschijningen verrichten zijn steeds hetzelfde en komen overeen met historische gebeurtenissen. Er is dus geen wisselwerking met degene die de 'spoken' waarneemt en ook geen signalen dat de verschijning contact wil maken met levenden. Klassieke voorbeelden van dit fenomeen zouden bijvoorbeeld te vinden zijn bij slagvelden en andere plaatsen waar iemand gewelddadig om het leven is gekomen. In het geval van plaatsgebonden verschijningen van dieren gaat het bijvoorbeeld om paarden die tijdens een oorlog gebruikt werden door de cavalerie (tijdens de Eerste Wereldoorlog kwamen

er bijvoorbeeld alleen aan Britse zijde bijna een half miljoen paarden om). Er is bijvoorbeeld te zien hoe paarden op de vijand afstormen of sneuvelen tijdens een veldslag. Overigens is er wel een alternatieve theorie mogelijk voor plaatsgebonden verschijningen. Men stelt doorgaans dat het niet om echte geesten kan gaan omdat de verschijningen zich stereotiep gedragen en niet communiceren met de mensen die hen te zien krijgen. Dat zou inderdaad kunnen wijzen op een soort herhaling van beladen beelden van vroeger, maar eventueel ook om een soort posttraumatisch verschijnsel. Een overledene zou zo getraumatiseerd kunnen zijn door de gewelddadige omstandigheden van zijn of haar dood, dat die omstandigheden steeds weer voor de geest gehaald worden. In dat geval gaat het wel om indringende beelden uit het verleden, maar dan binnen de geest van de overledene zelf. De waarnemer kan vervolgens via telepathisch contact met de overledene deelgenoot worden van diens herinneringen. Of misschien worden de traumatische beelden wel via psychokinese op de buitenwereld geprojecteerd zodat ze ook fysiek waarneembaar worden voor anderen. Zelfs het gebrek aan initiatief om in contact te treden met levenden is goed verklaarbaar vanuit een hypothese dat het om getraumatiseerde overledenen gaat die grotendeels in beslag worden genomen door hun trauma's. Deze hypothese is uiteraard ook toepasbaar op dierlijke geestverschijningen.

Overleden dieren
De hypothese dat spookverschijningen slechts een soort onbezielde beelden uit het verleden zijn die zich hebben vastgehecht aan specifieke locaties kan ook worden ingezet om verschijningen van huisdieren te verklaren. Rosemary Ellen Guiley schrijft bijvoorbeeld dat het in bepaalde gevallen zou kunnen gaan om beelden van vroeger die bewaard gebleven zijn omdat hun baasjes veel van die huisdieren hielden. Zij erkent dat dit zeker niet voor alle dierlijke spoken op kan gaan. Er zijn namelijk ook verschijningen bekend waarbij een dier zich opzettelijk laat zien aan degene die het dier waarneemt. Zulke casussen wijzen echt op de manifestatie van een overleden dier dat geestelijk zijn fysieke dood heeft overleefd.

Voorbeelden van dit fenomeen:
- Olivia Durden Robertson van Huntingdon Castle (Engeland) kreeg een verschijning te zien van haar grote rode kater toen ze in Londen was. Hij zag er meer dan levensgroot uit toen hij zijn voorpoten om haar heen sloeg en haar telepathisch vertelde dat hij veel van hield, waarna hij weer wegsprong. Olivia voelde dat er een groep katten op hem wachtte. Later hoorde ze dat hij diezelfde dag op Huntingdon Castle

was overleden.

- Robin Deland uit Denver reed een keer 's avonds laat over een smalle, kronkelige weg door een bergachtige streek. Plotseling zag hij op de weg voor hem zijn overleden grote collie Jeff verschijnen. Robin remde uit alle macht. Hij sprong uit de auto en rende met knikkende knieën achter zijn hond aan. Jeff draaide zich om en begaf zich naar de top van een heuvel voor hem. Toen Robin hem gevolgd was, zag hij een grote zwerfkei midden op de weg. De zwerfkei was daar beland door een aardverschuiving en als hij niet gestopt was had Robin hem niet op tijd kunnen ontwijken. Hij was dan zeker in het ravijn beland. Terwijl Robin zich dit realiseerde keek hij waar Jeff gebleven was, maar zijn hond was inmiddels onvindbaar.

-Victoria Strykowski uit Illinois moest haar Duitse herder Cheech laten inslapen omdat hij last had van een pijnlijke tumor. Ze kreeg daarbij ondersteuning van haar vriendin Michele. Enkele maanden later bezochten de vriendinnen een discotheek. Onafhankelijk van elkaar zagen ze opeens een verschijning van Cheech die hen gevolgd had naar de dansvloer.

- Karen Young uit New Mexico had een kat,

Strawberry Shortcake, die op een kwade dag aangevallen en dodelijk verwond werd door twee honden. Karen raapte haar kat op en nam vervolgens waar hoe haar ziel zich los maakte van haar lichaam. Strawberry Shortcake werd opgewacht door twee wezens die haar naar een zonnige wereld leidden.

- Onderzoeker Bill Schul beschrijft hoe hij 's nachts wakker werd van het harde geblaf van zijn teckel Phagen. Toen hij ging kijken wat er aan de hand was, trof hij Phagen dood in zijn hondenhok aan. De hond was al helemaal verstijfd zodat hij reeds uren tevoren overleden moest zijn. Overigens hoorde Schul ook in de twee nachten daarop het typische geblaf van zijn teckel. De tweede keer zag hij bovendien een verschijning van een kwispelende Phagen. Toen Schul de hond wilde aaien verdween Phagen in het niets. Schul twijfelde of hij misschien slechts een extra levendige droom had gehad, maar zijn buurman vroeg hem de volgende dag of er wat aan de hand was met Phagen. Hij had hem namelijk al nachten achter elkaar hard horen blaffen.

Sommige dieren zullen zich slechts één keer kort na hun dood manifesteren, terwijl andere daar jarenlang mee kunnen doorgaan. Daarbij zijn dieren herkenbaar aan hun uiterlijk maar ook aan gedragingen die tijdens hun leven typerend voor hen waren. Baasjes die hun overleden huisdieren terugzien hoeven overigens niet van tevoren in een leven na de dood te geloven. Soms laat een overleden dier zich niet zien, maar alleen horen, voelen of ruiken. Zoiets overkwam de Belgische Anja Pieters met haar ingeslapen hond Nielson. Op de dag dat hij gecremeerd zou worden, hoorde zij om 14.00 uur typerende geluiden van haar hond. Ze vroeg zich af of ze niet droomde. Enkele uren later kon ze het niet nalaten de beheerder van het crematorium te vragen hoe laat Nielson precies gecremeerd was. Hij antwoordde dat dit "in de vroege namiddag, om 14.00 uur" gebeurd was. De zoon van Anja had rond diezelfde de tijd trouwens Nielsons leiband (een metalen ketting) horen rammelen Dit soort kenmerken zien we eveneens bij zogeheten After-Death Communications (ADC's) oftewel postume communicatie met overleden mensen. Er is dus alle reden om te denken dat de verschijnselen nauw aan elkaar verwant zijn. Als ADC's bij mensen berusten op echte communicatie met overledenen, mag je hetzelfde veronderstellen voor ADC's bij dieren.

Geestverschijningen
Er bestaan voldoende aanwijzingen voor verschijningen van dieren na hun dood. Dieren kunnen echter zelf ook verschijningen van andere dieren of mensen waarnemen. Ze kunnen

uiteenlopende reacties vertonen op die geestverschijningen, variërend van angst voor het onbekende en paniek tot nieuwsgierigheid en positieve opwinding. Dit werd vroeger als bekend verondersteld, zodat onderzoekers vaak een hond meenamen als ze een mogelijk "spookhuis" of "spookkasteel" betraden. Afgaande op de reacties van de hond zou men gemakkelijk kunnen vaststellen of er werkelijk iets bijzonders aan de hand is.

Ian Currie beschrijft een *haunting* uit de jaren 60 rond een koetshuis, waarbij verschijningen van een man te zien waren. De overledene was tijdens zijn leven vaak dronken geweest en sliep in die toestand in het koetshuis. Uiteindelijk pleegde hij zelfmoord. Zijn geestverschijning zag eruit als een normaal mens van gemiddelde lengte die een bril en altijd dezelfde kleren droeg. Volgens Currie schreef een van de getuigen bij deze casus: "onze hond begon steeds te blaffen en achter hem aan te lopen, maar bleef dan plotseling bij de ingang van het koetshuis staan en keek verbaasd om zich heen omdat hij de bezoeker niet meer zag." Deze casus toont aan dat dieren kennelijk niet alleen deel kunnen hebben aan paranormale verschijnselen maar die ook proberen te plaatsen binnen hun eigen opvatting van de werkelijkheid. Het zijn af en toe net mensen!

Literatuur

- Currie, I. (1981). *De dood is niet het einde*. Baarn: De Kern.
- Guiley, R.A. (2008). *Ghosts and Haunted Places*. New York: Chelsea House.
- Hall, R. (1980). *Dieren zijn als mensen*. Deventer: Ankh-Hermes.
- Puhle, A. (2006). *Mit Goethe durch die Welt der Geister*. St. Goar: Reichl Verlag. - Rivas, T. (2011). De onvermoede rijkdom van de dierlijke psyche. *Prana*, *185*, 10-18.
- Schouterden, C., & Vander Linden, G. (2005). *"Kijk, ik ben er nog!"* Zoetermeer: Free Musketeers.
- Schul, B. (1977). *The psychic power of animals*. Londen: Coronet.
- Sheridan, K. (2004). *Animals and the Afterlife*. Escondido: EnLighthouse Publishing.
- Siena Bivona, G., Whitington, M., & McConachie, D. (2004). *Haunted Encouners: Personal Stories of Departed Pets*. Dallas: Atriad Press.

Dit artikel werd gepubliceerd in *ParaVisie*, november 2011, jaargang 26, blz. 20-22.

Lichamelijke onsterfelijkheid

door Titus Rivas en Anny Dirven

Aanwijzingen voor een geestelijk leven na de lichamelijke dood zijn waarschijnlijk nooit eerder zo sterk geweest. Parapsychologisch bewijsmateriaal voor reïncarnatie, bewustzijn tijdens een klinische dood of contact met overledenen laat zien dat het redelijk is om uit te gaan van een voortbestaan.

Natuurlijk zijn er van oudsher altijd mensen geweest die gewoon niet kunnen geloven dat ze er na de dood nog steeds zullen zijn. Ze vinden het concept van een ziel die los van het lichaam zou kunnen bestaan bijvoorbeeld 'onvoorstelbaar of 'onzinnig'. Of ze geloven oprecht dat de reguliere wetenschap heeft aangetoond dat zo'n ziel domweg niet bestaat. Meestal zullen zulke mensen proberen om zich neer te leggen bij een definitief einde, maar sommige van hen willen de dood oneindig uitstellen. Zij streven naar fysieke onsterfelijkheid.

Oude droom
Iedereen weet wel dat er in het Westen een alchemistische traditie is geweest. Minder bekend is

dat er ook een Chinese, taoïstische alchemie heeft bestaan die zich helemaal concentreerde op een eeuwig leven op aarde. Men probeerde met dit doel pillen of elixers te ontwikkelen. Ironisch genoeg zijn sommige alchemisten juist extra vroeg aan hun einde gekomen door de giftige ingrediënten hiervan. Een andere methode, de seksuele alchemie, was er onder meer op gericht levenskracht te onttrekken aan een partner. In de verte lijkt dit wel een beetje op het concept van de vampier die zijn leven wil verlengen door anderen van hun bloed te beroven[1]. Ook in de van oorsprong Indiase tantra komen traditis voor die gericht zijn op fysieke onsterfelijkheid. Het verlangen naar een eeuwig lichamelijk voortbestaan is waarschijnlijk van alle tijden en culturen. In de Bijbel wordt er bijvoorbeeld naar verwezen in Genesis. Hoewel God hun dat uitdrukkelijk verboden had, aten Adam en Eva een vrucht van de boom van de kennis van goed en kwaad. Op die manier kregen zij toegang tot inzichten die eigenlijk niet voor hen bestemd waren. God verbande hen uit de Hof van Eden om te voorkomen dat ze ook nog een vrucht zouden plukken van de 'boom des levens'. Als ze daar ook nog iets van hadden gegeten, zouden ze namelijk onsterfelijk zijn geworden. Het christelijke concept van de verrijzenis kun je eigenlijk ook opvatten als een vorm van fysieke onsterfelijkheid, maar dan wel pas na de lichamelijke dood. Het lichaam van de gelovigen zou dan in allerlei opzichten lijken op hun huidige lichaam, maar het zou niet meer kunnen sterven.

Liefdesaffaires
In sommige overleveringen is trouwens sprake van een negatieve variant van fysieke onsterfelijkheid. Volgens bepaalde christelijke legenden zou een van de soldaten die betrokken was bij de lijdensweg van Jezus niet dood kunnen gaan2. Hij zou weliswaar onsterfelijk zijn maar wel een ellendig leven moeten leiden. Al zijn geliefden zijn al eeuwen geleden overleden en hij kan nergens rust vinden. Een vergelijkbaar thema zien we in verhalen over liefdesaffaires tussen aardse stervelingen en onsterfelijke mythische wezens. Het is fijn als je niet hoeft te overlijden, maar het is minder fijn als iedereen van wie je houdt wel nog gewoon moet sterven. Om dit soort onsterfelijkheid echt helemaal geslaagd te maken moet je dus niet als enige overblijven. Zeker als telkens iedereen van wie je houdt niet alleen zou overlijden, maar na de dood ook niet meer zou bestaan als geestelijk wezen.

Verlenging van het leven
Wanneer de huidige ontwikkelingen binnen de medische wetenschap en genetica zich doorzetten, mogen we verwachten dat de mensheid steeds meer grip zal krijgen op de gemiddelde levensduur. Alleen

al door onze leefwijze, een positieve levenshouding en natuurlijk voeding te optimaliseren wordt de kans op een lang leven beduidend groter. Maar de levensduur kan nog verder worden verlengd dankzij ontwikkelingen in de medische wetenschap en biotechnologie. Volgens geneticus Aubrey de Grey behoort zelfs een leeftijd van 1000 jaar binnenkort tot de mogelijkheden. Hij stelt dat de zogeheten regeneratieve geneeskunde steeds beter in staat zal zijn om defecten in ons lichaam aan te pakken. De reparatie van fouten in het genetische materiaal is sterk in opkomst. Aubrey de Grey gelooft dat we binnen afzienbare tijd in staat zullen zijn leeftijdsgebonden ziektes te voorkomen. Collega's van hem zijn een stuk voorzichtiger in hun voorspellingen, maar ze zijn het wel met hem eens dat mensen gemiddeld tientallen jaren langer zullen leven. Dr. Rudi Westendorp stelt bijvoorbeeld dat de eerste mens die 150 jaar zal worden reeds geboren is. Hoe actueel dergelijke thema's zijn blijkt uit het feit dat er inmiddels al ethische debatten worden gevoerd hoe men uiteindelijk maatschappelijk met de levensverlenging om zal moeten gaan.

Onkwetsbaar lichaam
Het eindeloos oprekken van het aardse leven garandeert als zodanig overigens nog geen onsterfelijkheid. Om die te bereiken moet het lichaam

ook grotendeels onkwetsbaar worden gemaakt. Dit betekent in ieder geval dat geen enkele verwonding meer dodelijk zou zijn. Het lichaam zou niet alleen bestand moeten zijn tegen ziekten of interne defecten maar ook tegen zaken als verkeersongelukken en moordaanslagen. In letterlijke zin is het dus niet mogelijk om aan te tonen dat iemand lichamelijk onsterfelijk is. Alleen indien iemand helemaal niet meer gewond zou kunnen raken is zijn onsterfelijkheid gegarandeerd. Wij vinden het moeilijk voorstelbaar dat dat stadium ooit bereikt zal worden. Het betekent niet alleen dat een lichaam intact blijft als er kogels op af worden gevuurd, maar zelfs een bombardement met kernwapens zouden we moeiteloos fysiek moeten kunnen overleven. Ons lijf zou nog onverwoestbaarder moeten worden dan dat van de 'Man van Staal'.

Kloneren
Voorlopig zal het nog wel even duren voor een mensenlichaam bijna onbeperkt houdbaar zal zijn. Onkwetsbaarheid in absolute zin lijkt bijna onhaalbaar. Om die reden hebben aanhangers van fysieke onsterfelijkheid een andere oplossing bedacht. Wanneer iemands lichaam onherstelbaar versleten is zou men er een kloon van kunnen maken. Natuurlijk betekent dit op zichzelf nog geen onsterfelijkheid voor de persoon zelf. Identieke, eeneiige tweelingen zijn

lichamelijk bijvoorbeeld vergelijkbaar met klonen, maar ze zijn nog steeds afzonderlijke personen. Iemand kloneren kan op zich dus niet verhinderen dat hij of zij zelf komt te overlijden. Er komt nog iets anders bij kijken, namelijk het overplaatsen van de oorspronkelijke persoonlijkheid naar het nieuwe lichaam.

Moderne aanhangers van fysieke onsterfelijkheid geloven doorgaans niet in een onsterfelijke ziel zodat men dit niet als een echte reïncarnatie opvat. In plaats daarvan zou men de persoonlijkheid moeten 'downloaden' uit het oorspronkelijke brein, zoals je een bestand downloadt op een computer. Vervolgens zou men de persoonlijkheid weer moeten 'uploaden' naar het nieuwe brein. In principe zou je dit altijd kunnen blijven doen, ook al kan het in de praktijk nogal een omslachtige procedure blijken te zijn. Kloneren is een moeizame techniek waarbij van alles mis kan gaan. Voor zover we weten is het kloneren van mensen trouwens in de meeste landen verboden. Het is bovendien van belang om vast te stellen dat het fysieke downloaden en uploaden van een persoonlijkheid eigenlijk alleen mogelijk is als er geen onsterfelijke ziel bestaat. Als die namelijk wel bestaat, dan is die ziel niet te herleiden tot patronen in de hersenen. En dan kun je een persoonlijkheid dus ook niet fysiek overplanten door simpelweg de informatie van die patronen op te slaan en over te brengen op de

nieuwe hersenen. Het idee van het kloneren van mensen en het overplanten van hun persoonlijkheid is overigens een dankbaar thema in diverse sciencefiction films gebleken.
Er bestaat echter ook een controversiële stroming, de beweging van de zogeheten Raëlians (Raëlianen), die de techniek zeer serieus opvat. Zij volgen het gedachtegoed van de Fransman Claude Maurice Marcel Vorilhon, beter bekend als Raël. Deze beweert contact te hebben gehad met een buitenaardse beschaving en ziet kloneren als de eerste stap op de weg naar onsterfelijkheid. Zijn beweging zou onder meer betrokken zijn bij illegale experimenten rond menselijke klonen en daar reeds enkele successen in geboekt hebben.

De dood overwonnen?
Buiten de wereld van de biotechnologie zijn er ook tegenwoordig nog mensen van wie men beweert dat ze onsterfelijk zijn. Een bekend Westerse voorbeeld is de Graaf van St. Germain, een legendarische alchemist en occultist. Geboren rond 1710 zou hij nog steeds in leven zijn en in de loop der eeuwen contact hebben gehad met diverse getuigen. Overtuigende aanwijzingen dat deze overleveringen echt kloppen, zijn er echter niet.
De bekende Indiase yogi Paramahansa Yogananda beweert in zijn autobiografie dat er in de Himalaya

heilige mannen of saddhu's leven die al honderden jaren oud zijn. Ook in dit geval is er, voor zover onze kennis reikt, geen onafhankelijk bewijsmateriaal dat deze claim zou bevestigen.
Voorts zijn er nog de beweringen van Leonard Orr, de uitvinder van de rebirthing techniek. Volgens Orr gaan mensen vooral dood omdat ze denken dat hun lichaam sterfelijk is. Die verkeerde gedachte zou leiden tot ziekten en verzwakking en uiteindelijk tot het overlijden. Orr beschouwt de sterfelijkheid van de mens dus als een misvatting die we achter ons moeten laten. We moeten die gedachte loslaten en dan zullen we van zelf ongelimiteerd door blijven leven. Orr heeft ons inziens zeker gelijk dat de kracht van de geest veel verder reikt dan men in het Westen doorgaans aanneemt. Gedachten en gevoelens kunnen zowel een destructieve als een heilzame invloed op onze gezondheid en levensduur hebben. Dat betekent echter nog niet dat er geen lichamelijke processen zijn die op de lange duur, zonder ingrijpen, tot het overlijden leiden. Als Orr gelijk zou hebben zou de dood als het ware een menselijke uitvinding moeten zijn, maar hoe kan het dan dat ook dieren en planten na verloop van tijd sterven?
Het eerste onontkoombare bewijs voor een mens die meer dan 200 jaar oud is geworden moet nog geleverd worden. In die zin zijn er weliswaar volop aanwijzingen voor de stelling dat we op termijn veel

ouder kunnen worden dan de huidige gemiddelde levensduur, maar nog niet voor de realiteit van lichamelijke onsterfelijkheid.

Fysieke onsterfelijkheid en reïncarnatie
Stel nu eens dat onze levensduur in de verre toekomst in principe onbeperkt opgerekt kan worden en dat mensen gemiddeld zeker meer dan duizend jaar oud worden. Wat zou dit betekenen voor onze persoonlijke ontwikkeling over levens heen? Misschien zou het betekenen dat je je binnen één incarnatie gemiddeld veel meer kunt ontwikkelen dan nu mogelijk is. Net zoals iemand tegenwoordig gemiddeld veel meer kan leren dan toen de levensverwachting slechts een jaar of dertig was. Niet dat dit reïncarnatie helemaal overbodig zou maken, maar wellicht betekent het wel dat er minder afzonderlijke incarnaties nodig zijn voor onze persoonlijke evolutie dan nu het geval is.
Maar zelfs dan zou er nog een moment kunnen komen dat men zich in een vrijere, geestelijke wereld verder wil ontwikkelen. Volgens de reeds genoemde Paramahansa Yogananda zou een spirituele meester zo'n moment zelf uitkiezen en pijnloos definitief uit zijn of haar lichaam treden als het is aangebroken. Laten we bij de speurtocht naar lichamelijke onsterfelijkheid in elk geval nooit vergeten dat alles er op wijst dat we de dood geestelijk hoe dan ook zullen overleven.

Literatuur
– Orr, L. (1998). *Physical Immortality: The Science of Everlasting Life.*
– Rivas, T. (2011). Tussen orenmaffia en somatisch reductionisme. *Koorddanser, 28,* 282,10.
– Weiner, J. (2011). *Eindeloos leven: de zonderlinge wetenschap van onsterfelijkheid.* Nieuw Amsterdam.
– Yogananda, P. (2012). *Autobiografie van een yogi* (10e druk). Deventer: Ankh-Hermes.

Dit artikel is verschenen in *Paraview, jaargang 16, nummer* 4, november 2012, blz. 12-15.

Geestverschijningen vlak na iemands overlijden

Anny Dirven was druk bezig geweest met haar huishouden en besloot een middagdutje te gaan doen op haar bed. Al gauw dommelde ze een beetje weg en zag ze allerlei gezichten aan zich voorbij trekken. Die gezichten kwamen haar geen van alle bekend voor, maar ze verdwenen van zelf terwijl Anny weer wakker werd. Er kwam wel iets voor in de plaats. Opeens zag Anny een non in het deurgat van haar slaapkamer staan... Wie was zij? En waarom stond ze bij Anny in de deuropening?

door Titus Rivas en Anny Dirven

De non, die Anny Dirven bij het wakker worden zag, was een forse, stevige kloosterzuster die de hele deuropening vulde. Ze had een bijzonder vriendelijk gezicht en glimlachte naar Anny. De non droeg een zwart gewaad met witte bef, zoals zulke zusters vroeger droegen, en verder zat er een koord om haar middel en hing er een groot kruis om haar hals. Ook had ze een grote witte kap op haar hoofd met een zwarte sluier eroverheen. De zuster zag er niet uit als een schim, maar als een levensechte vrouw. Ze bleef zeker enkele seconden zichtbaar, maar verdween op het moment dat Anny haar beter wou bekijken.

Lagere school
Toen Anny Dirven deze ervaring, die ze eind februari 2003 had, deelde met Titus Rivas, moest hij direct denken aan verhalen over overledenen die nabestaanden kort na hun dood een teken geven dat ze geestelijk ongedeerd zijn. Wellicht was de non zojuist overleden en liet ze zich aan Anny zien omdat zij veel voor de zuster had betekend. Titus vroeg haar dan ook of ze ooit met zo'n kloosterzuster te maken had gehad. Dit bleek inderdaad zo te zijn. Anny had in de jaren 40 van de vorige eeuw op een lagere school gezeten die door nonnen werd bestierd, de *St. Claraschool* aan de Zandberglaan te Breda. De non die Anny gezien had, droeg in ieder geval hetzelfde soort kleding als de zusters op deze school. Ze deed haar denken aan een zuster van wie ze de naam niet meer wist. Misschien had de vrouw destijds extra veel sympathie voor haar leerlinge Anny gevoeld zonder dat met zoveel woorden te uiten. Door omstandigheden zijn we pas kortgeleden op zoek gegaan naar een zuster van de St. Claraschool die rond februari 2003 overleden zou zijn.

Afscheid van nabestaanden
Hopelijk kunnen we ooit nog aannemelijk maken dat

Anny een geestverschijning heeft gezien van een non met wie ze in haar jeugd een band onderhield en die net in diezelfde periode de laatste adem uitblies. Verschijningen van iemand die kort tevoren overleden is hebben zich hoe dan ook al talloze malen voorgedaan. Bijvoorbeeld bij een nichtje van mevrouw Dana Owen uit Arkansas. De naaste families van Dana en haar nichtje hadden al jaren weinig contact met elkaar gehad. Toch werd de nicht op een zondagochtend rond 3 uur wakker en zag daarbij de vader van Dana, Ted, aan de voet van haar bed staan. Ze vertelde haar echtgenoot: "Ik keek op en zag een oude man staan die me aankeek. Hij straalde een gouden glans uit. Het is al meer dan dertig jaar geleden sinds ik oom Ted gezien heb, maar ik weet dat hij het was en dat hij dood is." De dinsdag erna las het echtpaar in de krant dat oom Ted inderdaad diezelfde zondagochtend om 3 uur overleden was. Een ander voorbeeld betreft de gastvrouw van ene Lieslore, die tijdelijk bij haar logeerde. Deze vrouw riep op een nacht alle aanwezigen in haar huis bijeen en vertelde daarbij dat ze slecht nieuws had voor haar schoondochter. Ze had namelijk haar oma in Indonesië plotseling in de huiskamer zien staan om afscheid te komen nemen en concludeerde daaruit dat ze was overleden. Lieslore was er getuige van hoe tien minuten later de telefoon rinkelde. Uit het telefoongesprek bleek dat genoemde oma inderdaad

gestorven was.
Hariette Hull uit Jupiter in Florida werd als kind een keer ergens wakker van. Ze zag het maanlicht door het raam schijnen. Het licht vormde een pad dat breed uitliep bij het voeteneinde van haar bed. Terwijl ze hiernaar keek, zag ze een vorm verschijnen die ze onmiddellijk als haar grootvader Karl Wallin herkende. Hij strekte zijn hand naar haar uit en zei: "Zeg August [de vader van Hariette] vaarwel." Daarna verdween hij weer. Hariette werd erg bang en begon te gillen. Haar vader kwam haar kamer binnen en ze vertelde hem wat er gebeurd was."Opa is dood", zei ze huilend. "Onzin, schatje", antwoordde hij, "je hebt alleen een nachtmerrie gehad. Opa is zelfs niet ziek". Hij bleef aan haar bed zitten totdat Hariette in slaap viel. De volgende ochtend om 11 uur kregen ze een telefoontje dat Hariette's opa inderdaad op dat tijdstip onverwachts overleden was.
Ene Mina had een Belgische moeder en haar zoon een jaar lang kosteloos onderdak geboden tijdens de Eerste Wereldoorlog. Toen de man van deze Belgische vrouw overleed keerden zij en haar zoon terug naar hun huis in Brussel. In april 1927 bracht Mina de familie een bezoek. De Belgische vrouw wilde haar daarbij graag een bedrag overhandigen voor de genoten gastvrijheid, maar Mina wilde dit niet aannemen. In de nacht van 2 december 1927 zag Mina de Belgische verschijnen aan het hoofdeinde van haar

bed. Ze zei: "Dag Mina, ik ga naar Miel [haar zoon]. Dit is voor jou en je man, voor alles wat je voor ons gedaan hebt." Mina zag haar zo duidelijk dat het haar opviel dat ze nachtkleding droeg en dat haar haar los hing. Een onderzoek wees uit dat de vrouw inderdaad rond datzelfde tijdstip onverwachts in haar nachtkleding overleden was.

En nog een ander voorbeeld gaat over Jodie McDonald uit Kentucky. Zij had veel moeite met het feit dat ze kort tevoren haar Australische herder Princess had moeten laten inslapen. In deze periode werd ze 's nachts een keer wakker en zag Princess daarbij aan het voeteneinde van haar bed staan. Princess zag er prachtig uit en keek haar aan. Jodie ging rechtop in bed zitten en probeerde Princess te omhelzen, maar op dat moment verdween de hond. Jodie benadrukt dat ze klaarwakker was tijdens deze ervaring en zeker niet droomde.

Bewijsmateriaal
De Franse astronoom en parapsychologisch onderzoeker Camille Flammarion (1842-1925) is onder meer bekend gebleven vanwege zijn diepgaande studie van het bewijsmateriaal voor een persoonlijk voortbestaan na de dood. Het is dan ook niet zo verwonderlijk dat we reeds bij hem dit type casussen aantreffen van geestverschijningen kort na iemands overlijden. Zoals bijvoorbeeld deze twee

ervaringen:
* Een student had enkele jaren voor de gebeurtenis met een studiegenoot afgesproken dat ze elkaar op een bepaalde datum zouden ontmoeten in Cambridge. De jongeman bevond zich vlak voor de afgesproken dag in het zuiden van Engeland. Op een nacht werd hij wakker en zag daarbij dat zijn vriend op het voeteneind van zijn bed zat. De vriend zag er overigens drijfnat uit. De jongeman zei wat tegen hem, maar de verschijning schudde alleen maar met zijn hoofd en verdween toen. Hij kwam die nacht trouwens nog twee keer terug. Spoedig daarna vernam de jongeman dat de vriend kort voor zijn geestverschijning tijdens het zwemmen verdronken was.
* Een jong meisje uit het Franse Saint-Gaudens sliep in dezelfde kamer als haar oudere zus. Op een avond wilden de meisjes gaan slapen. Hun kamer werd verlicht door kaarslicht en ze bliezen de kaars uit, zodat er alleen nog de zwakke verlichting door het haardvuur overbleef. Plotseling merkte het meisje dat er een priester voor de haard zat. Hij warmde zich aan het vuur. Ze zag dat hij hetzelfde figuur en dezelfde gelaatstrekken en houding bezat als een oom van hen die priester was. Ze vertelde haar zus wat ze had gezien en deze nam de verschijning eveneens waar. De meisjes raakten allebei in paniek en schreeuwden om hulp, waardoor hun vader wakker werd. Toen hij

de kamer binnenkwam, was de verschijning weer verdwenen. De volgende dag vernamen ze dat de oom in kwestie inderdaad die dag gestorven was.

Verklaringen
Het staat volgens ons buiten kijf dat mensen kort na een sterfgeval een verschijning van de overledene kunnen waarnemen. Het ligt nogal voor de hand om zulke ervaringen op te vatten als echte manifestaties van de geest van iemand die gestorven is. Men kan zich ook gemakkelijk voorstellen waarom overledenen zich laten zien. Denk bijvoorbeeld aan de wens om een nabestaande te laten weten dat je gestorven bent en zo meteen ook afscheid van hem of haar te nemen. Zeker als je ervan uitgaat dat overledenen psychologisch beschouwd niet zomaar ineens totaal zullen verschillen van aardse mensen. En dus aanneemt dat ze vergelijkbare beweegredenen zullen hebben als doorsnee levenden.
Er zijn echter ook parapsychologen die nu eenmaal niet kunnen geloven in een leven na de dood. Ook al gaan ze wel uit van het bestaan van bijvoorbeeld telepathie, ze menen dat de geest of ziel volledig gebonden is aan het brein en na het overlijden met de hersenen zal vergaan. Er moet volgens hen dus iets anders aan de hand zijn bij geestverschijningen. Wanneer het gaat om een waarneming van iemand van wie men van tevoren al wist dat hij of zij gestorven

was, hoeft er op zich niet eens een paranormale factor in het spel te zijn. Het kan dan gewoon gaan om een soort waakdroom waarin de nabestaande het verlies van een gestorven geliefde probeert te verwerken. Wat is er mooier dan de geruststelling dat iemand die je hebt verloren ten minste gelukkig voortbestaat in een andere dimensie?

Meer dan louter toeval
Als de nabestaande helemaal niet wist dat de overledene gestorven was, wordt het natuurlijk wel anders. Misschien kan puur toeval nog wel een deel van zulke casussen verklaren. We denken dan vooral aan gevallen waarin de overledene al een tijdje ernstig ziek of heel oud was, zodat zijn of haar naderende dood in de lijn der verwachting lag. Maar dit is duidelijk niet aan de orde wanneer iemand plotseling, volkomen onverwachts overlijdt en dan ook nog rond het tijdstip waarop de geestverschijning wordt waargenomen. Louter toeval is dan gewoon niet meer aannemelijk. Natuurlijk erkennen de meeste parapsychologen dit wel. Om die reden hebben onderzoekers die een voortbestaan bij voorbaat verwerpen al meer dan honderd jaar geleden een alternatieve theorie bedacht. Paranormale geestverschijningen bestaan, zoveel staat wel vast, maar ze berusten binnen dat perspectief nooit op een daadwerkelijke ontmoeting met een overledene.

Wat nabestaanden bijvoorbeeld te zien krijgen zijn beelden van wat een overledene vlak voor de dood beleefd of gedacht heeft. Het zou in feite altijd gaan om een vorm van zogeheten 'crisistelepathie' rond iemands stervensproces. Net als in een echte droom zou de nabestaande iemand waarnemen zonder dat die persoon daadwerkelijk aanwezig is. Men zou zo zelfs nog nieuwe informatie kunnen doorkrijgen bij een geestverschijning, maar dan altijd afkomstig van een stervende, niet van iemand die de dood overleefd heeft. Wanneer de geestverschijning pas plaatsvindt nadat de rigor mortis al is ingetreden, kun je zelfs dit nog op twee manieren verklaren zonder je toevlucht te hoeven nemen tot een leven na de dood. De informatie zou ten eerste al voor de dood telepathisch verzonden kunnen zijn, maar als het ware zijn blijven hangen in het onderbewustzijn van de ontvanger. Pas na het overlijden zou de telepathische informatie als het ware 'vertraagd' verwerkt worden in een verschijning. De andere mogelijkheid luidt dat de verschijning berust op telepathische informatie die een nabestaande door terugschouw (retrocognitie) uit het verleden put. Als je erkent dat er meer dan voldoende bewijsmateriaal bestaat voor een persoonlijk voortbestaan, lijken zulke alternatieve verklaringen vooral onnodig ingewikkeld.

Literatuur
– Arcangel, D. (2005). *Ontmoetingen in het hiernamaals*. Utrecht: Kosmos.
– Dongen, H. van, & Gerding, H. (1993). *Het voertuig van de ziel*. Deventer: Ankh-Hermes.
– Flammarion, C. (1923). *Na den dood* en *In het stervensuur*. Wink/Noest.
– Schouterden, C., & Vander Linden, G. (2005). *"Kijk, ik ben er nog!"* Free Musketeers.
– Sheridan, K. (2004). *Animals and the Afterlife*. Escondido: EnLighthouse Publishing.
– Tenhaeff, W.H.C. (1965). *Het spiritisme*. Den Haag: Leopold.

Contact: stg_athanasia@hotmail.com

Dit artikel werd gepubliceerd in *ParaVisie, jaargang 27*, oktober 2012, blz. 22-24.

Net als James Chaffin: Nederlandse aanwijzingen voor postume bezorgdheid om nabestaanden

door Titus Rivas en Anny Dirven (1)

Samenvatting
Binnen de parapsychologische literatuur vormt het Amerikaanse geval James Chaffin een schoolvoorbeeld van mogelijke communicatie met een overledene. Daarin staat informatie over een verborgen testament centraal. Zeer kort geleden werd er in Nederland een vergelijkbaar geval gemeld van postume informatie over documenten. Dit soort gevallen kan wijzen op bezorgdheid bij overledenen om het welzijn van nabestaanden.

Inleiding
In de literatuur over parapsychologische aanwijzingen voor een leven na de dood is herhaaldelijk aandacht besteed aan een geval uit de jaren '20 van de vorige eeuw (Salter, 1961; Bosga, 1986; Rivas, 2003; Fontana, 2005). Een boer uit de Amerikaanse staat North Carolina, James Chaffin, kwam in 1921 plotseling te overlijden bij een ongeluk. In 1905 had hij een testament opgesteld waarin hij zijn hele bezit naliet aan zijn zoon Marshall. Zijn vrouw en andere

kinderen kregen niets van de erfenis. In 1925 kreeg een andere zoon, James Chaffin Jr., een droom waarin zijn vader aan hem verscheen gekleed in een zwarte overjas. Hij hield zijn jas op een bepaalde manier vast en trok hem naar achteren. Daarna zei hij: "Je zult mijn testament in de zak van mijn overjas vinden" en verdween weer. James traceerde de jas en in de binnenzak vond hij een stuk papier met de woorden "Lees het 27e hoofdstuk van Genesis in de oude bijbel van mijn vader". Toen de bijbel was teruggevonden, stelde James in het bijzijn van getuigen vast dat er tussen dichtgevouwen bladzijdes waarop het 27e hoofdstuk van Genesis was gedrukt een ander testament te vinden was, gedateerd 16 januari 1919. Het tweede testament werd goedgekeurd door een rechtbank en in december 1925 ten uitvoer gebracht. Skeptici hebben tegen dit geval aangevoerd dat het vreemd is dat Chaffin Sr. zijn tweede testament op zo'n onwaarschijnlijke plaats had verstopt. Maar W.H. Salter, die het geval vastlegde voor de Engelse *Society for Psychical Research,* benadrukt dat een Amerikaanse advocaat hem uitlegde dat dergelijk gedrag helemaal niet ongeloofwaardig was voor boeren in die streek.

David Fontana bespreekt de mogelijkheid van een vervalsing van het tweede testament. Hij wijst daarbij onder andere op een latere verschijning die James Chaffin Jr. van zijn vader meldde, waarbij James

Chaffin Sr. opgewonden naar zijn oude testament vroeg. Zo'n verhaal verwacht men volgens Fontana niet direct van een gewetenloze bedrieger. Bovendien werd de authenticiteit van het testament zoals gezegd door een rechtbank erkend.

Diverse auteurs stellen dat het zeer moeilijk is om dit geval te verklaren door middel van terugschouw van de kant van James Chaffin Jr. Hij had namelijk geen aanleiding om te verwachten dat zijn vader ergens een tweede testament had verstopt. Het lijkt er volgens hen daarom echt op dat zijn vader hem daar zelf na diens dood op wees. Alleen als men een leven na de dood bij voorbaat afwijst, lijkt het nog vol te houden dat alternatieve hypothesen hoe dan ook meer voor de hand liggen. Zoals ongemotiveerde telepathische retrocognitie of bewuste activering van telepathische informatie die onbewust al tijdens het leven van Chaffin Sr. verkregen zou zijn. [De bedrogshypothese is onlangs overigens toch weer van stal gehaald, maar het gaat ons hier vooral om het type ervaring dat gemeld is. TR, 2016] Het geval van James Chaffin is niet het enige geval van dit type. Er zijn al in die periode zelf vergelijkbare gevallen gepubliceerd. Het fenomeen van een mogelijk postuum contact met relevante nieuwe informatie waar nabestaanden niet op uit waren, blijkt bovendien ook nu nog voor te komen.

Jacqueline v. S.
In 2005 werden wij voor het eerst benaderd door mevr. Jacqueline v. S. uit Zeeland. Dit gebeurde in de vorm van een deelname aan een vragenlijst op de website van Stichting Spirituele Ontwikkeling van Mary Remijnse en Bram Maljaars. Jacqueline vertelde ons dat ze sinds enkele jaren regelmatig contact had met haar overleden vader Cor. Hij was in 1992, kort voor zijn 74ste verjaardag gestorven.
Ze schrijft hier in mei 2005 onder andere over: "De laatste jaren van zijn leven is ons contact op de een of andere manier veel closer geworden. Toen mijn vader overleed, voelde ik me zo vreemd, constant was er iets of iemand bij me. (...)
Ongeveer een jaar geleden kon ik maar niet slapen. Iets of iemand zou heel graag met me willen praten/communiceren, maar dan graag wel middels het tekenen van een cirkel op papier met de letters A t/m Z en met mijn ketting als pendel. Wat schetst mijn verbazing? Iemand met de naam Cent meldde zich. Hij was altijd bij mij – gids? – en was vroeger jong gestorven aan een ziekte, miltvuur of iets dergelijks. Ik heb het toen niet opgeschreven, maar er was echt een gesprek. Ik vroeg of mijn vader bij hem was. Zijn antwoord was dat ik het zelf aan mijn vader kon vragen. En toen begon het. Nagetrokken via mijn moeder die over gegevens van de stamboom beschikt, dat Cent familie van mij is en inderdaad vroeg

gestorven is 'Cent v. S.'." Later omvatte het contact niet slechts boodschappen door middel van pendelen, maar het breidde zich uit tot indrukken via "helder horen, zien, ruiken of voelen." Volgens Jacqueline waarschuwde haar vader haar bijvoorbeeld voor een ongelukkig huwelijk. Ook kwamen er indrukken van andere overledenen bij.

In tegenstelling tot sommige andere 'mediums' hecht Jacqueline zelf ook waarde aan bevestiging van de boodschappen die zij van vader Cor 'doorkrijgt'. In dit verband is vooral de volgende ervaring van belang.

Een rolluikkastje
Op ons verzoek beschreef Jacqueline een van de meest bewijskrachtige ervaringen die zij meemaakte in het contact met haar overleden vader. In een mail van 9 mei 2007 schrijft zij ons over een ervaring die ze ongeveer een jaar daarvoor beleefde: "Zoals jullie weten is mijn vader altijd wel bij me. Toen mijn moeder een nieuwe relatie kreeg zo'n twee jaar geleden en ze ging samenwonen, moest er veel van de inboedel verdeeld worden. Ik had niet zoveel ruimte meer, omdat mijn man en ik samen al van twee huishoudens één hadden moeten maken (en we hier ook niet zo handig in zijn). Maar goed, om een lang verhaal kort te maken... Een kastje waar niemand meer interesse in had, maar ik des te meer, dat vroeger

van mijn vader was geweest en waarin hij administratie bewaarde vroeger in de slijterij, moest ook plaats maken. Niets meer waard! Voor mijn gevoelswaarde des te meer. Toen ik zo rond mijn zesde had leren schrijven, was ik daar zo trots op, dat ik besloot mijn vader eens te helpen en op alle laatjes de letters van het alfabet te schrijven, in grote koeienletters natuurlijk. Daar was hij niet zo blij mee. Enfin, het rolluikkastje paste niet bij mij in de auto, dus mijn broer had beloofd het kastje bij gelegenheid bij mij af te leveren. Zo gezegd, zo gedaan. Na een paar weken stond het kastje dan bij mij thuis. Vanaf dat moment werd ik regelmatig wakker gemaakt 's nachts: "Jacq, je mot in ut rolluukkasje kieke" (op z'n Zeeuws natuurlijk) en nog een paar keer. (Zoals ik wel vaker denk, omdat ik het ook niet altijd kan vatten, had ik zoiets van: 'Het zijn je gedachtes maar Jacq., ga nou maar slapen'). Maar ook die nacht daarop hetzelfde 'gedonder', want van slapen kwam niet veel meer. Tig keer dezelfde boodschap ontvangen en dat nachten achter elkaar. Het werd me ook steeds duidelijker. Het was een boodschap voor mijn broer en die lag in het laatje "N". Jammer genoeg was mijn broer vergeten de sleutel aan me te geven, dus er ging weer wat tijd overheen, voordat ik eindelijk mijn nieuwsgierigheid kon bevredigen en kon zien wat er nu voor belangrijke boodschap was. Om de uitkomst van het verhaal te begrijpen, moet je eerst wat

achtergrondinformatie hebben.
Het pand in B., waar mijn vader vroeger de slijterij had, daar heeft mijn broer nu een kledingzaak in. Vroeger had mijn vader ook nog een pakhuis om de dranken in op te slaan en dat pakhuis stond in een zijstraatje van de winkelstraat waar de slijterij gevestigd was, maar je kon via de achterdeur binnendoor over eigen grond naar het pakhuis lopen. Dat pakhuis is destijds door mijn vader verkocht, maar mijn broer heeft jaren geleden via een rechtszaak aan moeten tonen hoe o.a. het eigendom, tussenmuren, recht van overpad enz. tussen de twee panden verdeeld was. Helaas kon hij dat niet aantonen. De rechter heeft toen wel aangenomen dat mijn broer de waarheid sprak, maar bij toekomstige problemen met buren of zo, moest hij toch aan kunnen tonen hoe een en ander nu in elkaar stak (zoals ik achteraf van mijn broer begrepen had). – Hier had ik dus geen weet van – OK, toen ik eindelijk de sleutel had van dat rolluikkastje en ik eindelijk kon gaan kijken, bleken er in het hele kastje alleen nog maar oude papieren en folders van dranken enz. te liggen. (Mijn moeder had al gezegd dat ze geen tijd had gehad om alles leeg te maken, maar dat ik het zo zonder te kijken weg kon gooien allemaal). Maar goed: eerst had ik bij de letter "N" gekeken en ik vond een officieel document (met zegel) uit het jaar 1903 over de winkel en het pakhuis van mijn vader destijds.

(Een oude plattegrond van B. was bijgesloten.) In dit document stond vermeld hoe het recht van eigendom geregeld was enz. Heb meteen mijn broer gebeld, die meteen veel boodschappen voor hem elke keer, die uitkomen) met zijn oren stond te klapperen. Het staat buiten kijf dat hij deze papieren in de (nabije) toekomst nodig zal hebben. Een vader (zeker die van ons) blijft een echte vader, ook na zijn 'dood'."

Begin mei 2007 vroegen we de broer van Jacqueline, A. v. S., telefonisch om ons te vertellen over een eventuele boodschap van zijn overleden vader over een kast. Tot onze verbazing bevestigde hij dat Jacqueline hem een boodschap had doorgegeven over een kastje, maar dit bleek wel een *andere* kast te betreffen! Ongeveer anderhalf jaar geleden, dus eind 2005, zou Jacqueline hem hebben doorgegeven dat hij in een brandkast in zijn eigen huis een belangrijk document kon terugvinden. Het ging om een document dat zoek was geraakt en dat volgens Jacqueline op de middelste plank links op een stapeltje zou liggen, wat inderdaad het geval was. Hij had daarvoor zelf al in het kastje gezocht, maar er kennelijk overheen gekeken.
Merkwaardig genoeg bevestigde A. v. S. dus wel spontaan dat zijn zus hem een boodschap had doorgegeven over een officieel document, maar alleen betrof dit een ander document in een andere kast die

ook nog in een andere woning stond!
Jacqueline schreef ons naar aanleiding van deze getuigenis dat zij zich deze ervaring eveneens kon herinneren. Kennelijk had deze gebeurtenis minder indruk op haar gemaakt dan op haar broer. Parapsychologisch gezien is dit terecht, omdat het nu eenmaal voor de hand ligt dat belangrijke papieren bij voorkeur in een safe worden opgeborgen. Bovendien had A. v. S. van tevoren al in de kast gezocht en het is dus goed denkbaar dat hij het document onbewust al tegengekomen was. In principe volstaan een eenvoudige vorm van telepathie tussen broer en zus en misschien zelfs stom toeval om deze concrete ervaring te verklaren.
In een tweede telefoongesprek stelde één van ons, Anny Dirven, A. v. S. een minder open vraag. Ze legde hem Jacqueline's beschrijving van de ervaring met het rolluikkastje voor. Hij bevestigde dit keer volmondig het relaas van zijn zus. Ook zijn echtgenote beaamde dat de ervaring zich werkelijk had voorgedaan zoals beschreven door haar schoonzus.

Evaluatie
Zelfs als we de bevestiging van A. v. S. en zijn vrouw verwerpen – er is overigens geen specifieke aanleiding om dat te doen – dan nog is het opmerkelijk dat er in 2007 een Nederlands geval

gemeld wordt dat op zijn minst doet denken aan het klassieke geval van James Chaffin. Als we aannemen dat een en ander werkelijk verlopen is als Jacqueline v. S. beweert, dan moeten we haar verhaal opvatten als een sterke aanwijzing voor de stelling dat overledenen emotioneel betrokken kunnen blijven bij hun nabestaanden (vgl. Rivas & Dirven, 2006). Deze stelling past goed bij een algemenere theorie dat overledenen psychologisch gezien op een vergelijkbare manier kunnen functioneren als levende mensen.

Literatuur
- Bosga, D. (1986). *Een broertje dood aan spiritisme.* Deventer: Ankh-Hermes.
- Fontana, D. (2005). *Is there an afterlife? A comprehensive overview of the evidence.* Hants: O Books.
- Rivas, T. (2003). Spoken bestaan: geestverschijningen met paranormale informatie. *Prana, 135,* 78-85.
- Rivas, T, & Dirven, A. (2004). Dankbaarheid bij overledenen: Twee mogelijke gevallen. *Tijdschrift voor Parapsychologie, 2,* 16-19.
- Salter, W.H. (1961). *Zoar, or The Evidence for Psychical Research Concerning Survival.* Londen: Sidgwick and Jackson.

Dit artikel werd gepubliceerd in het Tijdschrift voor Parapsychologie en Bewustzijnsonderzoek, nr. 2 [378], juni 2008, blz. 9-11.

(1) Met dank aan Mary Remijnse en Bram Maljaars van Stichting Spirituele Ontwikkeling.

Dankbaarheid bij overledenen: twee mogelijke gevallen

door Titus Rivas en Anny Dirven (zie Voetnoot onderaan)

Samenvatting
Dit artikel bespreekt beknopt twee Nederlandse gevallen van een mogelijke constructieve invloed van de kant van een overledene op een levende; het geval Henriëtte Roos van Ian Stevenson en het recentere geval Wim Stevens van Stichting Athanasia.
De auteurs gaan om diverse redenen zelf niet uit van de gangbare theorie van de ultieme hersengebondenheid van de persoonlijke geest en nemen de gevallen daardoor serieus als aanwijzingen voor bewuste inmenging na de dood.

Inleiding
In het nieuwste boek van dr. Ian Stevenson (2003), *European Cases of the Reincarnation Type*, komt slechts één Nederlands geval voor, dat van Henriëtte Roos. Mevrouw Roos lijkt onder de positieve creatieve invloed te hebben gestaan van de overleden Spaanse schilder Francisco de Goya (1746-1828). Volgens een medium zou dit samenhangen met hulp

en genegenheid die Goya ontving van Henriëtte in haar vorige leven. Stevenson beschouwt het geval als een aanwijzing voor het bestaan van dankbaarheid bij een overledene.

Ook uit Nederland komt een recent geval waar wij zelf bij betrokken zijn. Het betreft Wim Stevens, de echtgenoot van één van ons (AD). Na een hartaanval droomde hij over een jong meisje dat hem 'geholpen' zou hebben en dat later in verband gebracht werd met een overleden buurmeisje. Wim had dit meisje vaak gezelschap gehouden aan haar ziekbed.

In dit artikel een korte beschrijving van beide gevallen en een verkenning van mogelijke implicaties. Deze paper is het resultaat van een project van Stichting Athanasia te Nijmegen.

Henriëtte Roos
De Nederlandse Henriëtte Roos werd geboren in 1903 in Amsterdam. Op haar 22e trouwde ze met een Hongaarse pianist, genaamd Weisz. Vreemd genoeg voelde ze zich daarbij vooral aangetrokken tot diens achternaam, en minder tot zijn persoonlijkheid. Het wekt dan ook geen verbazing dat ze ongeveer 8 jaar later van hem scheidde, maar daarbij wel zijn achternaam aanhield.

Al op jonge leeftijd vertoonde Henriëtte zowel een talent voor schilderkunst als voor muziek. Ze wilde zich aan het schilderen wijden, maar mocht van haar ouders niet naar de kunstacademie. Na haar scheiding won ze in 1934 een talentenjacht en kreeg daarbij een beurs om in Parijs te gaan studeren. Ongeveer twee jaar later hoorde ze op een avond terwijl ze op bed lag plotseling een stem die haar aanspoorde met de woorden: "Wees eens niet zo lui, sta op en ga aan het werk." Ze besteedde hier eerst geen aandacht aan, maar kreeg na enige tijd weer dezelfde opdracht. Opnieuw bleef ze in bed liggen, totdat ze de stem nog een derde maal hoorde. Henriëtte stond dit keer wel op en gaf gehoor aan een drang om haar schildersezel in een donkere hoek van de kamer te zetten. Ze begon vervolgens koortsachtig in het duister te schilderen, zonder te kunnen zien waar ze mee bezig was. Pas de volgende ochtend kwam ze erachter dat ze een mooi portretje van een jonge vrouw had geschilderd. De ochtend daarop liet ze het schilderij direct zien aan een goede vriendin, die haar vanwege haar eigen interesse in spiritisme in contact bracht met een plaatselijk helderziend medium. Tijdens een psychometrische sessie, zag dit medium grote gouden letters voor zich die samen de naam Goya vormden. Ze beweerde dat de Spaanse schilder Henriëtte uit een vorig leven kende, toen hij op de vlucht voor vijanden aan het einde van zijn incarnatie in Zuid-Frankrijk was beland en daarbij gastvrij was ontvangen in haar huis. Goya zou haar willen begeleiden op haar artistieke weg.

Diezelfde avond trof Roos, die bijna niets wist van de schilder, bij een Franse musicus thuis een boekje genaamd "La vie de Goya" aan. Daarin las ze dat Goya inderdaad een tijd lang in Bordeaux had verbleven bij ene Leocadia Weiss en haar dochter Rosario Weiss. De Spaanse Leocadia was als Leocadia Zorilla gehuwd met de Duitser Isidor Weiss.

Direct na deze merkwaardige ontdekking, verdween de gehechtheid aan de naam Weisz die Henriëtte tot dan toe steeds had gevoeld.

Mevrouw Roos wachtte tot 1958 alvorens ze een verslag schreef over haar ervaringen voor de American Society for Psychical Research. Naar aanleiding daarvan ontmoette Ian Stevenson haar persoonlijk en onderhield hij bovendien een correspondentie met haar. Ze vertelde hem dat ze nog vier vergelijkbare ervaringen met Goya's 'hulp' rond de productie van schilderijen had gehad, waarbij ze telkens met een ongebruikelijke snelheid, gemak en vaardigheid te werk was gegaan.
Dr. Stevenson probeerde vast te stellen welke vrouw het meest in aanmerking kwam als degene die Roos in

haar vorige leven geweest kon zijn, Leocadia of
Rosario Weiss. Hij kwam er onder meer achter dat
Rosario net als Henriëtte (en in tegenstelling tot haar
moeder) sterk artistiek en muzikaal begaafd was
geweest en dat Goya had geprobeerd haar daarin te
stimuleren. Goya bleek sterk gehecht aan Rosario en
hij noemde haar van daaruit soms zelfs "mijn
dochter".

Stevenson stelt dat dit geval wijst op een behoefte van
de overleden schilder om zijn geliefde Rosario ook na
haar reïncarnatie te blijven begeleiden. Hij zou daarbij
geleid worden door een sterk gevoel van dankbaarheid
voor haar genegenheid. Merkwaardig genoeg lijkt de
voornaam uit het vorige leven op de meisjesnaam van
Henriëtte.

Stevenson hecht duidelijk belang aan dit geval,
aangezien hij het eerste schilderij dat Henriëtte Roos
onder invloed van Goya zou hebben geschilderd, heeft
laten verwerken in de kaft van zijn boek (2003). Hij
nam het geval al eerder op in zijn vroegste werk over
reïncarnatieonderzoek (Stevenson, 1960).

Wim Stevens
De 72-jarige Wim Stevens uit Budel werd op 31
oktober 1931 geboren. Op 13 augustus 2002 kreeg hij
een hartinfarct waarvoor hij twee keer gedotterd werd,
gevolgd door een openhartoperatie. Dit alles was

zowel voor hemzelf als voor zijn vrouw (AD) bijzonder ingrijpend en emotioneel. Wim ontsnapte op het nippertje aan de dood en beleefde daarbij een klassieke bijna-doodervaring die echter buiten het bestek van dit artikel valt.

Nadat dhr. Stevens weer terug naar huis mocht, had hij op 4 oktober 2002 een merkwaardige droom. Hij kreeg wazige beelden te zien van een jong meisje, van wie hij het gezicht niet goed kon waarnemen en dat hij daarom ook niet herkende. Ze vertelde hem dat ze hem al eerder had willen helpen, maar dat hij toen nog te ziek was. De droom leek te impliceren dat er een overleden meisje bestond dat zich geestelijk over hem had ontfermd.

Wim werd, zoals in die periode wel vaker gebeurde, rond kwart voor 4 's ochtends bezweet wakker, maar dit keer voelde hij zich, in tegenstelling tot voorgaande dagen, heel fijn. Hij kon elke lichamelijke houding aannemen zonder ergens last van te krijgen. De dagen ervoor had hij 's morgens telkens pijn bij het ontwaken en was zijn lichaam verkrampt. Vandaar dat hij deze ochtend nog even "Dank je wel!" zei tegen het meisje uit de droom.

Wim Stevens voelde zich erg ontroerd door de droom en deelde hem dan ook direct met zijn vrouw. Anny

Dirven vertelde Titus Rivas vervolgens via e-mail wat Wim overkomen was, waarop TR haar verzocht om haar man te vragen waar hij aan moest denken naar aanleiding van het thema van zijn droom. Kende hij soms een jong meisje dat onlangs of wat langer geleden gestorven was?

Terwijl AD dit verzoek van TR las kreeg ze onaangekondigd de naam We(e)gels 'door'. Dit soort mogelijk paragnostische indrukken had Anny Dirven daarvoor al eerder gekregen over andere onderwerpen, zodat ze er ook nu wel enige waarde aan hechtte. Ze ging dan ook naar beneden en vroeg Wim of deze naam hem misschien iets zei, en ze noteerde zijn antwoord.
Stevens zei: "Hoe kom je daaraan? Dat heb ik jou nooit verteld. Dat waren vroeger in mijn jeugd onze buren en ze woonden toen in Budel Dorplein [AD komt zelf uit Breda]. En daar kwam ik veel. Daar hadden ze een meisje dat Mia heette. Ze is met 10 of 11 jaar overleden. Ik kan dat nog zo voor mijn geest halen. Ze kreeg vaak de stuipen en was heel dik van het vocht dat haar lichaam vasthield. Ze zag eruit alsof ze helemaal was opgeblazen en is op een gegeven moment gestikt. Op het laatst van haar jonge leven lag ze op bed en ze kwam er niet meer uit. Ik speelde spelletjes met haar, zoals kaarten, raadseltjes en mens-erger-je-niet, enz."

AD stelde enkele weken later via via vast dat het meisje dat Wim in zijn jeugd vaak gezelschap had gehouden inderdaad Mia Weegels heette. Het meisje was geboren op 26 september 1933 en aan haar ziekte overleden in augustus 1942, d.w.z. op bijna negenjarige leeftijd, toen Wim zelf bijna 11 jaar oud was. Zowel Anny Dirven als Wim Stevens zelf zijn er van overtuigd dat ze het nooit met elkaar over dit meisje hadden gehad voordat de droom ter sprake kwam.

Waar wijzen deze gevallen op?
In beide gevallen lijkt het tenminste een reële mogelijkheid dat een overledene een levende bewust heeft bijgestaan vanuit warme gevoelens van dankbaarheid en genegenheid. Deze interpretatie is uiteraard bij voorbaat uitgesloten als men vasthoudt aan de theorie dat wetmatige correlaties tussen geest en hersenen eenduidig uitwijzen dat men de dood geestelijk niet kan overleven. In dat geval zouden we hoe dan ook moeten denken aan puur toeval, cryptomnesie of zelfbedrog, hoe vergezocht elk van deze hypothesen ook lijkt. Telepathie is in de ogen van de meeste aanhangers van de theorie van de hersengebondenheid van de geest overigens al een heel problematisch concept (Rivas, 2003b) en bovendien lijkt ze in beide gevallen onaannemelijk

doordat de persoon van tevoren zelf geen bewuste link met de overledene had gelegd.
Er bestaan volgens ons echter in het algemeen voldoende wijsgerige (Rivas, 2003a) en empirische (Van Lommel et al., 2001; Rivas, 2000, 2003b; Smit, 2003; Stevenson, 1997, 2000) argumenten om de algemene theorie dat er geen persoonlijk overleven na de dood mogelijk is te verwerpen.

Als we de interpretatie van Stevenson serieus nemen en toepassen op beide gevallen, lijkt het heel aannemelijk dat overledenen mee kunnen leven met hun nabestaanden en hen kunnen begeleiden. In het geval Henriëtte Roos gaat deze begeleiding zelfs nog door nadat ze gereïncarneerd is, wat overeenkomt met andere aanwijzingen voor persoonlijke banden die over meer dan één leven standhouden (Rivas, 2001, 2002, 2003c). Maar ook in het geval van Wim Stevens is er een lange periode verstreken op het moment dat hij de hulp van de overleden Mia gewaar lijkt te worden.

Al duizenden jaren gelooft de mens in geesten en engelbewaarders en de interventie van overledenen of voorouders. Het lijkt er warempel op dat deze concepten wel eens veel meer zouden kunnen behelzen dan puur bijgeloof.

Referenties
- Lommel, P. v., Wees, R. v., Meyers, V., & Elfferich, I. (2001). Near-death experience in survivors of cardiac arrest: a prospective study in the Netherlands. *The Lancet, 358*, 9298, 2039-2044.
- Rivas, T. (2000). *Parapsychologisch onderzoek naar reïncarnatie en leven na de dood.* Deventer: Ankh-Hermes.
- Rivas, T. (2001). Tweelingen en reïncarnatie. *Prana, 135*, 58-63.
- Rivas, T. (2002). Signalen uit de hemel. *Prana, 129*, 63-68.
- Rivas, T. (2003a). *Geesten met of zonder lichaam: pleidooi voor een dualistisch personalisme.* Delft: Koopman & Kraaijenbrink.
- Rivas, T. (2003b). Bijna-Dood Ervaringen: een vergelijking van filosofische interpretaties. *Tijdschrift voor Parapsychologie, 70*, 2, 12-15.
- Rivas, T. (2003c). *Uit het leven gegrepen: beschouwingen rond een leven na de dood.* Delft: Koopman & Kraaijenbrink.
- Smit, R.H. (2003). De unieke BDE van Pamela Reynolds (Uit de BBC-documentaire 'The Day I Died'). *Terugkeer, 14*, 2.
- Stevenson, I. (1960). The evidence for survival from claimed memories of former incarnations. *Journal of the American Society for Psychical Research, 54*, 51-71 & 95-117.

- Stevenson, I. (1997). *Reincarnation and Biology.* Westport/Londen: Praeger.
- Stevenson, I. (2000). *Bewijzen van reïncarnatie.* Deventer: Ankh-Hermes.
- Stevenson, I. (2003). *European Cases of the Reincarnation Type.* Jefferson & Londen: McFarland & Company Inc. Publishers.

Abstract
The authors briefly discuss two Dutch cases of a possible constructive impact from a discarnate spirit on a living person; Henriette Roos studied by Ian Stevenson and the more recent case of Wim Stevens of Athanasia Foundation.
For both philosophical and empirical reasons, the authors reject the theory of the personal mind's ultimate dependence on the brain and therefore they take these cases seriously as evidence for an intentional discarnate intervention after death.

Dit artikel werd in 2004 gepubliceerd in het *Tijdschrift voor Parapsychologie*, 2, 16-19.

Nieuw onderzoek naar mediums: Bewijs geleverd?

door Titus Rivas en Anny Dirven

Nog maar enkele decennia geleden dacht men vrij algemeen dat de bloeitijd van experimenteel onderzoek naar spiritistische mediums definitief achter ons lag. Amerikaanse geleerden als Gary Schwartz en Julie Beischel bewijzen dat dat niet zo is. Maar wat bewijzen zij nog meer? Dat mediums echt contact hebben met de doden? Wij lazen hun onderzoeksresultaten en doen verslag..

Eind negentiende eeuw, begin twintigste eeuw bogen vroege parapsychologen zich systematisch over claims van mensen die regelmatig in contact met overledenen zouden staan. Dit leverde sterk bewijsmateriaal op, maar zonder dat hun resultaten veel invloed hadden binnen de wetenschap als geheel. Het grote publiek kreeg daarom de indruk dat de seances ondanks alle inspanningen niets bruikbaars hadden opgeleverd. Alsof alle mediums in feite voorgoed ontmaskerd waren. Vanaf de jaren 30 van de vorige eeuw kwam het accent voor veel parapsychologen steeds meer bij andere gebieden te liggen. Er werden van tijd tot tijd nog wel interessante individuele casussen en gedocumenteerde ervaringen van mediums bestudeerd. Maar gecontroleerde sessies met een en hetzelfde medium leken voortaan tot het verleden te behoren. Wat betreft paranormale vermogens bleken geleerden eerder geïnteresseerd te zijn in helderziendheid en telepathie dan in proefpersonen die konden communiceren met geesten.

Hernieuwde belangstelling
Eind jaren 90 leek er een kentering op te treden in dit patroon. Waarschijnlijk gebeurde dit mede onder invloed van het onderzoek naar bandstemmen en andere zogeheten 'instrumentele transcommunicatie' met de geestenwereld. Parapsychologen raakten opnieuw betrokken bij seances, waarbij ze vooral gericht waren op de productie van zoveel mogelijk paranormale fenomenen. De nadruk lag voor een belangrijk deel op fysieke verschijnselen, zoals de materialisatie van voorwerpen en zelfs hele gestalten van mensen of dieren. Het bewijsmateriaal voor communicatie met overledenen leek bij dit onderzoek van ondergeschikt belang. Vaak redeneerde men simpelweg dat sommige paranormale manifestaties zo indrukwekkend waren, dat ze wel van gene zijde afkomstig *moesten* zijn. Sommige van deze projecten, zoals het Britse Scole Experiment zijn parapsychologisch interessanter dan andere, omdat we

mogen aannemen dat de deelnemers geen bedrog hebben gepleegd. Er wordt ook nu nog onderzoek gedaan naar fysieke mediums, bijvoorbeeld door de Felix Experimentele Groep uit Duitsland en rond David Thompson in Australië. Het is volgens critici echter de vraag of men genoeg maatregelen neemt om bedrog bij hun sessies te voorkomen.

Schwartz en Beischel
In dit artikel willen we het vooral over de recente *revival* van het 'mentale mediumschap' hebben, een vorm van mediumschap waarbij de geestelijke communicatie met overledenen centraal staat. De grootste projecten op dit gebied zijn opgezet door de veelzijdige Amerikaanse geleerden Gary Schwartz en Julie Beischel. Dit betekent overigens niet dat dit de enige parapsychologen zijn die er mee bezig zijn geweest. Andere bekende namen in dit verband zijn bijvoorbeeld Archie Roy en Emily Williams Kelly. Gary Schwartz was onder meer hoogleraar psychologie en psychiatrie aan de universiteit van Harvard. Hij begon begin jaren 2000 met grootschalig onderzoek naar mediums en onderzocht later bovendien andere, al even controversiële vraagstukken zoals het bestaan van een schepper en paranormale energieën. Julie Beischel is gepromoveerd in de farmacologie en toxicologie. Zij raakte als tiener geïntrigeerd door het vraagstuk van

een voortbestaan, na de vroege dood van haar moeder. Samen runden Schwartz en Beischel het zogeheten VERITAS-programma aan de universiteit van Arizona, dat zich toespitste op het experimenteel toetsen van de mogelijke gaven van spiritistische mediums. Na enkele jaren werd dit programma afgesloten, waarna Beischel en haar man Mark Boccuzzi besloten een eigen instituut op te richten. Dit *Windbridge Institute for Applied Research in Human Potential* is vanaf 2008 actief. Het instituut wordt ondersteund door bekende geleerden zoals Erlendur Haraldsson, Jim Tucker en Bruce Greyson. Beischel en haar team doen er in feite hetzelfde soort onderzoek als vroeger. Maar ze houden zich ook bezig met aanverwante thema's, waaronder de ontwikkeling van apparaten voor instrumentele transcommunicatie, spontane spookverschijnselen en bewustzijn bij dieren. Bijzonder aan het Windbridge Institute is verder dat het individuele mediums toetst op hun mediamieke vaardigheden en hun een certificaat verleent als ze daar goed doorheen komen. Onderzoek naar mediumschap is hoe dan ook een van de voornaamste interesses van het instituut.

Sinds 2008 is Gary Schwartz verder gegaan met het zogeheten SOPHIA-programma, in feite een voortzetting van VERITAS. Mediumschap heeft nog steeds de belangstelling van Schwartz, maar het SOPHIA-programma combineert dit met vraagstukken als mogelijke communicatie met gidsen, engelen en zelfs God. Schwartz noemt al dit soort projecten "postmaterialistische wetenschap" omdat het gaat om onderwerpen die alleen onderzocht kunnen worden als men het materialistische wereldbeeld loslaat.

De experimenten
Net als rond de vorige eeuwwisseling werken onderzoekers ook nu weer met mediums die er zelf van overtuigd zijn mediamieke gaven te bezitten. Zij worden getest op hun eventuele vermogens en men concentreert zich op mensen die de beste prestaties leveren. Populaire Amerikaanse mediums zoals John Edward, George Anderson en Allison DuBois deden hier met succes aan mee (helaas kreeg DuBois later wel ruzie met Schwartz maar dat valt buiten het bestek van dit artikel.) In bepaalde opzichten doet de methode denken aan die van Nederlandse televisieprogramma's zoals *Het Zesde Zintuig*. Bij de experimenten maakt men gebruik van vrijwilligers die graag persoonlijke informatie van een overledene willen ontvangen, in de vorm van een reading. Daarbij mag de vrijwilliger zelf bepalen met welke specifieke dierbare hij of zij contact wil maken. Vervolgens krijgt het medium alleen minimale informatie over de vrijwilliger om zich op de gewenste overledene te kunnen afstemmen. Uiteraard zorgen de onderzoekers

ervoor dat hier geen contactgegevens in voorkomen.
Vervolgens wordt de reading beoordeeld op overeenkomsten met de realiteit. Aanvankelijk gebeurde dit nog door de vrijwilligers zelf, maar later maakte men gebruik van beoordelaars die niet wisten op wie de reading gericht was. Zelfs de experimentator was hiervan niet op de hoogte bij deze zogeheten "triple-blind"experimenten.
Men probeert in het algemeen systematisch alle mogelijke normale bronnen uit te sluiten, zoals bedrog en *cold reading*. Dit laatste is een techniek waarbij een medium ongemerkt informatie verzamelt door bepaalde vragen te stellen en te letten op allerlei aanwijzingen in het uiterlijk of gedrag van de aanzitters. Ook streeft men naar zo helder en eenduidig mogelijke readings om te voorkomen dat de uitspraken van mediums zo vaag worden dat ze op iedereen van toepassing kunnen zijn. Julie Beischel heeft bovendien een project ontwikkeld rond de subjectieve beleving van mediums bij verschillende soorten readings. Veel mediamiek begaafden geven namelijk niet alleen readings over overledenen, maar zijn daarnaast ook nog werkzaam als paragnost. Beischel probeert vast te stellen of er systematische verschillen bestaan in de beleving van deze twee vormen van paranormale communicatie.
Volgens Schwartz en Beischel tonen hun experimenten in elk geval aan dat er werkelijk

mediums zijn die paranormale readings kunnen geven over overleden dierbaren. Bovendien blijken er opvallende overeenkomsten te bestaan in de manier waarop mediums de twee soorten readings beleven, hoewel hier ook individuele verschillen in optreden.

Kritiek
Experimenten met spiritistische mediums zijn tegenwoordig nog net zo controversieel als honderd jaar geleden. Dit blijkt uit de felle reacties op het onderzoek van Schwartz en Beischel. Materialistische skeptici, zoals Richard Wiseman, beschouwen het als pseudowetenschap. Ze vinden dat de onderzoekers te weinig moeite hebben gedaan om normale factoren te elimineren. Meestal wordt het onderzoek daarom genegeerd, hoewel er bijvoorbeeld wel een publieke discussie is geweest tussen Schwartz en de bekende skepticus Ray Hyman. Andere kritiek komt van de kant van parapsychologische collega's. Zij stellen dat het onderzoek onvoldoende duidelijk kan maken of de informatie over iemand die gestorven is echt berust op communicatie met die overledene zelf. In principe zouden de paranormale uitspraken volgens hen ook nog kunnen voortkomen uit telepathie met de vrijwilligers of helderziendheid met betrekking tot het verleden (terugschouw). Experimenteel onderzoek naar mediums gaat eigenlijk altijd gepaard met een sterke motivatie om het bestaan van de postume

communicatie te bewijzen. In theorie zou dit ertoe kunnen leiden dat een medium onbewust paranormale vermogens inzet zonder dat er echt contact wordt gelegd met het dodenrijk. Dit geldt natuurlijk extra wanneer een medium ook nog eens werkzaam is als paragnost. Zoals gezegd heeft Julie Beischel getracht dit bezwaar te ondervangen door mediums te vragen een onderscheid te maken tussen readings over levenden en readings over overledenen. Dit heeft weliswaar interessante data opgeleverd, maar het is de vraag of die werkelijk meer blootleggen dan die beleving zelf. Wanneer iemand iets op een bepaalde manier beleeft, wil dat nu eenmaal nog niet zeggen dat het ook echt zo is.

Het Windbridge Instituut stelt dat het nog veel belangrijker is dat nabestaanden, maar ook stervenden getroost en gesterkt worden door readings. Hetzelfde kan men echter zeggen van alle mogelijke vormen van bijgeloof. Zodra mensen daarin geloven, kan dit al een positief effect hebben. Het is daarom begrijpelijk dat tegenstanders hier niet erg van onder de indruk zijn.

Toch denken wij dat de experimenten van de teams van Gary Schwartz en Julie Beischel parapsychologisch van belang zijn. Ze maken het zeer aannemelijk dat er werkelijk paranormale mediamieke readings en begaafde mediums bestaan. Eenduidig bewijsmateriaal voor contact met gene zijde vinden we eerder bij spontane casussen. Daarbij worden mensen vaak verrast door boodschappen van overledenen zonder dat ze daar van tevoren al op uit waren. Het initiatief gaat dan veel duidelijker van die overledenen zelf uit en het is nogal vergezocht om dan toch aan iets anders te denken. Maar een combinatie van spontane casussen en experimenteel onderzoek kan waarschijnlijk wel blootleggen welke processen er zoal betrokken kunnen zijn bij dit type communicatie.

Meer weten? Zie: http:/www.drgaryschwartz.com en http://www.windbridge.org

Dit artikel werd gepubliceerd in *ParaVisie*, april 2016, jaargang 31, blz. 57-59.

7. Bezetenheid

Bezeten door een vreemde geest

door Titus Rivas en Anny Dirven

In de recente film *The Astronaut's Wife* met Johnny Depp en Charlize Theron wordt een zeer oud thema behandeld: het lichaam van een astronaut raakt tijdens een ruimtereis bezeten door een griezelig buitenaards wezen, met akelige consequenties voor zowel de astronaut zelf als zijn vrouw. Net als bij *Rosemary's Baby* gaat het om een originele weergave van de gedachte dat een vreemde geest ons eigen lijf kan overnemen.
Nogal wat tijdgenoten zullen die gedachte overigens zonder voorbehoud naar het rijk der fabelen verwijzen als iets wat alleen thuishoort in de Wereld van de sciencefiction en de fantasie. Toch heeft het concept bezetenheid vroeger in elk geval een rol vervuld bij de interpretatie van bepaalde verschijnselen. We zouden het dus eerst eens nader moeten bestuderen alvorens het te als onzinnig te verwerpen.

Schijnbaar bezeten
Er zijn waarschijnlijk altijd wel mensen geweest met vreemd gedrag dat volgens hun omgeving wees op

demonische bezetenheid. Dat is bijvoorbeeld gedacht van lijders aan epilepsie, maar ook van allerlei soorten psychiatrische patiënten, zoals schizofrenen. Onder natuurvolkeren was bezetenheid vaak een belangrijk onderdeel van een algemener verklaringsmodel waarbij invloeden van geesten centraal stonden. Er zijn zelfs nu nog extreem Bijbelvaste auteurs die serieus geloven dat psychoses altijd veroorzaakt worden door duivelse invloeden en dat genezing dus ook neerkomt op duiveluitdrijving oftewel exorcisme. Toch is dat niet bepaald aannemelijk, omdat er allerlei andere (psychologische en lichamelijke) oorzaken van deze aanduidingen in kaart zijn gebracht. Teruggaan naar de gedachte dat bezetenheid de enige bron is van geestesstoornissen betekent daarom het overboord gooien van bijna alle resultaten van psychologisch en psychiatrisch onderzoek. Slechts met één verschijnsel dat psychiaters doorgaans toeschrijven aan innerlijke psychologische processen zou echt iets aan de hand kunnen zijn. We hebben het dan over gevallen waarin een vreemde geest zich expliciet bekend zou maken zonder dat er sprake is van organische aandoeningen. In de reguliere psychiatrie worden die gevallen beschouwd als een vorm van secondaire of meervoudige persoonlijkheid (MPD). Daarbij wordt er als het ware op een onbewust niveau van de eigen geest een stukje persoonlijkheid tijdelijk afgescheiden van de rest. Dit proces staat bekend onder de naam dissociatie, en vindt meestal plaats onder invloed van een emotioneel traumatische gebeurtenis. De nieuwe persoonlijkheid die zo naast de oorspronkelijke persoonlijkheid ontstaat, vervult een psychologische functie voor de persoon als geheel, omdat er allerlei gevoelens en neigingen mee kunnen worden uitgeleefd. Mensen met zo'n stoornis weten vaak in normale toestand niet meer wat ze hebben gedaan terwijl ze functioneerden als de nieuwe persoonlijkheid. Het kan daarbij gaan om een aanzienlijk aantal persoonlijkheden naast elkaar binnen één en dezelfde persoon. De afgesplitste persoonlijkheden kunnen sterk verschillen van de normale persoonlijkheid. Het wekt dan ook geen verbazing dat meervoudige persoonlijkheden nogal eens worden opgevat als gevallen van echte bezetenheid door een vreemde geest ban buitenaf.

Echt bezeten?
Als er werkelijk bezetenheid bestaat, dan zal dit op het eerste gezicht lijken op meervoudige persoonlijkheid. Hulpverleners zullen dan ook niet gauw geneigd zijn om een geval te verklaren door middel van een externe entiteit als dat ook al kan door splitsing binnen de persoon zelf. Dat is zoals gezegd terecht, omdat er ook hij meervoudige persoonlijkheid grote verschillen kunnen zijn vergeleken met hoe de persoon normaal is.

Toch is er een aantal verschijnselen bekend die je op het eerste gezicht niet zo gemakkelijk op die manier kunt weg verklaren. Allereerst zijn er gevallen waarbij er allerlei paranormale dingen gebeuren. Iets of iemand beweert bijvoorbeeld dat hij een duivel is en vertoont daarbij helderziende of telepathische kennis. Er kunnen ineens rare tekens verschijnen op iemands huid zonder dat daar een normale verklaring voor is. Meubels blijken plotseling zomaar verschoven te zijn, het kan stenen regen of voorwerpen vliegen opeens in brand. Dit soort poltergeistverschijnselen zijn van oudsher toegeschreven aan demonen of plaaggeesten (*poltergeist* betekent letterlijk ook klopgeest). Maar zo eenvoudig ligt het toch niet. Er is namelijk alle reden om te veronderstellen dat ook de meeste of zelfs alle gevallen van wat zich voordoet als demonische bezetenheid in werkelijkheid berust op meervoudige persoonlijkheid. Poltergeist komt namelijk ook voor' zonder dat er een demon in het spel zou zijn, en lijkt dan verbonden aan iemand die lijdt onder grote spanningen van hetzelfde type dat meestal verantwoordelijk is voor dissociatie. Zuiver het gegeven dat er paranormale verschijnselen optreden betekent dus nog niet dat er ontlichaamde zielen bij betrokken zijn. Je moet eerst uitsluiten dat ze voortkomen uit de psyche van de levende zelf.

Onbekende overledenen

Sommige onderzoekers gaan er bij voorbaat vanuit dat alle gevallen van bezetenheid op meervoudige persoonlijkheid berusten, maar dat lijkt te kort door de bocht. Er is namelijk ook een aantal gevallen die je moeilijk kunt weg verklaren als een soort rollenspel van de eigen onbewuste geest. We doelen hierbij op gevallen van bezetenheid door geesten die wel als mens op aarde hebben rondgelopen, maar zonder dat degene die door hen bezeten is, ooit van hen gehoord had. Er zijn dus onbekende overledenen van wie wel aangetoond kan worden dat ze echt hebben bestaan.

Voorbeelden:
Vooralsnog het beroemdste geval op dit gebied betreft het Indiase jongetje Jasbir. In 1954 leek Jasbir te zijn gestorven aan waterpokken. Zijn vader wilde hem nog datzelfde etmaal begraven, maar omdat het al nacht was, stelde hij de begrafenis uit tot de volgende ochtend. Een paar uur later merkte Jasbirs vader dat het lichaam van zijn zoon bewoog en uiteindelijk zelfs helemaal tot leven kwam. Het duurde nog een paar weken voordat de jongen zich weer duidelijk kun uitdrukken. Toen beweerde hij dat hij niet Jasbir, maar de zoon van ene Shankar uit Vehedi was. Hij wilde naar zijn vroegere woonplaats gaan en weigerde voedsel omdat hij bij een kaste zou horen die hoger was dan die van de familie van Jasbir. Hij vertelde ook dat hij was overleden bij een verkeersongeluk.

Zijn herinneringen kwamen sterk overeen met het leven en de dood van een jongeman van 22, Sobha Ram genaamd, de zoon van Sri Shankar Lal Tyagi uit Vehedi. De jongen identificeerde zich sterk met zijn leven als Sobha Ram en herkende zelfs mensen uit dat leven. De oorspronkelijke Jasbir kwam niet meer terug naar het lichaam bezeten door de geest van Sobha Ram.

Een ander voorbeeld draait om een Indiase vrouw, Sumitra genaamd. Sumitra fungeerde als een soort religieus medium totdat ze op een keer haar eigen dood voorspelde. Ze leek inderdaad. op de aangegeven dag te overlijden, maar kwam toch weer tot leven. Daarbij beweerde ze echter een andere vrouw te zijn, Shiva Tripathi. Ze zou twee maanden tevoren zijn overleden en verstrekte informatie die het mogelijk maakte om haar verhaal te verifiëren. Ook het gedrag van Shiva verschilde sterk van dat van Sumitra.
Overigens komt dit snort gevallen waarschijnlijk al heel lang voor. Volgens Maria Penkala. zou er sen geval zijn geweest in 1756, tijdens het Ch'ien Lung-regime in China. In die dagen zou er een lelijke en blinde vrouw van in de dertig geleefd hebben, Een boerin die in een dorpje wonde in het Ling-pi-clistrict in Noord-West Anhui. Ze was erg dik en ze was al meer dan 10 jaar ziek. Toen ze uiteindelijk overleed,

liet haar man een doodskist halen maar toen hij terugkwam, leek het alsof ze weer tot leven gewekt werd, toen haar 'lijk' erin werd gelegd, Haar man wilde haar omhelzen, maar ze duwde hem weg en zei met tranen in haar ogen: "Ik ben Wang uit het dorp hier in de buurt. 1k hen ongehuwd. Waarom hen ik hier? Waar zijn mijn ouders en zusters?" De vreugde van de boer sloeg om in paniek. Hij stuurde onmiddellijk iemand naar de familie Wang toe. Daarbij bleek dat deze familie inderdaad treurde om het verlies van hun jongste dochter, die diezelfde ochtend begraven was. De familie Wang haastte zich naar het huis waar Mejuffrouw Wang zou zijn opgedoken. Zij omhelsde haar ouders onmiddellijk. De familie waarin ze uitgehuwelijkt zou worden herkende haar ook aan haar gedrag.

Verschillende fenomenen
Zoals gezegd hebben we werkelijk reden om te veronderstellen dat er gevallen bestaan waarin het lichaam van een levende wordt overgenomen door de geest van een overledene. In gevallen zoals die van Jasbir en Sumitra, lijkt de overname permanent te zijn, omdat de oorspronkelijke eigenaar niet meer terugkomt. Je zou dit verschijnsel kunnen beschouwen als een soort reïncarnatie in een lichaam dat al bezield was. Mogelijk kan dit vooral optreden bij gevallen van schijndood waarbij de oorspronkelijke ziel het

lichaam al verlaten zou hebben.
Daarnaast lijken er ook gevallen te bestaan van tijdelijke bezetenheid door een onbekende overledene. Hierbij blijft de persoon aan wie het lichaam toe behoorde aanwezig en krijgt hij er uiteindelijk ook weer de controle over. De bezetenheid kan daarbij onaangekondigd zijn, maar ook voorkomen in verband met spiritistische seances. In dat laatste geval is de levende er in feite zelf op uit.
Onderzoek naar bezetenheid is een heel complex gebied dat naast zuiver psychologische ook specifiek parapsychologische fenomenen omvat.

Literatuur
- Brande, SE. (2003). *Immortal Remains: The Evidence for Life after Death*. Lanham: Bowman & Littlefield Publishers.
- Penkala, M. (1972). *Reïncarnatie en preëxistentie*. Deventer: Ankh-Hermes.
- Rivas, T. (2003). *Uit het leven gegrepen: beschouwingen over een leven na de dood*. Delft: Koopman & Kraaijenbrink.
- Rivas, T. (2004). *Encyclopedie van de Parapsychologie van A tot Z*. Rijswijk: Elmar.
- Stevenson, Ian (1974). *Twenty cases suggestive of reincarnation*. Charlottesville: University Press of Virginia.
- Stevenson, I., Pasricha, S. & McClean-Rice (1989)

A case of the possession type in India with evidence of paranormal knowledge, *Journal of Scientific Exploration 3*, 81-101.

Dit artikel werd gepubliceerd in *Paraview*, jaargang 9, nummer 1, februari 2005, blz. 18-19.

Belaagd door demonen?

door Titus Rivas en Anny Dirven

Mensen kunnen 'bezeten' zijn van de meest uiteenlopende dingen. Zoals vrachtwagens, planten, modeltreintjes of muziek. Doorgaans heeft het woord 'bezeten' hierbij een positieve klank, net zoals wanneer iemand zegt 'gek' op zijn moeder te zijn. Maar de term 'bezetenheid' kan eveneens een negatieve betekenis hebben. Zij verwijst dan naar een situatie waarin een onstoffelijke geest bezit heeft genomen van een menselijk lichaam. Parapsychologisch onderzoek richt zich in dit verband vooral op neutrale vormen van bezetenheid. Bij zulke gevallen is een overledene als het ware onopzettelijk, zonder kwade bedoelingen in andermans lichaam beland. Volgens rooms-katholieke exorcisten is er echter ook nog zoiets als 'demonische' bezetenheid.

Kwaadwillende geesten
De Italiaanse pater Gabriele Amorth vertelt interviewer Marco Tosatti dat exorcisten zoals hij zelfs binnen de rooms-katholieke kerk een minderheidspositie innemen. In veel landen bestaan inmiddels geen duiveluitdrijvers meer, omdat de

meeste geestelijken er niet meer in een duivel geloven. Het thema wordt vaak onbesproken gelaten bij priesteropleidingen. Dit hangt mede samen met de onsmakelijke geschiedenis van de Kerk rond de bloedige vervolging van 'heksen' en ketters. Zo belandden veel mensen die volgens Amorth bezeten waren vroeger op de brandstapel, terwijl ze het juist verdienden bevrijd te worden van hun demonische belagers. Hij vindt het daarom begrijpelijk dat thema's als duivels en exorcisme sindsdien minder populair geworden zijn. Toch stelt de exorcist dat het doodzwijgen van deze onderwerpen gevaarlijk is omdat mensen ook tegenwoordig nog regelmatig gekweld worden door onreine geesten. Overigens gaat het daarbij in de meeste gevallen niet om een 'volledige' bezetenheid. Men kan allerlei gradaties onderscheiden die minder ingrijpend zijn. De duivel zou er namelijk niet primair op uit zijn om bezit te nemen van het menselijk lichaam. Waar het hem volgens Amorth werkelijk om gaat is de teloorgang van zielen doordat slachtoffers zich door de demonische beïnvloeding afwenden van het christelijke geloof. Let wel, pater Amorth is geen simpele dorpspastoor, maar een geleerde met een juridische opleiding die bijvoorbeeld diverse boeken heeft geschreven.

Marco Tosatti heeft de verhalen van Gabriele Amorth

over zijn exorcistische werkzaamheden enkele jaren geleden opgetekend in het boek *Memorie di un esorcista*. Dit boeiende boek laat onder meer zien dat er in de katholieke kerk nog altijd mensen zijn die het bestaan van een duivel letterlijk opvatten. De exorcist heeft het zelfs over een hele hiërarchie van gevallen engelen met Satan en Lucifer aan het hoofd en allerlei rangen daaronder. Elke demon zou een slaaf zijn van de duivel boven hem. Demonen zouden volgens de pater niet alleen extra kwetsbare 'zondaars' aanvallen, maar juist ook 'heiligen' met een voorbeeldige levenswandel.

Overigens zijn exorcisten niet de enigen die demonen kunnen uitdrijven. Er zijn mensen die hier zelfs zonder priesterwijding toe geroepen zijn, waaronder vrouwen. Exorcisme is volgens Amorth een zware taak. Om iemand definitief te verlossen van zijn belagers kunnen er talloze sessies nodig zijn en in sommige gevallen bereikt men slechts een gedeeltelijke verlichting van de situatie. In totaal heeft de pater naar eigen zeggen meer dan 70.000 keer een exorcistisch ritueel uitgevoerd.

Paranormale verschijnselen
In horror-films over bezetenheid lijken demonen bijna overal toe in staat. Ze spreken bijvoorbeeld talen die hun slachtoffer niet beheerst, beschikken over helderziende gaven en kunnen voorwerpen of zelfs

hele lichamen laten zweven (levitatie). Uit de memoires van pater Amorth blijkt dat deze verschijnselen zich inderdaad kunnen voordoen, hoewel minder frequent dan je op grond van de films zou verwachten. In veel gevallen blijken demonen zich vooral te beperken tot godslasterlijk gevloek, dreigementen en scheldpartijen. Ze zorgen er verder vooral voor dat het slachtoffer zich lichamelijk beroerd voelt.

Lichamelijke verschijnselen die Amorth bijvoorbeeld noemt zijn:
– kwijlen
– het spontaan verschijnen van wonden en bloedneuzen
– het opgeven van bloed
– stigmatisatie in de vorm van bloedige letters of figuren op de huid.

Andere fysieke fenomenen waar een exorcist mee te maken kan krijgen lijken sterk op de verschijnselen die onderzoekers bij poltergeist-gevallen hebben waargenomen. Bijvoorbeeld:
– klopgeluiden
– het verplaatsen van meubels
– kranen die zomaar opengedraaid worden
– deuren die zonder aanwijsbare oorzaak open en dichtgaan

– het verschijnen van gezichten op ramen
– het onverklaarbaar stuk gaan van huishoudelijke apparaten
– elektrische storingen
– storingen op telefoonlijnen
– doordringende geuren
– krassen op muren
– de materialisatie van spijkers en andere voorwerpen die uit het niets op de tong van het slachtoffer verschijnen.

Pater Amorth noemt wat betreft buitenzintuiglijke waarneming onder andere het fenomeen dat demonen op de hoogte blijken van geheime of gênante gedachten en gevoelens. Hij beschrijft bijvoorbeeld hoe een priester in verlegenheid werd gebracht doordat een duivel hem herinnerde aan seksuele uitspattingen. Overigens schrijft de pater zelfs het telepathische contact tussen een moeder en haar eigen zoon aan demonen toe.

Herkomst van de demonen
In het wereldbeeld van Amorth spelen katholieke denkbeelden uiteraard een belangrijke rol. Hij lijkt soms tamelijk naïef als hij zich afvraagt waar de klachten van de mensen die zijn hulp inroepen vandaan komen. Zo lijkt hij lichamelijke klachten zonder duidelijke medische oorzaak bijna direct met

de duivel in verband te brengen. Hij vermoedt overigens dat veel casussen waarin mensen belaagd worden door demonen beginnen met een soort vervloeking of betovering, ook al is hij uitdrukkelijk geen voorstander van het doden van heksen.

Toch erkent Amorth wel het bestaan van neutrale paranormale verschijnselen, met name in de vorm van 'natuurlijke' helderzienden. Dit zijn mensen die hun gave aan God te danken hebben en er geen kwaad mee aanrichten.

Wat vooral lijkt te ontbreken aan het referentiekader van de exorcist is het bestaan van schijnbare bezetenheid die in werkelijkheid berust op psychologische problemen bij de persoon die eraan lijdt. Parapsychologisch gezien ligt het juist voor de hand dat klachten die mensen aan demonen toeschrijven in werkelijkheid berusten op hun eigen onbewuste, psychologische problemen. Men moet dan denken aan onderdrukte gedachten, gevoelens of verlangens die als het ware een eigen leven gaan leiden en in de vorm van een denkbeeldige demon de kop opsteken. Dit heet in de psychiatrie ook wel dissociatie of gespleten persoonlijkheid. Hierin komen bezetenheidsgevallen bijvoorbeeld sterk overeen met veel poltergeist-incidenten buiten een specifieke katholieke context.

Ketterij
Wij denken dat het van groot belang is om deze psychiatrische hypothese veel serieuzer te nemen dan Amorth doet. In sommige gevallen kan de bezetenheidsproblematiek zonder psychotherapie helemaal uit de hand lopen. Het Duitse meisje Anneliese Michel leek bijvoorbeeld te worden overgenomen door demonen. Ze vertoonde geheugenverlies voor de periodes waarin dit leek te gebeuren. Michel vermagerde sterk en overleed zonder dat men de hulp van psychiaters had ingeroepen.
Een aantal verschijnselen die Amorth aan belagende demonen toeschrijft, komt ook los van een religieuze context in psychiatrische handboeken voor. Naast dissociatie is er bijvoorbeeld sprake van dwanggedachten waarbij iemand bang is anderen iets aan te doen ('harming obsession'), depressieve gevoelens en suïcidale gedachten.

Het antwoord op de vraag of er überhaupt echte demonen bestaan hangt sterk af van je algemenere wereldbeeld. Voor iemand als pater Amorth is hun bestaan vanzelfsprekend. Hij stelt zelfs dat iemand die niet in de realiteit van een persoonlijke duivel gelooft, geen echte christen kan zijn. Hij beschouwt het verwerpen van demonen dus in feite als een soort ketterij.

Wetenschappelijk gezien zijn er voor zover we weten vooralsnog geen overtuigende aanwijzingen voor echte demonen bekend. Alle paranormale verschijnselen die zich rond demonische belagers voordoen, kennen we in feite al uit andere situaties die niet geassocieerd worden met bezetenheid. En geen van de duivels die zich bij bezetenheidscasussen zouden manifesteren heeft ooit op aarde rondgelopen. Het is dus bij voorbaat onmogelijk om beweringen over de identiteit van dergelijke demonen door middel van historisch onderzoek te staven.

De mogelijke rol van overledenen
Er is trouwens wel een specifieke categorie die meer onderzoek verdient. Volgens Gabriele Amorth is er in sommige casussen sprake van de betrokkenheid van overledenen die zich tijdens hun leven hebben ingelaten met duistere praktijken.
De interessantste casus die Amorth in dit opzicht noemt betreft een echtpaar dat met hun dochter een landhuis beheerde en onderhield. Er deed zich in het huis een keur aan poltergeist-achtige verschijnselen voor. De televisie en radio gingen bijvoorbeeld plotseling aan en uit, meubels bewogen uit zichzelf, en schilderijen vlogen van de muur zonder dat hun lijst beschadigd raakte. De vrouw van het gezin werd regelmatig op het bed gesmeten en haar man had het gevoel dat men hem sloeg. Hun dochter voelde hoe

men haar optilde en van de trap gooide. Ook kon het gezin harde klopgeluiden horen, evenals voetstappen die leken op het geluid van marcherende soldaten. Amorth voerde exorcistische rituelen uit en stelde onder meer vast dat de eigenaar van het landhuis gruwelijke schilderijen maakte vol afbeeldingen van skeletten, duivels en wezens gekleed in een monnikspij.

Toen de exorcist zo'n negentig kilometer van het landhuis vandaan bezig was met een bezeten jonge vrouw, werd ze overgenomen door een duivel. Zonder aanleiding, beweerde de demon lachend dat de verschijnselen in het landhuis samenhingen met de ziel van iemand die men voor een erfenis van het leven had beroofd. Toen de jonge vrouw weer gekalmeerd was, maakte ze een tekening van iemand die ze tijdens het exorcistische ritueel gezien had. Het ging om een oude man met een baard. Amorth liet de tekening later zien aan de beheerders van het landhuis zien. Zij beweerden dat het gezicht van de man overeenkwam met een gezicht dat op een raam verschenen was. De exorcist benadrukt hierbij dat de jonge vrouw en het gezin elkaar niet kenden. Helaas slaagde Amorth er niet in om vast te stellen of er werkelijk een man met dit uiterlijk in het huis vermoord was. Hij is er echter van overtuigd dat het verhaal zeker waar kan zijn omdat hij vergelijkbare gevallen kent.

Demonen en 'ketters'
Gabriele Amorth keert zich als rechtgeaarde katholiek niet alleen tegen de demonen die zijn beschermelingen belagen, maar ook tegen aanhangers van 'ketterse' bewegingen. Daaronder vallen voor Amorth niet alleen het satanisme, maar ook het spiritisme en de New Age. Als we hem mogen geloven is een bezoek aan een parabeurs daarom levensgevaarlijk. Kaartlezers kunnen bijvoorbeeld best goede intenties hebben, maar doordat ze zich bezighouden met iets wat volgens de kerkelijke leer verboden is, stellen ze zich open voor demonische invloeden. Ongelovige 'occultisten' zouden volgens de exorcist zelfs mensen van ernstige ziekten kunnen afhelpen doordat ze een soort contract met de duivel hebben afgesloten.

Zulke in wezen bizarre opvattingen zie je wel vaker bij mensen die een fundamentalistisch geloof aanhangen. Een afwijking van de religieuze doctrines zou in de visie van zulke fundamentalisten op zich al volstaan om iemands werkzaamheden scherp te veroordelen. Ook al is het overduidelijk dat de 'ketter' alleen maar het best wil voor de mensen die zijn of haar hulp inroepen. En zelfs als hun inspanningen alleen maar leiden tot een verbetering van de lichamelijke en geestelijke gezondheid en zelfs de

levenswandel van de patiënten! Het is begrijpelijk dat veel moderne katholieken bij zoveel bekrompenheid weinig aandacht willen schenken aan verhalen over duivels en duiveluitdrijvers.
Amorth is overigens ook in andere opzichten geen al te aantrekkelijke pleitbezorger van zijn geloof. Zo beschouwt hij homoseksualiteit als tegennatuurlijk en vindt hij het verlangen van homostellen om kinderen te adopteren regelrecht absurd. Als er echt demonen bestaan, zouden wij het niet willen uitsluiten dat ze juist ook dit soort mensonwaardige ideeën proberen te promoten.

Literatuur
– D'arbó, S. (1981). *Posesiones y exorcismos... en profundidad*. Barcelona: Plaza & Janés.
– Goodman, F.D. (1980). *Anneliese Michel und ihre Dämonen*. Stein am Rhein: Christiana Verlag.
– Oesterreich, T.K. (1930). *Possession: Demoniacal and Other*. Londen: Kegan Paul, Trench, Trubner & Co.
– Rivas, T., & Dirven, A. (2005). Bezeten door een vreemde geest. *Paraview*, 9, 1, 18-19.
– Tosatti, M. (2010). *Memorie di un esorcista*. Milaan: Edizioni Piemme Spa.

Dit artikel werd gepubliceerd in **Paraview**, Jaargang 17, nummer 2, mei 2013, blz. 12-15.

8. Bestaan voor de conceptie

Geestelijk leven vóór de conceptie: Kinderen herinneren zich

door Titus Rivas en Anny Dirven

Spontane preëxistentie-herinneringen zijn herinneringen van voornamelijk jonge kinderen aan een bestaan als geestelijk wezen voor de lichamelijke conceptie. We kunnen ze onderscheiden van reïncarnatieherinneringen omdat ze geen betrekking hebben op een aards leven voor dit leven. Wanneer een kind ook herinneringen heeft aan een vroeger leven, vormt het geestelijk voorbestaan de ontbrekende schakel tussen die incarnatie en de huidige.

Eind 2015 voerden de Amerikaanse auteurs Neil Carman en Elizabeth Carman samen met ondergetekenden een grondig literatuuronderzoek uit naar herinneringen aan een voorbestaan. We beperkten ons daarbij tot spontane herinneringen van jonge kinderen. Ons onderzoek richtte zich primair op correcte, paranormale indrukken die een kind naar eigen zeggen had opgedaan tijdens de preëxistentie. We maakten daarbij een onderscheid tussen casussen waarbij de indrukken alleen geverifieerd waren door de persoon zelf en gevallen met directe bevestiging door iemand anders. In de meeste gevallen gaat het bij die externe bevestiging om een van de ouders. Na alle beschikbare serieuze literatuur over preëxistentie-ervaringen te hebben doorgenomen, hielden we 26 paranormale casussen over. Zes daarvan betroffen gevallen waarbij de indrukken alleen door de bron zelf geverifieerd werden en bij de overige twintig ging het dus om verificatie door iemand anders.

Baby op de weegschaal
Jonge kinderen kunnen beweren dat ze als geest dingen hebben waargenomen die zich voor hun geboorte op aarde afspeelden. Buitenzintuiglijke waarneming van de fysieke wereld heet in de parapsychologie ook wel "helderziendheid". Het speelt een grote rol bij herinneringen aan een voorbestaan. Op de website Spiritual Pre-Existence beweert ene Jennifer bijvoorbeeld dat ze als geest kon zien hoe zij zelf geboren werd. Ze ervoer hoe ze door een ziekenhuis zweefde en in een kamer uitkwam. Aan de linkerkant zag ze haar vader staan. Hij praatte met een verpleegkundige. Er lag een baby op een weegschaal. Ze ging het lichaam van de baby binnen en begon meteen te huilen. Toen ze deze gebeurtenissen als kleuter gedetailleerd tegenover haar ouders beschreef, gaf haar vader toe dat dit

allemaal precies zo gegaan was. (Overigens zijn er voldoende spontane herinneringen aan een verblijf in de baarmoeder bekend. We hoeven dus niet aan te nemen dat het indalen van de ziel meestal pas rond de geboorte plaatsvindt.)

In het geval van Jennifer hebben we alleen de beschikking over haar eigen verklaring. Er zijn echter ook genoeg casussen waarin de helderziende waarneming rechtstreeks bevestigd wordt door iemand anders. In het beroemde Amerikaanse reïncarnatiegeval van James Leininger schrijft zijn vader Bruce onder meer over de preëxistentieherinneringen van James. De jongen vertelde Bruce dat hij zijn ouders "gevonden" had op Hawaï en wel in het "grote roze hotel". Zonder dat zijn ouders dit aan hem verteld hadden, bleken ze enkele weken voor zijn conceptie feest te hebben gevierd in het zogeheten "Royal Hawaiian Hotel", dat roze geverfd was. Ze waren destijds vijf jaar getrouwd geweest.

Een ander voorbeeld van helderziendheid met directe externe bevestiging betreft een Japanse meisje. Ze vertelde haar moeder toen ze vijf was dat ze gezien had hoe haar moeder een prachtige witte jurk droeg en daarbij een hond in haar armen hield. De moeder bevestigde tegenover Japanse onderzoekers dat dit incident zich werkelijk had voorgedaan. Na de huwelijksceremonie was ze in haar bruidsjurk de kamer in gelopen waar haar hond op haar lag te wachten. Hoewel dit ongepast werd gevonden, besloot ze het dier in haar armen te nemen terwijl ze haar jurk nog aan had.

Overigens zijn er gevallen waarin kinderen weten dat hun moeder voor hun eigen geboorte een miskraam kreeg, en daarbij specifieke omstandigheden kunnen omschrijven. De zoon van de arts Jean Chapman vertelde haar bijvoorbeeld rond zijn derde dat hij al twee keer eerder geprobeerd had om naar haar toe te komen. Ze had hem nooit verteld dat ze voor zijn geboorte twee keer een miskraam had gehad. Sterker nog, dit had ze tot dan toe met helemaal niemand gedeeld.

Grandpa Clark & Opa Robert
Buitenzintuiglijke waarnemingen tijdens een geestelijk voorbestaan kunnen ook neerkomen op een vorm van telepathie. Een filosofe vertelde haar Nederlandse ouders als jong meisje hoe ze als geest deel had gehad aan een memorabele spirituele ervaring van haar moeder. Ze zag dat haar moeder op een bepaalde plek buiten haar huis stond en daarbij een speciaal gevoel van eenheid beleefde. Haar moeder bevestigde dat de filosofe als kind precies geweten had waar ze had gestaan en wat ze had gevoeld. De spirituele ervaring trad op toen de vrouw alleen thuis was en haar kinderen op school zaten.

In de reïncarnatiecasus van Maung Zaw Thein Lwin herinnerde een Birmese jongen zich nog wat er na zijn dood was gebeurd. Hij was in een droom verschenen aan zijn vrouw uit het vorige leven. In de droom vertelde hij haar hoe hij geld in een witte zakdoek had gestopt en waar die zakdoek zich bevond. De vrouw bevestigde tegenover onderzoekers dat ze inderdaad zo'n droom had gehad en dat ze het geld dankzij zijn instructies teruggevonden had.

Telepathische ervaringen kunnen betrekking hebben op wat er in iemand op aarde omgaat. Minstens zo vaak gaat het echter om ontmoetingen met andere geesten. Zo wist Kirk D. Gardner als jongetje van anderhalf nog dat hij een man met een baard had gezien die hem hielp bij het incarneren. Hij vroeg zijn ouders telkens om hem een foto van die man te laten zien. Ze toonden hem allerlei kiekjes, maar de man stond er niet op. Kirks moeder liet hem na enkele dagen als laatste redmiddel een portret van een van haar eigen opa's zien. Hij herkende hem als de man met de baard die hem geholpen had. De jongen was in de wolken en vroeg wanneer zijn overgrootvader terug zou komen.

In het geval van Kirk Gardner hebben we alleen zijn eigen verhaal. In de casus van de tweejarige Alan vertelt zijn moeder Betty Clark Ruff dat hij het zonder aanleiding over "Grandpa Clark" had. Dit was de vader van Betty die op dat moment al tien jaar dood was. Grandpa Clark was erg lief voor Alan geweest en hij had hem voorbereid op zijn incarnatie op aarde. Alan beschreef exact hoe zijn opa eruit had gezien, terwijl er geen portretten van de man in huis aanwezig waren. Hij deelde zijn ervaringen niet alleen met zijn moeder maar ook met andere familieleden.

Een vergelijkbare casus betreft de driejarige Johnny. Toen zijn moeder Lois hem een keer instopte vroeg hij haar om een verhaaltje voor het slapen gaan. De weken hieraan voorafgaand had ze verteld over de spannende avonturen van haar betovergrootvader. Die was onder andere kolonist en soldaat geweest. Toen ze hem weer zo'n verhaal wilde vertellen, hield Johnny haar tegen en zei: "Nee, vertel me nu eens iets over opa Robert". Lois realiseerde zich dat haar opa zo heette, maar dat Johnny dit niet kon weten. Opa Robert was reeds jaren voor haar huwelijk gestorven en ze had haar zoon nooit iets over hem verteld. Ze vroeg Johnny hoe hij van het bestaan van haar grootvader afwist. Hij antwoordde, met een soort eerbied: "Hij is degene die me naar de aarde heeft gebracht."

Steentjes naar levenden
We hebben tot dusverre slechts één concreet geval van psychokinese gevonden. Dit betreft de Indiase jongen Veer Singh die herinneringen had aan een vorige incarnatie. Hij wist nog hoe hij na zijn dood

regelmatig familieleden uit dat vorige leven had
vergezeld als ze alleen ergens naartoe gingen. Dit
kwam overeen met een droom die de moeder van de
overledene gehad had. Verder beweerde de jongen dat
hij een tijdlang als geest in een boom had verbleven.
Op een dag besloten enkele vrouwen zich te vermaken
met een schommel die aan die boom hing. Hij
beleefde hen als indringers en overwoog de tak waar
de schommel aan hing af te breken, maar realiseerde
zich op tijd dat dit tot een ernstig ongeval kon leiden.
Daarom besloot hij de plank van de schommel door
midden te breken toen die zich vlak bij de grond
bevond. Een nabestaande uit zijn vorig leven
bevestigde dat er werkelijk een soort ongeluk was
voorgevallen dat overeenkwam met Veer Singhs
herinneringen. Onderzoeker Ian Stevenson vermeldt
overigens dat er in Myanmar kinderen voorkomen die
nog weten hoe ze na hun dood voor de lol steentjes
naar levenden gooiden. In sommige gevallen zouden
die nabestaanden bevestigd hebben dat ze zoiets
hadden meegemaakt. Jammer genoeg worden hier
geen concrete casussen van uitgewerkt.

Onontgonnen terrein
Herinneringen aan een geestelijk voorbestaan zijn nog
maar nauwelijks systematisch in kaart gebracht. Neil
en Elizabeth Carman hebben in hun omvangrijke boek
Cosmic Cradle overtuigend aangetoond dat het om

een universele menselijke ervaring gaat, die van alle tijden en culturen is. Ons gezamenlijke literatuuronderzoek heeft 26 gevallen opgeleverd, maar het is te verwachten dat dit maar een klein deel van het totale aantal paranormale casussen behelst. Het is te hopen dat het taboe op dit gebied spoedig zal verdwijnen zodat er veel meer ervaringen aan het licht kunnen komen. We kunnen nu in elk geval al zeggen dat preëxistentie-herinneringen zeker niet alleen maar berusten op kinderlijke verbeeldingskracht. Ze kunnen bewijsmateriaal bevatten voor een bestaan als geest zonder aards lichaam die in staat is tot paranormale waarnemingen en zelfs psychokinetisch kan ingrijpen in fysieke processen.

Hierin komen preëxistentie-herinneringen overigens overeen met nabij-de-doodervaringen oftewel bijna-doodervaringen. Er zijn tientallen NDE's gedocumenteerd waarbij de persoon in kwestie tijdens de ervaring paranormale waarnemingen deed. Er is zelfs een zeldzame casus van iemand die telkens psychokinetisch een deur opendeed, vergelijkbaar met het verhaal van Veer Singh. Dergelijke parallellen wijzen er sterk op dat beide gebieden niet alleen paranormale aspecten hebben maar tevens betrekking hebben op hetzelfde domein. Nabij-de-doodervaringen en preëxistentie-ervaringen vormen zo een continuüm. Overigens kan dit ook herkend worden door ervaarders zelf. De Nederlandse Myriam

R. had zowel preëxistentie-herinneringen als een bijna-doodervaring en constateerde dat deze betrekking hadden op dezelfde spirituele wereld. Tijdens sommige nabij-de-doodervaringen kan iemand zich zelfs weer herinneren dat hij voor zijn aardse leven uit diezelfde geestelijke werkelijkheid vertrokken was.

Niet weg te verklaren
Preëxistentie-herinneringen passen zeker niet in een materialistisch wereldbeeld en worden meestal dan ook beschouwd als het product van kinderlijke fantasie. De meeste doorsnee geleerden besteden er verder dan ook geen enkele aandacht aan. Dit is extra jammer omdat de ervaringen zoals gezegd wijzen op het bestaan van een andere, geestelijke realiteit. Paranormale herinneringen aan een voorbestaan zijn niet te plaatsen als er geen persoonlijk voorbestaan is. Sommige geleerden hebben geprobeerd ze te herleiden tot telepathie met de ouders nadat het kind geboren is, maar dat verklaart niet waarom de kinderen ze beleven als onderdeel van hun preëxistentie. Zeker in de westerse wereld gelooft men bijna niet in een bestaan voor de conceptie. Binnen de meeste christelijke stromingen wordt dit zelfs als een soort ketterij beschouwd. Westerse kinderen kunnen dus doorgaans niet over dit onderwerp zijn gaan fantaseren omdat ze het kennen

uit een kinderbijbel of sprookje. De belangrijkste uitzondering wordt gevormd door de mormonen, maar hun voorstellingen van een preëxistentie bevatten specifieke religieuze elementen.

Om niet in een voorbestaan te hoeven geloven, zouden we dus moeten aannemen dat een kind *zomaar* over het onderwerp gaat fantaseren en dan vervolgens ook nog paranormale elementen in die fantasie verwerkt. Wat zou een jong kind ertoe kunnen aanzetten om zoiets te doen en hoe kan het dat hun verhalen onderling zo sterk overeenkomen? Hoe moet men dan vervolgens de parallellen met nabij-de-doodervaringen plaatsen?

Het wordt wel erg ingewikkeld als men een preëxistentie bij voorbaat wil uitsluiten. Overigens zien wij niet in waarom men dat zou willen doen, behalve dan omdat het concept niet strookt met een bepaalde godsdienstige overtuiging. Als er een leven na de dood is, zijn wij geestelijke wezens in een fysiek lichaam. Het ligt dan voor de hand dat we geestelijk zowel na onze dood als voor onze geboorte zonder lichaam kunnen bestaan. In die zin bevestigen preëxistentie-herinneringen zelfs een verwachting die je vanuit de theorie van een voortbestaan zou moeten hebben. Sommige geleerden klagen erover dat het parapsychologisch bewijsmateriaal zo "onsamenhangend" is. Maar dat blijkt in dit geval hoe dan ook onterecht te zijn.

Dit artikel werd gepubliceerd in *ParaVisie Spiritueel Magazine*, jubileumnummer, mei 2016, jaargang 31, blz 38-41.

Positieve persoonlijke banden uit vorige levens

door Titus Rivas en Anny Dirven

Bepaalde esoterische leringen stellen dat al het persoonlijke een obstakel vormt voor de spirituele ontwikkeling. Dat geldt niet alleen voor negatieve hechting in de vorm van destructieve verslavingen, maar net zo goed voor positieve hechting bij persoonlijke relaties. Voor aanhangers van zulke doctrines hebben persoonlijke banden geen diepere, inherente waarde, maar zijn het hoogstens handige hulpmiddelen waarmee je een tijdlang verder kunt komen op je spirituele pad. Volgens hen is het daarom ook van belang dat je alleen met iemand om blijft gaan zolang je daar zelf wat aan hebt. Natuurlijk dien je wel onpersoonlijk mededogen voor de persoon in kwestie te houden, maar dat hoort niets te maken te hebben met de band die je met hem of haar voelt.
In bijna alle gevallen betekent dit dat een relatie die je met iemand hebt per definitie tijdelijk dient te zijn. Dit geldt voor allerlei relaties: van oppervlakkige vriendschappen tot innige hartsvriendschappen en van liefdesrelaties tot familiebanden. Op een goed moment is de koek op en daarna ga je ieder weer een andere kant op. Afscheid is onvermijdelijk en rouwen

betekent eigenlijk altijd 'voorgoed loslaten'...

Where is the love?
Genoemde visie wordt niet door iedereen die werkzaam is binnen spirituele kringen gedeeld en dat geldt ook voor ons. Wij vinden deze houding ten aanzien van de waarde van positieve persoonlijke banden zelfs erg hard, kil en harteloos. In onze naaste omgeving hebben we gezien hoe mensen werden gedumpt en afgedankt door een vriend of vriendin omdat die ander intussen niet meer genoeg baat bij de relatie had. Om met de popgroep The Black Eyed Peas te spreken: *Where is the love?*

Men herleidt de betekenis van relaties tot hun instrumentele waarde en vergeet dat relaties niet alleen maar een middel vormen maar vooral ook een doel. Persoonlijke banden hoeven je niet te binden en beperken maar ze kunnen je ook emotioneel en geestelijk verbinden met een concrete ziel. Natuurlijk impliceert dit wel een ander uitgangspunt over de waarde van het persoonlijke. Wij beschouwen het persoonlijke helemaal niet als struikelblok maar juist als basis van geestelijke groei. Een ziel ontwikkelt zich in de loop van een evolutie over vele levens als een individueel geestelijk wezen. We zien dus totaal geen probleem in het persoonlijke en dus ook niet in persoonlijke relaties. Uitsluitend relaties die echt uitzichtloos zijn geworden door bepaalde ziekelijke aspecten (zinloze conflicten, onderdrukking, geweld, e.d.) dienen beëindigd te worden. Alle andere persoonlijke relaties mogen er gewoon zijn en blijven. Ze verdienen het zich verder te ontwikkelen zonder definitief verbroken te worden. Ze mogen blijven groeien en bloeien.

Binnen het perspectief van reïncarnatie blijken relaties over levens heen te kunnen blijven bestaan. Dit speelt onder meer een rol bij reïncarnatie-regressietherapie. In een veranderde bewustzijnstoestand komen mensen erachter dat ze in een vroegere incarnatie al positief met elkaar verbonden waren. Er is zelfs sprake van "tweelingzielen" die voor altijd bij elkaar horen. Helaas kun je in principe nog vraagtekens zetten bij zulke regressies als ze niet getoetst zijn aan historische bronnen. Dit geldt ook voor bepaalde sprookjesachtige verhalen over hereniging van soulmates. Hoe mooi ze ook zijn, ze worden voor anderen die ze niet hebben meegemaakt – en daarmee ook voor de wetenschap – pas echt van waarde als ze goed gedocumenteerd en gestaafd zijn.
Zo hebben we zelf bijvoorbeeld tevergeefs navraag gedaan naar de betrokkenen van een romantisch verhaal over een man en een vrouw die elkaar op zielenniveau herkenden als partners uit een vorig leven. Volgens een verslag van dit geval zouden ze los

van elkaar dromen over die tijd hebben gehad die nauw bij elkaar aansloten en ook nog eens specifiek geverifieerd konden worden in archieven. Misschien is het niet meer dan een verzonnen verhaal, maar zulke ervaringen zijn wel degelijk denkbaar in het licht van serieus reïncarnatieonderzoek.

Banden van gereïncarneerde kinderen
De belangrijkste aanwijzingen voor relaties die gedurende meer dan één leven standhouden komen van peuters en kleuters met spontane reïncarnatieherinneringen. Zulke kinderen hebben het natuurlijk grotendeels over zichzelf, hun levensloop en doodsoorzaak, maar ze noemen in de meeste gevallen ook namen van mensen met wie ze zich persoonlijk verbonden voelen. Vaak zoeken de ouders na enige tijd contact met nabestaanden van de overleden persoon die hun kind geweest zou zijn. Nabestaanden willen het kind overigens lang niet altijd ontmoeten, en soms blijft het slechts bij één ontmoeting. Daarbij laat men praktische bezwaren en culturele taboes in feite zwaarder wegen dan de waarde van de persoonlijke liefde die men ooit voor elkaar heeft gevoeld. In het Westen hoor je ook nog wel eens dat elk leven op zich hoort te staan en dat het niet de bedoeling is om dingen uit een vorige incarnatie 'weer tot leven te wekken'. Alsof er geen enkele continuïteit met het persoonlijke verleden is of

mag zijn.

Er zijn echter ook casussen waarbij het kind liefdevol verwelkomd wordt door de voorgaande familie en geaccepteerd wordt als de reïncarnatie van hun geliefde overledene. Dit kan er zelfs toe leiden dat het kind duurzaam contact houdt met de nabestaanden van vroeger en hen regelmatig blijft opzoeken, of andersom. In een TV-documentaire over reïncarnatieherinneringen van kinderen van Channel 4, komt onder meer de casus van de Srilankaanse Purnima Ekanayake voor. Dit meisje herinnert zich een leven als mannelijke wierookmaker Jinadasa, die omgekomen was bij een verkeersongeluk. De familie van Jinadasa heeft haar niet alleen erkend als zijn reïncarnatie, maar ook de oude banden voortgezet. Men kan aan de televisiebeelden van een bezoek van Purnima goed zien wat voor een sterke positieve emoties dit aan beide kanten oproept.
Liefdevolle banden kunnen overigens een reden vormen voor een ziel om bepaalde ouders uit te kiezen. Dit kan verklaren waarom er casussen zijn van kinderen die zich een vorig leven herinneren als familielid of vriend van de vader of moeder uit het huidige leven. Het is misschien verleidelijk om zulke verhalen af te doen als wishful thinking van de ouders, maar dat verklaart niet waarom de structuur van zulke casussen sterk overeenkomt met die van

andere reïncarnatiegevallen.

Een mooi voorbeeld van een ziel die terugkwam in hetzelfde gezin wordt beschreven door Carol Bowman in haar boek *Kinderen uit de hemel*. Het betreft Roger, een jongen van 16, die omkwam bij een verkeersongeluk. Zijn jonge zusje Lauren van twee "praatte" enkele maanden nadat hij overleden was regelmatig met Roger via haar speelgoedtelefoon. Nadine, Rogers stiefmoeder, beschouwde dit als een kinderspel zonder diepere betekenis. Maar een aantal maanden later vertelde Lauren haar enthousiast dat Roger nu snel terug zou komen. Korte tijd daarna werd Laurens broertje Donald geboren. Bowman schrijft dat Donald toen hij enkele jaren oud was "tientallen correcte en verbijsterende opmerkingen [maakte] over het verkeersongeval, veranderingen in het huis sinds Rogers dood en gebeurtenissen die zich afspeelden toen Roger nog leefde, waardoor het voor iedereen die van het geval op de hoogte was duidelijk werd dat Donald de herboren Roger was".

Herenigde zielen
Iets dergelijks zie je ook bij reïncarnatieherinneringen van tweelingen. Als beide tweelingen herinneringen aan een vroeger leven hebben blijken ze daarin vaak een sterke band te hebben gehad met elkaar. Het heeft er dus alle schijn van dat ze er al dan niet bewust voor

gekozen hebben om hun huidige incarnatie samen door te brengen. De zielen van zulke tweelingen lijken dus ook in dat opzicht echte "tweelingzielen".
Een voorbeeld uit India: Ramoo en Rajoo Sharma zijn een eeneiige tweeling die zich een vorig leven herinnerde als een andere tweeling uit een ander dorp. Toen ze ongeveer drie jaar oud waren, renden ze in de richting van een snelweg om 'naar huis' te gaan. Vanaf die tijd beweerden dat ze zich een vorig leven herinnerden waarin ze respectievelijk Bhimsen en Bhism Pitamah hadden geheten. Ze vertelden dat ze waren vermoord en noemden bovendien allerlei details over andere gebeurtenissen en bezittingen uit het vorige leven. Onderzoeker Ian Stevenson stelde vast dat de families elkaar hoogstwaarschijnlijk niet hadden gekend voordat het geval zich ontwikkelde. Van sommige correcte uitspraken van de jongens over het vorige leven is het daarom niet aannemelijk dat ze de informatie ergens onbewust hadden opgepikt. Zoals de namen van een broer, leraar en zoons, de herkomst van hun vrouwen, en verschillende bezittingen. De tweeling vertoonde karaktertrekken die overeenkwamen met die van Bhimsen en Bhism en ze waren bijzonder sterk gehecht aan elkaar. Dit type gevallen doet vermoeden dat ook tweelingen die zich geen vorig leven herinneren een bijzondere persoonlijke band kunnen hebben die uit een vorig leven stamt.

Ook vriendschapsbanden met dieren lijken zo sterk te kunnen zijn dat dieren na hun dood weer terugkomen bij hun baasje of vrouwtje. Kim Sheridan schrijft hierover dat gereïncarneerde dieren vaak nog bewuste herinneringen lijken te hebben aan hun vorige bestaan en meestal dezelfde gedragingen en voorkeuren vertonen als voor hun overlijden. Sheridan vermeldt diverse ervaringen op dit gebied. Bijvoorbeeld een verhaal van Jeanie Cunningham, een tekstschrijver en producer uit Californië, over de Deense dog TeeJay die ze op tienjarige leeftijd had laten inslapen. Ongeveer tien maanden later nam Jeanie Ebony, een pasgeboren pup, in huis. Ebony reageerde op exact dezelfde manier op bepaalde uitdagende opmerkingen van haar als TeeJay altijd had gedaan. Ook plukte zij met haar bek spontaan een citroen van een citroenboom en legde deze voor Jeanie neer om haar uit te nodigen met haar te gaan spelen. Dit was een gewoonte van TeeJay geweest.

Meeleven tijdens een nieuwe incarnatie
Ian Stevenson bespreekt in *European Cases of the Reincarnation Type* onder andere de casus van Henriëtte Roos. Henriëtte trouwde op haar 22e met een Hongaarse pianist, Franz Weisz. Na haar scheiding van Weisz hield ze deze achternaam aan. Enkele jaren daarna verhuisde ze naar Parijs. Op een

avond hoorde Henriëtte, terwijl ze op bed lag, plotseling een stem die haar aanspoorde met de woorden: "Wees eens niet zo lui, sta op en ga aan het werk". Ze besteedde hier eerst geen aandacht aan, totdat de aansporing een paar keer werd herhaald. Ze begon toen koortsachtig in het donker te schilderen, zonder te kunnen zien waar ze mee bezig was. De volgende ochtend kwam Henriëtte erachter dat ze een mooi portretje van een jonge vrouw had geschilderd. Ze liet het schilderij zien aan een goede vriendin, die haar vanwege haar eigen interesse in spiritisme in contact bracht met een plaatselijk helderziend medium. Tijdens een psychometrische sessie, zag deze vrouw grote gouden letters voor zich die samen de naam Goya vormden. Ze beweerde dat de Spaanse schilder Henriëtte uit een vorig leven kende, toen hij gastvrij was ontvangen in haar huis in Zuid-Frankrijk. Goya zou haar in dit leven graag willen begeleiden op haar artistieke weg. Kort daarop las Henriëtte in een boek over Goya dat hij inderdaad een tijd lang in Bordeaux had verbleven bij een zekere Leocadia Weiss en haar dochter Rosario Weiss.

Stevenson probeerde vast te stellen welke vrouw het meest in aanmerking kwam als degene die Roos in haar vorige leven geweest kon zijn, Leocadia of Rosario Weiss. Hij kwam er onder meer achter dat Rosario net als Henriëtte sterk artistiek en muzikaal begaafd was geweest en dat Goya had geprobeerd haar hierin te stimuleren. Goya bleek sterk gehecht te zijn geweest aan Rosario en hij noemde haar van daaruit soms zelfs "mijn dochter". Stevenson stelt dat de ervaringen van Henriëtte erop wijzen dat Goya de behoefte voelde zijn beminde Rosario ook na haar reïncarnatie te blijven begeleiden.

Al deze categorieën wijzen in dezelfde richting. De liefde is sterker dan de dood en kan meer dan één leven standhouden. We zien niet in wat daar nu zo belemmerend aan zou moeten zijn.

Literatuur
- Bowman, C.(2001). *Kinderen uit de hemel*. Utrecht: Bruna.
- Haraldsson, E. (2000). Birthmarks and claims of previous life memories. 1. The case of Purnima - Ekanayake. *Journal of the Society for Psychical Research, 64,* 858, 16-25.
- Rivas, T. (2001). Tweelingen en reïncarnatie. *Prana, 125,* 58/63.
- Rivas, T, & Dirven, A. (2004). Dankbaarheid bij overledenen: Twee mogelijke gevallen. *Tijdschrift voor Parapsychologie, 2,* 16-19.
- Stevenson, I. (1987). *Children Who Remember Previous Lives*. Charlottesville: University Press of Virginia.
- Stevenson, I. (2003). *European Cases of the*

Reincarnation Type. Jefferson & Londen: McFarland & Company Inc.

Dit artikel werd in mei 2011 gepubliceerd in *Paraview, jaargang 15*, nummer 2, blz. 22-25.

Spontane herinneringen aan vorige levens bij volwassenen

door Titus Rivas en Anny Dirven

Het bewijsmateriaal voor reïncarnatie is tegenwoordig echt indrukwekkend te noemen. Parapsychologisch beschouwd kan men de beste aanwijzingen op dit gebied bij jonge kinderen aantreffen. Het gaat gemiddeld om peuters en kleuters tussen de twee en vijf die uit zichzelf over een vorig leven beginnen. Toch zijn er ook wel volwassenen met spontane herinneringen aan een vroegere incarnatie.

Kindergevallen
Kinderen blijven vaak maanden of jaren bezig met spontane reïncarnatieherinneringen. Doorgaans vertonen ze sterke emoties en verlangens als ze over die herinneringen praten. In een aanzienlijk aantal casussen hebben ze verifieerbare, paranormale gegevens. Ze kunnen bijvoorbeeld vertellen hoe ze heetten, of ze al dan niet getrouwd waren en kinderen hadden, wat voor een beroep ze uitoefenden, waar ze woonden, en hoe ze gestorven zijn. Ook hun gedrag en persoonlijkheid blijkt dan overeen te komen met

het vorige leven. Sommige kinderen bezitten zelfs vaardigheden die ze in hun huidige bestaan nooit geleerd hebben, zoals het bespelen van een muziekinstrument.

In honderden gevallen zijn er behalve bewuste herinneringen ook nog lichamelijke kenmerken die samenhangen met het voorgaande bestaan. Het gaat vooral om moedervlekken en aangeboren afwijkingen die lijken te verwijzen naar de doodsoorzaak. Bijvoorbeeld een ronde moedervlek op de plek waar men in het vorige leven verwond was geraakt door een kogel.

Al deze kindergevallen zijn belangrijk, omdat ze allemaal een grondpatroon laten zien en omdat ze heel moeilijk op een reguliere manier verklaarbaar zijn. Kinderlijke fantasie kan bijvoorbeeld geen verklaring bieden voor het feit dat veel herinneringen betrekking hebben op een onbekende persoon die echt bestaan heeft. Ook hypotheses zoals helderziendheid of het afstemmen op een soort Akasha-kroniek zijn niet bijster aannemelijk. Ze maken namelijk niet inzichtelijk waarom een kind zich uitsluitend en hevig geëmotioneerd op één bepaald leven van een onbekende overledene richt. Om die reden concluderen veel onderzoekers dat dit soort casussen echt op het bestaan van reïncarnatie wijst.

Reïncarnatieherinneringen bij volwassenen
De meeste paranormale herinneringen aan vorige levens zijn dus te vinden bij jonge kinderen. Maar dat wil niet zeggen dat ze niet kunnen optreden na de kindertijd. Veel kinderen beginnen hun bewuste herinneringen te verliezen vanaf het moment dat ze naar de lagere school gaan. Maar er zijn ook kinderen die ze langer vasthouden tot in hun puberteit en soms zelfs daarna nog. Een bekend voorbeeld zien we bij de Britse Jenny Cockell die al als meisje herinneringen had aan een vorig leven. Ze wist dat ze als jonge moeder afscheid had moeten nemen van haar kinderen en voelde een drang hen terug te vinden. Eenmaal volwassen slaagde Cockell erin haar herinneringen overtuigend in verband te brengen met een gezin in Ierland. Ze kon ook nu nog allerlei details noemen die diepe indruk maakten op de kinderen van vroeger. Jenny Cockell is dus niet iemand die als volwassene opeens spontaan herinneringen kreeg aan een vorig leven, maar ze had gewoon de herinneringen uit haar kinderjaren behouden.

Zo zijn er ook mensen die pas als puber herinneringen terugkrijgen aan een vorig bestaan en die herinneringen vervolgens vasthouden als volwassene. Een Nederlands voorbeeld hiervan betreft mevrouw De K.-V. die ongeveer vanaf haar 15e zo'n 50 jaar lang een repeteerdroom kreeg. Ze is een jaar of 18, draagt klederdracht en heeft een kapje op haar hoofd.

Ze bevindt zich in een soort 'keuken' van een groot huis en staat bij een opvallend brede trap die naar boven voert. Buiten kan men een heleboel bomen zien en ze is op een buitengoed of grote boerderij op een landgoed. Het is oorlog en het lijkt erop dat ze een soldaat heeft gedood die een bedreiging voor haar familie vormde. Ze doodde hem met een soort bijl, nadat hij zich had vergrepen aan een jonger meisje. Ze hoort of ziet een 'militaire escorte' aankomen en wacht met kloppend hart af. Er komt één soldaat binnen. Haar gedachte is dat alles afgelopen zal zijn als ze erachter komen, waarna ze uit de droom ontwaakt.

Van de meeste kinderherinneringen is het aannemelijk dat ze werkelijk op vorige levens berusten, maar dat wil niet zeggen dat ze ook altijd goed worden geïnterpreteerd. Het komt voor dat iemand als volwassene op zoek gaat naar de juiste interpretatie van beelden die hij of zij reeds als kind had, maar daar niet goed in slaagt. Het is zelfs denkbaar dat een volwassene beelden van vroeger ten onrechte interpreteert als herinneringen aan een vorig leven, terwijl ze gewoon in dit huidige leven zijn ontstaan. Een voorbeeld uit onze eigen collectie betreft de Nederlandse ingenieur F.H. Hij had beelden die hij zelf in verband bracht met het leven van een opvarende van de Titanic, de Britse peuter Alfred Peacock. Nader onderzoek wees uit dat zijn reconstructie onjuist was, omdat zijn beweringen totaal niet strookten met de historische feiten rond deze jongen. Overigens was F.H. hier nogal ontdaan over, omdat hij erg hechtte aan zijn interpretatie. Hij ging zelfs zover de onderzoekers te beschuldigen van een samenzwering.

Dit soort ervaringen laat zien dat we in het algemeen extra kritisch moeten staan tegenover claims over vorige levens die volwassenen zelf zouden hebben geverifieerd. Soms is de interpretatie naar alle waarschijnlijkheid correct, zoals in het geval Jenny Cockell. Maar soms ook niet, zoals bij de ingenieur F.H.

Spontane herinneringen tijdens veranderde bewustzijnstoestanden
De meeste herinneringen aan vorige levens bij volwassenen zijn herinneringen waar men doelbewust naar op zoek was. Bij voorbeeld in het kader van een reïncarnatie-regressietherapie. Men probeert bijvoorbeeld traumatisch ervaringen uit vroegere incarnaties bloot te leggen die de basis kunnen vormen van problemen in dit leven. De beelden die daarbij naar boven komen kun je in die zin niet meer "spontaan" noemen, dat ze worden opgeroepen door opdrachten van de therapeut.
Toch kan het ook voorkomen dat iemand via een vorm

van regressie (bijvoorbeeld hypnose of vrije associatie) wordt teruggeleid naar het verleden en daarbij onbedoeld in een vorig leven belandt. Stel bijvoorbeeld dat een cliënt of regressietherapeut zelf helemaal niet in reïncarnatie gelooft. De regressie richt zich dan doorgaans op gebeurtenissen in iemands (huidige) kinderjaren. Soms gaat men nog door tot de geboorte of prenatale fase, maar in ieder geval niet nog verder terug naar een vorig leven. Als de cliënt dus toch in een vroegere incarnatie uitkomt, mag je zeker spreken van spontane herinneringen tijdens een regressie.

De meeste spontane reïncarnatieherinneringen bij volwassenen komen echter niet naar boven in het kader van een therapeutische sessie. Ze doen zich eerder voor tijdens andere bewustzijnstoestanden die men niet oproept met het doel terug te keren naar het verleden.

De 29-jarige Canadees Bruce Whittier kreeg bijvoorbeeld in het voorjaar van 1991 een paar keer een aangrijpende droom die hij eerst als het product van zijn verbeeldingskracht opvatte. Hij droomde dat hij als Nederlandse Jood in de Tweede Wereldoorlog met zijn gezin ondergedoken was voor de nazi's. Er kwamen gruwelijke gebeurtenissen in de droom voor en het gezin werd uiteindelijk vermoord in Auschwitz. Maar er waren ook rustgevende, huiselijke beelden van een klok. Whittier kreeg tijdens de derde nacht waarin hij over deze onderwerpen droomde een soort boodschap door. De klok uit zijn dromen zou zich inmiddels in een specifieke antiekwinkel in een Canadese plaats bevinden. Na verloop van tijd besloot Whittier deze winkel – die hij nog niet kende – te bezoeken. Aanvankelijk trof hij er geen klok aan, maar toen kwam de antiekhandelaar hem begroeten. "Hij deed de deur achter ons dicht, en daar stond, eerst nog onzichtbaar voor ons toen de deur nog open was, precies dezelfde klok als in mijn droom!" Whittier wilde uiteraard meer weten over het uurwerk en de antiquair vertelde hem dat hij uit Nederland kwam en in de oorlog geconfisqueerd was van Nederlandse joden.

De 26-jarige Duitser Georg Neidhart leed enkele jaren na de Eerste Wereldoorlog aan een depressie. Hij maakte een soort existentiële crisis door ten gevolge van de nasleep van de oorlog en de tragische dood van zijn jonge echtgenote. Hij twijfelde onder meer aan het christelijk geloof uit zijn jeugd. In die toestand kreeg Neidhart spontaan beelden te zien van een middeleeuws leven op Slot Weissenstein in het Beierse Woud. Hij publiceerde uiteindelijk een boekje over zijn gedetailleerde herinneringen. Reïncarnatieonderzoeker Ian Stevenson schreef over de casus dat het verhaal over het leven op het kasteel in ieder geval plausibel overkomt.

Herkenningen
Tot slot zijn er spontane herinneringen die het gevolg zijn van de herkenning van locaties of voorwerpen uit de vroegere incarnatie. Dit verschijnsel komt overigens ook voor bij reïncarnatieherinneringen bij jonge kinderen. Het wordt meestal déjà vu ervaring genoemd, afgeleid uit het Frans. Déjà vu betekent letterlijk "al gezien" en deze term verwijst dus naar het besef dat men iets al eens eerder heeft gezien of meegemaakt.

Een voorbeeld hiervan zien we bij de Engelse oriëntalist Peter Avery. Hij studeerde Arabisch en Perzisch en vestigde zich in het Midden-Oosten. In de loop der jaren beleefde Avery twee déjà vu ervaringen in Iran en Pakistan. In de Iraanse stad Isfahan wist hij zomaar de weg terwijl hij er in dit leven nooit geweest was. Hij had zelfs het gevoel thuis te komen en was hier heel emotioneel onder. In het Pakistaanse Lahore besefte hij opeens dat de poort van een prachtige tuin verplaatst was, wat correct bleek te zijn. Eenmaal binnen in deze tuin, had hij de indruk er al vaker te hebben rondgelopen. Hij wist ook nog dat een bepaald paviljoen vroeger geen onderdeel had uitgemaakt van de tuin. Avery voelde zich deze keer niet zo sterk ontroerd, maar ook in dit geval had hij wel het gevoel de plaats goed te kennen. De oriëntalist benadrukt dat hij geen normale voorkennis kon hebben van de twee plaatsen door het lezen van reisgidsen of iets dergelijks. Hij had de gewoonte zulke gidsen pas na afloop door te bladeren.

Weggezakte herinneringen
Het bestaan van spontane reïncarnatieherinneringen bij volwassenen heeft gevolgen voor de theorievorming over wat er bij een nieuwe incarnatie met het persoonlijke geheugen gebeurt. Bepaalde esoterische stromingen stellen dat het oude geheugen standaard gewist wordt na de dood of reïncarnatie. De enige uitzondering op deze regel zou optreden bij zielen die als het ware 'te snel' gereïncarneerd zijn en daarom met hun bewustzijn in hun vorige leven zijn blijven hangen. Als deze theorie juist was, zou het onbegijpelijk zijn dat mensen soms pas op latere leeftijd spontaan herinneringen terugkrijgen. Het lijkt er dus op dat de herinneringen aan vroegere levens niet zomaar gewist worden, maar in plaats daarvan wegzakken in iemands onbewuste geest.

Literatuur
- Cockell, J. (1996). *Mijn kinderen uit een vorig leven.* Baarn: De Kern.
- Gershom, Y. (1998). *Onverklaarbaar verdriet: de verwerking van trauma's uit een vorig leven.* Zeist:

Indigo.
- Leininger, A., Leininger, B., & Gross, K. (2009). *Soul Survivor: The Reincarnation of a World War II Fighter Pilot.*Grand Central Publishing.
- Rawat, K.S., & Rivas, T. (2006). *Reincarnation: The Scientific Evidence is Building.* Vancouver: Writers Publisher.
- Rivas, T. (1994). Dromen over vorige levens. *Prana, oktober/november,* 43-46.
- Rivas, T. (2000). *Parapsychologisch onderzoek naar reïncarnatie en leven na de dood.* Deventer: Ankh-Hermes.
- Stevenson, I. (1960). The Evidence for Survival from Claimed Memories of Former Incarnations. *Journal of the American Society for Psychical Research, 54,* 51-71, 95-117.
- Stevenson, I. (1997). *Reincarnation and Biology: A Contribution to the Aetiology of Birthmarks and Birth Defects.* London/Westport:Praeger.
- Stevenson, I. (2000).*Children Who Remember Previous Lives: A Question of Reincarnation.* Charlottesville: University Press of Virginia.
- Stevenson. I. (2003). *European Cases of the Reincarnation Type.* Jefferson/London: McFarland & Company.

Dit artikel werd gepubliceerd in *Paraview,* tijdschrift voor welzijn van lichaam en geest, *jaargang 19, nummer 3*, augustus 2011, blz. 22-25.

Xenoglossie

De Joodse volgelingen van Jezus Christus kregen dankzij de Heilige Geest plotseling het vermogen in 'vreemde tongen' te spreken. Zoiets heet 'xenoglossie', het vermogen een vreemde taal te spreken die je in dit leven niet hebt geleerd. Parapsychologen gaan er op basis van het beschikbare bewijsmateriaal vanuit dat degene die de vreemde taal beheerst, zich die taal buiten het huidige lichaam eigen heeft gemaakt. Het zou een sterk bewijs voor het bestaan van vorige levens kunnen zijn.

door Titus Rivas en Anny Dirven

Volgens taalkundigen komen we op de wereld met het aangeboren vermogen om een taal te leren. Baby's zijn al heel jong in staat om de woorden en grammaticale regels van de taal om hen heen op te pikken. Kinderen weten impliciet hoe ze uit de vele zinnen die ze horen een moedertaal moeten distilleren. Er bestaan allerlei discussies op dit gebied. Is het het menselijke taalvermogen uniek of zijn er parallellen in de dierenwereld? Is taal een uiting van een algemene menselijk denkvermogen of staat het geheel op zichzelf? Er zijn natuurlijk ook zaken waarover taalkundigen het eens zijn. We mogen dan een aangeboren taalvermogen hebben, maar om je je een bepaalde moedertaal eigen te maken, moet je er wel voldoende mee in aanraking komen. Met andere woorden: om een specifieke taal te leren hoeven kinderen niet eerst te leren wat taal voor iets is. Maar een moedertaal komt hun ook weer niet aanwaaien. Ze moeten in een omgeving opgroeien waarin ze voortdurend blootgesteld worden aan allerlei woorden en zinnetjes. Kinderen die daarvan verstoken blijven, vertonen een grote taalachterstand en geleerden beweren zelfs dat ze die vanaf een bepaalde leeftijd niet meer in kunnen halen. Toch kennen we in de parapsychologie een fenomeen dat op het eerste gezicht haaks op staat dit basisgegeven dat concrete talen niet aangeboren kunnen zijn. We hebben het over xenoglossie, het vermogen een vreemde taal te spreken die je nooit in dit leven hebt geleerd. Dit woord is afkomstig van de Franse natuurkundige en parapsycholoog Charles Richet. 'Xenos' betekent vreemd en 'glossie' is afgeleid van het Griekse woord voor taal ('glossa'). Aangezien reguliere taalgeleerden doorgaans geen rekening houden met zaken als vorige incarnaties, zullen ze claims rond xenoglossie meestal niet al te serieus nemen.

Glossolalie

Het fenomeen xenoglossie komt al in de Bijbel voor, in het Pinksterverhaal zoals beschreven in de Handelingen van de Apostelen. De Joodse volgelingen van Jezus Christus kregen dankzij de Heilige Geest plotseling het vermogen in 'vreemde tongen' te spreken. Het was daarbij de bedoeling dat ze andere volkeren in het Romeinse Rijk zouden kunnen evangeliseren, zoals Romeinen, Parthen en Egyptenaren. Aanhangers van christelijke stromingen zoals de Pinksterbeweging geloven dat mensen ook nu nog in tongen kunnen gaan spreken. Ze hebben het dan doorgaans niet over xenoglossie maar over glossolalie, een term die eigenlijk gewoon het spreken van een taal betekent. Bij glossolalie gaat het tegenwoordig niet meer om menselijke talen maar om engelentalen. Men gelooft oprecht dat engelen een eigen taal hebben met een eigen woordenschat en grammatica. We zijn zelf wel eens getuige geweest van glossolalie tijdens kerkdiensten en moeten bekennen dat het nauwelijks indruk op ons maakte. Het leek nog het meest op het herhalen van reeksen betekenisloze klanken zonder dat de persoon in kwestie zelf begreep wat hij zei. Ook parapsychologisch gezien is het verschijnsel nauwelijks interessant te noemen, om de eenvoudige reden dat het onmogelijk is om te achterhalen of iemand zo'n hemelse taal echt beheerst. Om dat te kunnen moet je eerst onafhankelijke, betrouwbare informatiebronnen over de taal van de engelen raadplegen en die zijn er nu eenmaal niet. Ook in de parapsychologische literatuur kent men overigens het verschijnsel dat iemand ongeleerd een taal zou spreken die niet traceerbaar is. Een beroemd voorbeeld betreft het Zwitserse medium Cathérine Elise Müller, beter bekend onder haar pseudoniem Hélène Smith. Psychiater Théodore Flournoy publiceerde in 1900 een boek over haar. Het medium beweerde onder meer dat ze beelden zag van de planeet Mars en berichten doorkreeg in de taal van die planeet. Een geest vertaalde haar uitlatingen in het Frans. Destijds wist men nog niet dat er naar alle waarschijnlijkheid geen intelligente mensachtige wezens (meer) leven op Mars, zodat dit nog enigszins denkbaar leek. Een voorbeeld van de Martiaanse taal luidt: "Dodé né ci haudan ti mess métiche Astané," wat "Dit is het huis van de grote man Astané" zou betekenen. Flournoy ontdekte al snel dat de structuur van de vermeende taal van Mars bijna identiek was aan die van het Frans. Alleen de woorden wijken uiteraard af van Franse woorden. Het ligt daarom voor hand dat de taal die Hélène Smith sprak ontsproten was aan haar eigen onbewuste geest. Dit geldt eveneens voor de glossolalie van christenen.

Aardse talen
Sommige gevallen van xenoglossie zijn ongetwijfeld

volledig psychologisch te verklaren. De taal die men spreekt lijkt in bepaalde gevallen niet eens echt te bestaan, zodat alleen een soort verbeeldingskracht er de oorsprong van kan vormen. Maar is dat parapsychologisch beschouwd ook meteen het hele verhaal? Nee, want er zijn ook enkele casussen gedocumenteerd van mensen die een bestaande taal konden spreken zonder dat ze die (in dit leven) ooit hadden geleerd. Uiteraard hebben sceptici geprobeerd om die gevallen stuk voor stuk onderuit te halen. Soms is dat niet zo moeilijk, omdat de xenoglossie heel erg beperkt blijft. Het gaat dan bijvoorbeeld slechts om een paar zinnen die grammaticaal onjuist zijn en uitgesproken worden met een zwaar accent. Voor iemand die de taal in kwestie zelf niet spreekt kan zoiets op het eerste gezicht natuurlijk al heel indrukwekkend zijn. Daarom is het belangrijk dat mensen die de vreemde taal goed spreken (liefst als moedertaal) de prestaties kritisch beoordelen. Jammer genoeg is het lang niet altijd vast te stellen of claims over xenoglossie op waarheid berusten. Je hebt er bijvoorbeeld weinig aan als iemand die zelf geen Russisch spreekt beweert dat een medium vloeiend een hele verhaal in die taal vertelde.

Bovendien is het van belang om een onderscheid te maken tussen recitatieve en responsieve xenoglossie. Bij recitatieve xenoglossie gaat het slechts om spontane uitspraken die men in een vreemde taal doet.

Responsieve xenoglossie treedt op wanneer iemand in staat blijkt zinnig te antwoorden op vragen in een taal die hij in dit leven nooit geleerd heeft.

Liederen in het Bengaals
De belangrijkste parapsychologische onderzoeker op dit gebied, dr. Ian Stevenson, was zich volledig bewust van de valkuilen rond xenoglossie. Hij publiceerde onder meer twee boeken over het onderwerp. Behalve een bespreking van de gedocumenteerde gevallen uit de literatuur, komen er ook enkele gevallen in voor die Stevenson zelf onderzocht. Zo bestudeerde hij een Amerikaanse vrouw die in de jaren 50 onder hypnose beweerde dat ze een Zweedse boer was geweest die Jensen heette. Haar vermogen om Zweeds te spreken reikte overigens niet al te ver. Ze maakte spontaan correct gebruik van enkele tientallen Zweedse woorden, maar sprak die niet helemaal juist uit. Een andere casus betrof eveneens een Amerikaanse, Dolores Jay. Deze belandde in 1970 onder hypnose in een Duits vorig leven waarin ze Gretchen zou hebben geheten. Ze gebruikte volgens Stevenson meer dan 200 Duitse woorden spontaan, maar ook haar uitspraak was niet perfect. Belangrijker dan deze Amerikaanse gevallen zijn twee casussen uit India. Swarnlata Mishra had paranormale herinneringen aan twee vorig levens. Ze was bovendien in staat om spontaan liederen in het

Bengaals te zingen, terwijl ze die taal in dit leven niet geleerd had. Dat het echt om Bengaals gingen werd bevestigd door de Indiase geleerde prof. P. Pal. De liederen lijken verband te houden met een van de levens die ze zich herinnerde.

Ook Uttara Huddar uit Nagpur sprak vloeiend Bengaals terwijl ze in de jaren 70 een behandeling onderging voor haar stemmingswisselingen. Daarbij manifesteerde zich een 19-eeuwse persoonlijkheid die zich Sharada noemde en paranormale kennis vertoonde over die bewuste periode. Ze beschreef onder meer een Bengalese familie waar ze bij zou hebben gehoord. Hoewel de vrouwelijke familieleden niet geregistreerd zijn, komen de mannen die zij noemt echt in de archieven voor. Hoewel ze mogelijk wel wat Bengaals opgestoken had in haar huidige leven, is dit volgens Stevenson waarschijnlijk onvoldoende om Sharada's kennis van die taal te kunnen verklaren.

Een lichte vorm van xenoglossie komt trouwens regelmatig voor bij reïncarnatiegevallen van jonge kinderen. Een kind kent dan bijvoorbeeld bepaalde woorden die alleen in een andere streek gebruikt worden. Het kan gaan om zaken als namen van dagelijkse gebruiksvoorwerpen of etenswaren, maar ook om krachttermen.

Vloeiend Spaans

In 2005 werd een Japanse huisvrouw onder hypnose teruggevoerd naar vorige levens. Ze herinnerde zich onder andere een incarnatie als Rataraju. een Nepalese man. Dr. Masayuki Ohkado en zijn team raadpleegde drie Nepalezen die bevestigden dat ze tijdens deze regressie werkelijk vloeiend Nepalees kon spreken. De Nederlandse stichting Athanasia was betrokken bij twee andere gevallen van xenoglossie. Een Hongaars meisje, Iris Farczády, beweerde in de jaren 30 plotseling dat ze in werkelijkheid ene Lucia Altarez of Altares, een arme vrouw met veel kinderen uit Madrid was. Ze sprak vloeiend Spaans, terwijl Iris voor zover bekend nooit geleerd had. In 1998 stelde Titus Rivas vast dat Iris (die zichzelf privé nog steeds Lucía noemde) nog steeds heel behoorlijk Spaans kon spreken. Rivas heeft voldoende kennis van deze taal omdat hij een Spaanse vader had.

Het is na zoveel jaren niet exact vast te stellen of ze een deel hiervan op een normale manier heeft opgedaan. Maar er zijn in ieder geval aanwijzingen dat ze zich ook in de jaren 30 al goed in die taal kon uitdrukken. Jammer genoeg is Lucía zelf niet teruggevonden in de archieven in Madrid.

In 2005 hebben Titus Rivas en Anny Dirven samen een Nederlandse casus van xenoglossie bestudeerd. Het gaat om mevrouw Jolanda Klaassen die reeds als kind een bijzondere band voelde met Suriname. Ze kreeg als vierjarig kind spontaan beelden van een erf en rode aarde. Uiteindelijk trouwde ze met de Creool John. Het viel John op dat Jolanda de creoolse taal Sranan Tongoe in een recordtempo leerde en inmiddels zelfs accentloos kon spreken. Er zijn Surinamers die zo verbaasd zijn over haar taalvaardigheid dat ze denken dat Jolanda hoe dan ook in hun vaderland geboren moet zijn. Volgens John is een aanleg voor talen niet voldoende om haar kennis van het Sranan Tongoe afdoende te verklaren. Overigens voelde Jolanda niet alleen affiniteit met de taal maar ook met de Creoolse cultuur in het algemeen. Voor haar relatie met John had ze al een sterke voorliefde voor zwarte muziek. Ze was zelfs al getrouwd geweest met een Ghanees.

Waarschijnlijk zijn er veel casussen van xenoglossie die nooit onderzocht worden door wetenschappers. We mogen hoe dan ook concluderen dat een deel van het bewijsmateriaal niet op een reguliere manier verklaard kan worden. We hebben in zulke gevallen te maken met een zogeheten paranormale vaardigheid. Onderzoekers zoals Ian Stevenson hebben erop gewezen dat je een vaardigheid zoals het spreken van een taal niet kunt aanleren zonder je er eerst in te oefenen. Wanneer we daarvan uitgaan vallen bepaalde hypothesen, zoals telepathie, meteen af. Als je zo goed piano wilt leren spelen als een pianist, volstaat het niet om je telepathisch op hem af te stemmen. Zo kun je ook niet zomaar een bepaalde taal leren door de gedachten te lezen van iemand die die taal spreekt. Dit betekent dat er bij echte xenoglossie iets anders aan de hand moet zijn. Kennelijk heeft degene die de vreemde taal beheerst zich die taal buiten het huidige lichaam eigen gemaakt...

Literatuur
- Ohkado, Masayuki. (2010). *A Japanese Case of Xenoglossy, in: Synchronic and Diachronic Approaches to the Study of Language: A Collection of Papers Dedicated to the Memory of Professor Masachiyo Amano*. Tokyo: Eichosha Phoenix Co.
- Rivas, T. (2011). *Uit het leven gegrepen* (derde druk). Lulu.com.
- Stevenson, I. (1974). *Xenoglossy: A Review and Report of a Case*. Charlottesville: University Press of Virginia.
- Stevenson, I. (1984). *Unlearned Language: New Studies in Xenoglossy*. Charlottesville: University Press of Virginia.

Dit artikel werd gepubliceerd in ParaVisie, september 2011, jaargang 26, blz. 52-54.

9. Persoonlijke evolutie

Hoe gaat het verder? Persoonlijke evolutie

door Titus Rivas en Anny Dirven

Overtuigd zijn van een leven hierna pakt meestal erg positief uit. Je wordt immers niet vernietigd door Magere Hein, maar *bent* er nog steeds wanneer er van je lichaam alleen nog beenderen of as over is. Natuurlijk moet het dan wel om een notie van een *persoonlijk* overleven na de dood gaan, want anders schiet het nog niet erg op. Boeddhisten wijzen deze gedachte bijvoorbeeld af, want volgens hen bestaat er niet eens een persoonlijke ziel tijdens het aardse leven, zodat die ook na het overlijden niet kan voortbestaan. Maar doorgaans gaat de gedachte van een hiernamaals wel gepaard met de overtuiging dat ieder van ons er geestelijk nog zal zijn nadat we gestorven zijn.

Eeuwige verveling?
Soms hoor je wel eens dat het alleen maar goed is als er geen hiernamaals bestaat. Elke vorm van onsterfelijkheid zou namelijk op den duur uitmonden in een toestand van eindeloze, eeuwige verveling. Alles wat er maar te doen, denken of beleven valt, is

op een goed moment ook echt de revue gepasseerd, en het enige wat je dan verder nog rest is zinloze herhaling. De *jeu* zou er vroeg of laat helemaal af zijn en de verveling zou op een gegeven moment zo martelend worden dat je alleen nog maar kunt verlangen naar zelfvernietiging.

Er zit een doorzichtige denkfout in deze voorstelling van zaken die aantoont dat we hier vooral te maken hebben met een poging om het eigen ongeloof rond een hiernamaals draaglijk te maken. Het leven bestaat namelijk niet alleen maar uit afzonderlijke daden, gedachten of ervaringen, maar vooral ook uit *relaties* met jezelf, met anderen en met de wereld om je heen. Herhaling van positieve gebeurtenissen binnen een zinvolle relatie kan zo wel degelijk de moeite waard zijn, en al helemaal als die gebeurtenissen oneindig rijk geschakeerd zijn. Het zou bijvoorbeeld heel saai worden om hier op aarde een eeuwigheid lang steeds alleen maar een en dezelfde attractie in De Efteling te moeten bezoeken. Maar met die saaiheid is het al snel bekeken als je slechts om de zoveel jaar weer in hetzelfde pretpark en bij dezelfde attractie belandt en dan nog voor beperkte tijd.

Bovendien klopt het niet dat de herhaling van iets positiefs per definitie tot verveling moet leiden. Een prachtig concert verdiept zich juist alleen maar naarmate je er vaker naar luistert en dat geldt al helemaal als je het afwisselt met talloze andere muziekstukken. Uitgaande van een oneindig repertoire van perfecte 'engelengezangen' kom je zo dus nooit aan verveling toe! Daarnaast berust de skeptische notie van de eeuwige verveling ook nog op de aanname dat wij als geesten innerlijk niet meer veranderen. We zouden ons na onze dood niet meer verder kunnen ontwikkelen. Persoonlijke veranderingen zouden er namelijk voor zorgen dat we onszelf niet meer zouden zijn. Als dit echt waar was, zouden mensen op aarde zichzelf ook al verliezen zodra ze bijvoorbeeld leren om te gaan met internet! Een persoonlijk overleven na de dood is dus in werkelijkheid volledig verenigbaar met persoonlijke ontwikkeling.

Er valt al met al geen positieve draai te geven aan de notie dat het na dit aardse bestaan helemaal ophoudt, en de voorstelling van een eeuwige verveling biedt dan ook bijna niemand echt troost.

Constante dynamiek
We zijn hier op aarde normaal gesproken al voortdurend in beweging, zonder daarbij onszelf te verliezen. Wij zijn het namelijk steeds *zelf* die veranderen. We doen steeds nieuwe ervaringen op via onze zintuigen, we denken na over allerlei dingen, praten met anderen, luisteren naar muziek, we zijn creatief, kijken naar de TV, lezen een boek, we beoefenen een sport, surfen op het net, bezoeken een

parabeurs, en ga zo maar door. Al die handelingen laten hun sporen na in onze geest en maken zo een positieve ontwikkeling mogelijk. We worden rijker van alles wat we meemaken en doen. We groeien geestelijk door ons leven. Er is geen enkele reden om te denken dat dit na de dood allemaal opeens ophoudt.

Hier op aarde kan de persoonlijke groei weliswaar schijnbaar stilliggen, bijvoorbeeld door akelige aandoeningen, zoals dementie of andere stoornissen waarbij er sprake is van geheugenverlies. Op bewust niveau worden nieuwe gebeurtenissen dan niet vastgehouden zodat iemand als het ware gevangen raakt in het verleden of in het moment. Maar dit soort aandoeningen hebben te maken met een aantasting van de hersenen en na de dood heeft iemand daar alvast geen last meer van. In het hiernamaals vallen de fysieke beperkingen immers weg en is er dus alleen maar meer reden om uit te gaan van grote mogelijkheden tot geestelijke groei en ontplooiing.

Dorst naar kennis
Mensen die een bijna-doodervaring hebben gehad, leggen zoals bekend veel nadruk op het belang van liefde, maar ook van *wijsheid* in de meest ruime zin van dat woord. Er zijn beschrijvingen van een soort scholen of tempels in het hiernamaals waarbij de persoon tot allerlei algemene inzichten wordt gebracht

over zichzelf en het leven, maar ook specifieke dingen kan leren, bijvoorbeeld over muziek of de materie. Dannion Brinkley (1995) beschrijft bijvoorbeeld een soort kathedralen die te maken hebben met het tot je nemen van kennis.

De waarde van kennis, inzicht en wijsheid blijft BDE'ers ook na hun ervaring nog bij. Zo schrijven Kenneth Ring en Evelyn Elsaesser Valarino (1999): "Velen met een BDE ervaren een geweldige dorst naar kennis, die vaak ten dienste staat van hun spirituele zoektocht. Leven in overeenstemming met wat zij ontvingen in het Licht en het hervinden van de daarop gerichte kennis, die tijdens de ervaring bij hen werd ingeplant, worden hun primaire motivaties" (blz. 101).

De betekenis van de aarde
Als je je verder kunt ontwikkelen in een geestelijke wereld, roept dat de vraag op waarom we dan eigenlijk nog in deze fysieke werkelijkheid geboren worden. Deze wereld lijkt namelijk veel beperkter. Er zijn echter kinderen met herinneringen aan een periode tussen twee incarnaties, waaruit blijkt dat ons leven op aarde wel degelijk zin heeft (Rivas, 2000, 2003). Dergelijke kinderen hebben het bijvoorbeeld regelmatig over het uitkiezen van hun ouders of over het opstellen van een levensplan.

Dit kan in samenspraak met een hoger wezen of 'engel' gebeuren en soms ook wat overredingskracht vergen. Zoals in ons geval van een Nederlandse vrouw genaamd Anne-Marie. Als kind wist deze nog dat ze eigenlijk niet geboren had willen worden. Een aardige oude man met een baard probeerde haar er toch van te overtuigen dat ze naar de aarde moest gaan. Hij beloofde haar dat ze nooit alleen zou zijn, omdat er altijd 'wezens' bij haar zouden zijn om haar bij te staan. Anne-Marie was namelijk geschrokken van toekomstbeelden van het aardse leven dat ze zou krijgen. Uiteindelijk ging ze toch over tot incarnatie, terwijl de man zijn best deed om haar gerust te stellen.

In feite kun je de zin van een aards leven ook al afleiden uit bijna-doodervaringen waarin mensen te horen krijgen dat ze weer terug moeten keren naar hun lichaam, omdat hun leven gewoon nog niet af is. Hans ten Dam (2002) wijst erop dat we in deze wereld gemakkelijker met onze neus op bepaalde zaken gedrukt kunnen worden dan aan gene zijde, omdat we er ons hier minder aan kunnen onttrekken. Onze incarnaties blijken zo dus een betekenisvol onderdeel uit te maken van onze persoonlijke evolutie.

Reïncarnatie en groei
Op het eerste gezicht lijkt deze theorie in strijd met wat we elke dag om ons heen kunnen zien. Een baby wordt namelijk doorgaans niet als volwassene geboren, en lijkt alles voor het eerst aan te moeten

leren. Dat is echter maar schijn. Doordat een zuigeling nog geen volwassen brein heeft, kan hij ook nog niet op een volwassen niveau functioneren, maar dat wil niet zeggen dat hij dat nooit eerder heeft gedaan in een vorig leven. Wat dat betreft kun je de kindertijd opvatten als een soort revalidatieperiode waarin je je oude niveau kunt herwinnen, mits de levensloop en omstandigheden dat natuurlijk toelaten (Rivas, 2000; 2005).

Bij reïncarnatiegevallen onder jonge kinderen zie je dan ook regelmatig dat de persoonlijkheid in dit leven op allerlei punten overkomt met hoe iemand vroeger was. In het geval Sujith Lakmal Jayaratne uit Sri Lanka, bleek een jongen bijvoorbeeld te verlangen naar sterke drank en sigaretten, wat overeenkwam met gewoontes uit zijn vorige leven als Sammy Fernando. Hij kon ook heel goed een dronkaard nadoen en droeg zijn kleding zoals hij dat vroeger had gedaan. Sujith gebruikte ook nog schuttingtaal die typerend was geweest voor zijn leven als Sammy Fernando (Stevenson, 1977).

Ook zijn er gevallen bekend waarbij een kind vaardigheden vertoont die het niet in dit leven heeft aangeleerd, maar die wel overeenkomen met bekwaamheden uit de vorige incarnatie (Stevenson, 1987).

Maar waar bestaat de persoonlijke *groei* nu uit? Waarschijnlijk werkt het zo dat wat je kunt herwinnen

aan mogelijkheden en inzichten steeds verder toeneemt. Er is dus meer in het spel dan alleen een soort zinloze cyclus, want er wordt steeds meer toegevoegd aan je geestelijke bagage en je mogelijkheden.
Wil dat nu zeggen dat het alleen maar de goede kant op kan gaan? Helaas niet, want iemand kan natuurlijk allerlei psychologische klachten krijgen en ontsporen. Het is overigens wel te verwachten dat mensen per saldo weer verder zijn gekomen als ze er eenmaal weer bovenop zijn.

Conclusie
Het leven gaat verder na de dood en dat betekent niet alleen maar een saaie herhaling, maar een actief ontwikkelingsproces. Een persoonlijke evolutie waarbij we desnoods weer terug kunnen keren op deze aarde of ons verder kunnen ontplooien in een geestelijke wereld.

Literatuur
- Brinkley, D. & Perry, P. (1995). *Gered door het Licht*. Den Haag: BZZôH.
- Dam, H. ten (2002). *Reïncarnatie: Denkbeelden en Ervaringen*. Ommen: Tasso.
- Ring, K., & Elsaesser Valarino, E. (1999). *Het licht gezien: bijnadoodervaringen*. Deventer: Ankh-Hermes.

- Rivas, T. (1999). Het geheugen en herinneringen aan vorige levens:neuropsychologische en psychologische factoren. *Spiegel der Parapsychologie, 37*, 2-3, 81-104.
- Rivas, T. (2000). *Parapsychologisch onderzoek naar reïncarnatie en leven na de dood.* Deventer: Ankh-Hermes.
- Rivas, T. (2003). Herinneringen aan een preëxistentie. *Terugkeer, 14(4)*,20-23.
- Rivas, T. (2005). Reïncarnatie, persoonlijke evolutie en bijzondere kinderen. *Prana, 148*, 47-53.
- Stevenson, I. (1974). *Twenty cases suggestive of reincarnation.* Charlottesville: University Press of Virginia.
- Stevenson, I. (1977). *Cases of the Reincarnation Type: Volume II. Ten Cases in Sri Lanka.* Charlottesville: University Press of Virginia.
- Stevenson, I. (1987). *Children who remember previous lives: A question of reincarnation.* Charlottesville: University Press of Virginia.

Dit artikel is in 2006 gepubliceerd namens Stichting Athanasia in het blad Paraview.

Begaafde kinderen in spiritueel perspectief

door Titus Rivas en Anny Dirven

Mensen hebben altijd een grote fascinatie gehad voor 'wonderkinderen'. Vandaar dat bijna iedereen wel weet dat bijvoorbeeld Wolfgang Amadeus Mozart in deze categorie thuishoort. Hij kon reeds als zeer jong kind een aantal instrumenten kundig bespelen en composities schrijven.

Wonderlijke verhalen

Een ander voorbeeld van een kind met een buitengewone gave voor klassieke muziek was George Bizet. Op zijn negende werd hij al toegelaten tot een conservatorium in Parijs en won daar veel concoursen. Wat Nederland betreft staat onder meer de beroemde rechtsgeleerde Hugo de Groot bekend als wonderkind. Op de leeftijd van 8 jaar was hij al in staat gedichten in het Latijn te schrijven en hij ging al op zijn elfde studeren aan de Universiteit van Leiden. Maar ook veel recenter zijn er nog opmerkelijke gevallen gemeld. Zo is er het verhaal uit het begin van de 20e eeuw over de jong gestorven Indiër Srinivasa Aaiyangar Ramanujan. Volkomen geïsoleerd van de westerse wereld, wijdde Ramanujan zich vanaf zijn tiende aan zijn grote passie, de wiskunde. Rond zijn 26e schreef hij brieven aan Engelse wiskundigen. Eén van hen herkende zijn talent en haalde hem naar Cambridge. In Engeland produceerde hij een enorme hoeveelheid bruikbaar en origineel wiskundig werk. Uit Amerika komt het relaas van één van de intelligentste mensen die ooit geleefd zouden hebben, William James Sidis (1898-1944). Hij vertoonde als jongen zeer buitengewone gaven op het gebied van taal en wiskunde. Sidis kon op de leeftijd van 18 maanden de *New York Times* lezen en leerde zichzelf acht sterk uiteenlopende talen aan, waaronder Russisch, Turks, Hebreeuws en Armeens. Op zijn elfde werd hij toegelaten tot de prestigieuze Amerikaanse Harvard-Universiteit. Hij studeerde op zijn 16e cum laude af. Er wordt beweerd dat hij een IQ bezat dat tussen de 250 en 300 lag.

Ook tegenwoordig zijn er nog berichten over zulke wonderkinderen. Bijvoorbeeld van de Indiase jongen Deepak Pathak die reeds op twee en een half jarige leeftijd goed op het Indiase percussie-instrument de tabla kon spelen. Of het Amerikaanse meisje Akiane dat vier talen beheerst, schildert vanaf haar vierde en gedichten en aforismen schrijft vanaf haar zevende. Bovendien vertoont ze sinds ze vier was een enorme spirituele devotie.

De Chinese jongen Chun Hoo Ulf Wong heeft een

bijzondere gave waardoor hij al op zijn zesde een Rubiks Kubus kan oplossen in ongeveer een halve minuut.

Ook al zijn sommige verhalen wellicht een beetje aangedikt, er is geen goede reden om te twijfelen aan het bestaan van bijzonder begaafde kinderen. Een kind kan daarbij gekenmerkt worden door één of enkele bijzondere gaven, maar er kan ook sprake zijn van een algemenere hoogbegaafdheid. De term 'wonderkind' kan overigens misleidend zijn omdat men dat woord kan associëren met 'alles kunnen', terwijl ook hoogbegaafde kinderen hun beperkingen kennen. Het is van belang dat zij goed begeleid worden, zowel in het gangbare als in aangepast onderwijs, en evenzeer in hun emotionele en sociale ontwikkeling.

Genetica of omgeving?
De reguliere wetenschap ziet intelligentie en andere psychische eigenschappen als grotendeels erfelijk bepaald. Dat komt mede omdat naaste familieleden in dit opzicht vaak meer dan gemiddeld op elkaar lijken. Toch geldt zeker niet dat alle hoogbegaafde kinderen ouders hebben die zelf ook bijzonder begaafd zijn. Het is bovendien in de meeste gevallen heel moeilijk om wanneer naaste familieleden heel sterk op elkaar lijken de invloed van zogeheten omgevingsfactoren

uit te sluiten. Je moet dan bijvoorbeeld denken aan een bijzonder muzikaal kind dat geboren wordt in een gezin waar men dagelijks musiceert of geconcentreerd naar muziek luistert. Het is in zo'n geval moeilijk te zeggen of de muzikaliteit vooral voortkomt uit de muzikale omgeving of uit een aanleg van het kind zelf.

Sommige mensen willen het aantal hoogbegaafde kinderen bevorderen door 'eugenetische' projecten. Ze willen bijvoorbeeld een eicel van een begaafde vrouw laten bevruchten door het zaad van een begaafde man, los van de vraag of deze een liefdesrelatie met elkaar hebben. Dit heeft terecht een griezelige bijsmaak van discriminatie (of erger). Er zijn ook aanhangers van de omgevingstheorie die reeds geboren kinderen begaafder willen maken. Ze hanteren daarbij bijvoorbeeld speciale trainingsprogramma's om de interesses van kinderen voor wetenschap, kunst, muziek of literatuur op te wekken en te versterken. Deze benadering is hoe dan ook veel sympathieker dan de eugenetische, omdat ze uitgaat van een minder materialistisch mensbeeld. Bovendien vertrekt ze van een principe dat we ook kennen van bijvoorbeeld de omgang met mensen met een verstandelijke beperking. Naarmate mensen in het algemeen meer stimulerende prikkels krijgen is de kans groter dat ze zich beter ontwikkelen. Dit geldt overigens ook voor leden van andere diersoorten. Een dier met een omgeving die genoeg te bieden heeft zal zich beter ontwikkelen en gelukkiger zijn dan een dier in een verarmde omgeving, zoals we die helaas kennen van de bio-industrie.

Tweelingen
Slechts in één soort situatie lijkt er echt eenduidig meer te pleiten voor een primair genetische oorsprong van begaafdheid dan voor een overheersende invloed van de omgeving. We hebben het dan over gevallen waarin eeneiige tweelingen die kort na de geboorte van elkaar gescheiden worden en opgroeien in verschillende omgevingen. Zulke tweelingen zouden volgens diverse auteurs meer psychologische overeenkomsten met elkaar vertonen dan je op basis van de omgeving kunt verwachten. Daarmee is voor materialistische onderzoekers aangetoond dat de genetica vaak een belangrijke rol speelt in de vorming van iemands persoonlijkheid.
Men gaat echter volledig voorbij aan twee factoren van parapsychologische aard. Allereerst kan er sprake zijn van een sterke telepathische band tussen de tweelingen, waardoor ze zich onbewust met elkaar identificeren en zoveel mogelijk op elkaar proberen te lijken. Hiervoor pleiten onder andere aanwijzingen voor allerlei telepathische ervaringen tussen tweelingen.
Bovendien wijst parapsychologisch bewijsmateriaal

voor reïncarnatie erop dat tweelingen elkaar vaak kennen uit een vorig leven en daarbij al een sterke band hadden met elkaar. Het is daarom goed denkbaar dat de overeenkomsten voor een groot deel berusten op een zielsverwantschap uit een vorig leven.

Een voorbeeld van de bekende reïncarnatieonderzoeker Ian Stevenson betreft de Indiase tweeling Ramoo en Rajoo Sharma uit Sham Nagara. Zij herinnerden zich als kind beiden een vorig leven als een andere tweeling uit een ander dorp. Toen ze ongeveer drie jaar oud waren, renden ze in de richting van een snelweg om 'naar huis' te gaan. Later beweerden zij dat ze iemand van buiten het dorp herkenden die op doortocht was in hun woonplaats. Allebei begonnen ze vanaf dat moment te praten over hun vorige leven. Ze vertelden dat ze respectievelijk Bhimsen en Bhism Pitamah hadden geheten en afkomstig waren uit een ander woonplaats, Uncha Larpur. Ze waren betrokken geraakt bij een conflict met iemand ie hen naar zijn huis had gelokt en daar door een groot aantal mannen had laten vermoorden. Ook gaven ze nog details over andere gebeurtenissen en bezittingen uit hun vorige leven.

Stevenson stelde vast dat de families van het huidige en vorige leven elkaar hoogstwaarschijnlijk niet hadden gekend voordat het geval zich ontwikkelde. Van sommige correcte uitspraken van de tweeling over de vroegere incarnatie is het daarmee

aannemelijk dat ze niet langs normale weg verklaard kunnen worden. Bijvoorbeeld de namen van een broer, leraar en zoons, de herkomst van hun vrouwen, en verschillende bezittingen. Extra relevant in dit verband is dat Ramoo en Rajoo behalve herinneringen en moedervlekken ook nog gedragskenmerken vertoonden die overeenkwamen met die van Bhimsen en Bhism. Zoals hun temperament en een bijzonder grote gehechtheid aan elkaar.
Er bestaat dus, in tegenstelling tot de materialistische theorieën geen eenduidig bewijsmateriaal voor de overheersende invloed van de genen. Dit betekent onder meer dat het extra de moeite loont veel aandacht te besteden aan een verrijkende omgeving.

Persoonlijke evolutie
Binnen een spiritueel wereldbeeld kunnen aangeboren gaven ook te maken hebben met een levensopdracht die iemand op zich heeft genomen voor hij aan zijn aardse leven begon. In ieder geval hebben ze altijd iets te maken met de spirituele ontwikkeling van de ziel. Je kunt je dit het beste zo voorstellen dat iemand in een leven bepaalde vaardigheden kan ontwikkelen die in een volgend leven de basis vormen van een talent. Naarmate je je dus meer vaardigheden toe-eigent in een leven, wordt de kans op meer talenten ook groter. Begaafde kinderen zijn in dit perspectief in feite zielen die in een vroegere incarnatie extra hun

best hebben gedaan op een of meer gebieden. Bij kinderen met herinneringen aan vorige levens komen in sommige gevallen ook de vaardigheden zelf nog voor. Met andere woorden, ze hebben niet alleen een talent voor bepaalde zaken, maar ze kunnen iets meteen al, zonder het in dit leven te hebben geleerd. Een bekend voorbeeld is dat van Swarnlata Mishra die zich een leven herinnerde waarin ze bepaalde liederen in het Bengaals had geleerd. Ze bleek grotendeels in staat om die liederen nu nog te zingen, terwijl ze die naar alle waarschijnlijkheid nooit gehoord had in dit leven. De liederen zoals Swarnlata ze zong werden systematisch vergeleken door een deskundige met de originele gezangen.

Een Nederlands voorbeeld betreft het meisje Sh. uit Amsterdam. Zij had herinneringen aan twee vorige levens en vertoonde onder meer een groot talent voor het schrijven van gedichten, dat verband lijkt te houden met haar verleden. Ook kon ze al lezen toen ze op de kleuterschool zat. In september 1996 bevestigde een team van de toenmalige Katholieke Universiteit Nijmegen (de huidige Radboud Universiteit) dat Sh. hoogbegaafd is. Men roemt in een officieel rapport onder andere haar vroegrijpheid en uitstekende verbale uitdrukkingsvermogen en geheugen. Verbaal gezien had ze een voorsprong van jaren op haar leeftijdgenoten.

Onderzoek naar preëxistentieherinneringen doet sterk vermoeden dat reïncarnerende zielen zelf meebeslissen over de familie waarbinnen zij herboren worden. Hier is namelijk bij veel herinneringen aan een spiritueel voorbestaan sprake van. Soms krijgt de persoon in kwestie meerdere kandidaten te zien waaruit hij of zij een keuze kan maken. Dit zou mede kunnen verklaren waarom bijvoorbeeld een muzikaal genie geboren wordt bij ouders die extra veel affiniteit hebben met muziek.

Ook in andere opzichten kan er trouwens sprake zijn van vroegrijpheid bij kinderen met herinneringen aan vorige incarnaties. Bijvoorbeeld in gevoelens van liefde of aantrekking tot een partner uit het vorige leven, of een drang tot 'volwassen' gewoontes zoals alcohol drinken, roken of drugs gebruiken. Het gaat ook hierbij steeds om een doorwerking van patronen die men zich in het vroegere leven eigen had gemaakt.

Bovendien zijn er gevallen bekend van kinderen die geen bewuste herinneringen hebben aan een vorig leven, maar wel zonder enige instructie van de omgeving, bepaalde vaardigheden laten zien. De Indiase reïncarnatieonderzoeker dr. Kirti Swaroop Rawat onderzocht zulke kinderen In 1996 bestudeerde hij samen met zijn vrouw bijvoorbeeld een Indiase jongen van vier, Shailendra geheten. De jongen kwam uit een gezin van arme analfabeten maar hij bleek vloeiend Hindi, Engels en Sanskriet te kunnen lezen. Het is niet zo verwonderlijk dat men van oudsher ook in het Westen het vóórkomen van zulke kinderen heeft opgevat als aanwijzing voor het bestaan van reïncarnatie.

Paranormaal begaafde kinderen
Paragnosten kunnen reeds op jonge leeftijd tekenen vertonen van een bijzondere gave. Stichting Athanasia voerde in dit verband een onderzoek uit naar Vincent, Karim en Danny. Dit zijn drie tieners die meededen aan een interessante documentaireserie van Michel Kapteijns, 'Binnenste Buiten'. Het gaat om jongens die in deze VPRO-serie praatten over hun paranormale en spirituele ervaringen en inzichten.
We concluderen op basis van dit onderzoek dat er genoeg reden bestaat om aan te nemen dat deze tieners werkelijk paranormaal begaafd zijn en dat ook al als jongere kinderen waren. Ze hebben ons alle drie overtuigende verhalen verteld over paranormale ervaringen die wijzen op een speciale begaafdheid. Bijvoorbeeld met telepathie, uittredingen, paranormaal genezen, het zien van geesten van overledenen of van aura's of engelen.
Hierbij bleek overigens ook dat de manier waarop de jongens met hun ervaringen omgaan sterk samenhangt met hun algemenere persoonlijkheid, hun levensloop

en reacties uit hun sociale omgeving. Overigens komt dit overeen met bevindingen van anderen over paranormaal begaafde of 'nieuwetijdskinderen'. Paranormale gaven worden nog wel eens in verband gebracht met bepaalde aangeboren kenmerken van de hersenen. Dit lijkt niet bijster waarschijnlijk als je bedenkt dat paranormale gaven juist per definitie de beperkingen van het brein overstijgen. Het ligt meer voor de hand dat kinderen met zulke gaven eerder wedergeboren worden bij ouders (of ruimer een familie) die daar affiniteit mee hebben. Zo zegt één van de genoemde jongens, Karim, onder andere dat hij tijdens een spirituele preëxistentie zijn moeder heeft uitgekozen omdat hij wist dat ze begrip voor hem zou hebben. Dit bevestigt de mogelijkheid dat bijvoorbeeld ook muzikaal, literair of wetenschappelijk begaafde kinderen hun toekomstige milieu zelf hebben uitgekozen.

Literatuur
– Busch, M. (1997). *Waar haalt hij het vandaan?* Utrecht: Uitgeverij Lemniscaat.
– Gestel, M. van (2000). *Mijn kind ziet meer.* Deventer: Ankh-Hermes.
– Jager, B. (1998). *Het intuïtieve kind.* Deventer: Ankh-Hermes. – Prasad, J. (1993). *New Dimensions in Reincarnation Researches.* Allahabad: Arvind Printers.

– Rivas, T. (2000). *Parapsychologisch onderzoek naar reïncarnatie en leven na de dood.* Deventer: Ankh-Hermes.
– Rivas, T. (2003). *Uit het leven gegrepen: Beschouwingen rond een leven na de dood.* Delft: Koopman & Kraaijenbrink.
– Rivas, T. (2005). Reïncarnatie, persoonlijke evolutie en bijzondere kinderen. *Prana, 148,* 47-53.
– Rivas, T., & Dirven, A. (2007). *Vincent, Karim en Danny.* Nijmegen: Athanasia. Producties (verkrijgbaar via lulu.com).
– Stevenson, I. (1974). *Twenty cases suggestive of reincarnation.* Charlottesville: University Press of Virginia.
– Stevenson, I. (1975). *Cases of the Reincarnation Type: Vol. I. Ten Cases in India.* Charlottesville: University Press of Virginia.
– Stevenson, I. (1987). *Children who remember previous lives: A question of reincarnation.* Charlottesville: University Press of Virginia.

Bijzondere oproep: we zijn benieuwd naar uw eigen verhalen over hoogbegaafde kinderen of paranormaal begaafde nieuwetijdskinderen.

Dit artikel werd gepubliceerd in *Paraview*, jaargang 12, nummer 2, mei 2008, 18-20.

Heeft het aardse leven zin?

door Titus Rivas

Samenvatting
De auteur geeft beknopt zijn persoonlijke visie op het vraagstuk van de zin van het aardse leven in het kader van BDE's en preëxistentieherinneringen.

Inleiding
Bijna-doodervaringen laten volgens mij behoorlijk ondubbelzinnig zien dat er een bovenaardse wereld bestaat die alles wat we hier 'beneden' kennen overstijgt. Een geestelijke wereld van Licht waarin ieder van ons volledig begrepen en geaccepteerd zal worden. Een rijk van onvoorwaardelijke liefde, emotionele vervulling en oneindige ontplooiing. Dit werpt wel de vraag op waarom we ons op dit moment – althans subjectief beschouwd – niet al in die hogere realiteit bevinden, maar in een veel beperktere fysieke wereld. Wat zou de zin kunnen zijn van ons verblijf hier op aarde? In dit beknopte artikel wil ik kort stilstaan bij deze vraag in het perspectief van bijna-doodervaringen en herinneringen aan een geestelijke preëxistentie.

Een zinvolle terugkeer
Een toestand van klinische dood kan uiteindelijk leiden tot een onomkeerbaar overlijden. Dankzij de vooruitgang in de medische wetenschap worden patiënten die klinisch dood zijn echter steeds vaker gereanimeerd. Ze keren in zulke gevallen terug naar het fysieke leven doordat er bepaalde medische handelingen worden verricht. Dit geldt overigens niet voor alle gevallen. Er zijn ook casussen bekend waarin een patiënt die men dood had verklaard 'spontaan' en onverklaarbaar weer tot leven kwam. Als we medische inschattingsfouten even buiten beschouwing laten, doen zulke gevallen vermoeden dat iemand ook 'gereanimeerd' kan worden door toedoen van niet-fysieke factoren.
Hoe dan ook is er bij veel BDE's sprake van een *geestelijke tegenhanger* van de somatische reanimatie. Een overledene of hoger wezen kan de BDE-er de vraag voorleggen: "Wil je hier blijven of terugkeren naar je lichaam?" Als de patiënt om welke reden dan ook besluit dat het beter is om terug te gaan, blijkt de reanimatie succesvol te zijn.
David Oakford mocht tijdens zijn BDE bijvoorbeeld zelf bepalen of hij terug wilde gaan. Hij koos ervoor terug te keren uit liefde voor de planeet en uit het verlangen deze wereld te helen (Williams, 2002).

Andere BDE-ers krijgen geen persoonlijke keuze voorgelegd, maar ze worden teruggestuurd omdat het hun tijd nog niet is. Hun leven op aarde is nog niet 'af'. De gestelde doelen zijn nog niet bereikt of iemands aanwezigheid is van groot belang voor concrete anderen.
Zo vertelde wijlen Pam Reynolds dat haar beroemde bijna-doodervaring als volgt eindigde: "Op een zeker moment werd ik er aan herinnerd dat het tijd was terug te gaan. [...] Het was mijn oom die mij terugbracht naar beneden, naar mijn lichaam. Maar toen ik terugkwam op de plek waar het lichaam lag, keek ik naar dat ding en, echt, ik wou daar niet in terugkeren, want het zag er echt uit zoals het was: zonder leven. [...] Maar hij bleef maar pogen mij te overreden, hij zei "duiken hoeft niet, spring gewoon". En, "denk aan je kinderen", en ik zei [lacht], "met die kinderen gaat het wel goed". Hij: "Liever, je moet terug". Nou, hij duwde me, hij hielp mij een handje. [...] Ik kwam terug in mijn lichaam. Ik zag het lichaam opwippen. En toen duwde hij me en ik voelde me inwendig verkleumen." (Smit, 2003)

Fascinerend genoeg zie je bij preëxistentie-ervaringen iets vergelijkbaars. Er zijn jonge kinderen met herinneringen aan een hiervoormaals die nog weten hoe ze mochten kiezen tussen diverse mogelijke levens.

Een moeder uit Enschede schreef mij bijvoorbeeld dat haar oudste zoon haar had verteld hoe hij haar en haar man voor zijn geboorte had uitgekozen als ouders. Hij beweerde dat hij in de wolken verkeersborden met namen had gezien waaruit hij een keuze moest maken.

Een bezoekster van de website *Spiritual Pre-existence*, Deborah, herinnert zich een eigen geestelijk voorbestaan waarin ze vooral koos voor het soort ervaringen dat ze bij haar ouders zou mogen verwachten en wat ze daarvan zou kunnen leren.

Er zijn echter ook kinderen die beweren dat ze – uitgaande van de realiteit van reïncarnatie – terug 'moesten' naar de aarde, dus net zoals veel BDE-ers. De Nederlandse jongen Kees (pseudoniem) vertelde zijn moeder als kleuter dat hij op een traumatische manier gesneuveld was en toen in een geestelijke wereld terecht was gekomen waar hij niet meer uit wilde vertrekken. Van 'de engelen' moest hij echter opnieuw 'aan het werk' gaan. Hij vertelde verontwaardigd dat ze hem praktisch 'naar beneden' hebben geduwd, hoewel dat wel op een liefdevolle manier gebeurde. De engelen vertelden hem: "Weet je, als je naar de aarde gaat, dan krijg je hulpen mee." Hij zou dan beschermd worden. *Het Grote Licht* dat hij er had gezien zei nog: "Goed leven maken is je eigen verantwoording" (Rivas, 1998).

Voor mij geven dergelijke ervaringen aan dat het aardse leven kennelijk echt ergens goed voor is. Let wel, hierbij ga ik uiteraard uit van de hypothese dat de spirituele wezens die men aan gene zijde waarneemt niet slechts projecties van het eigen onbewuste zijn en ook geen verkapte sadistische demonen die er alleen maar op uit zijn zinloos lijden te continueren. Met andere woorden: ik neem aan dat die wezens ook los van de waarnemer bestaan en echt het beste met hem of haar voor hebben.

Als het leven op aarde zinloos was, zou men mijns inziens nooit een keuze voorgelegd krijgen. Dan zou het bij voorbaat duidelijk zijn dat men gewoon voorgoed in die andere spirituele dimensie moet blijven. BDE'ers zouden dan al helemaal niet teruggestuurd worden naar een lichaam dat gehavend is, waardoor ze na het ontwaken soms hevige pijn en ongemakken moeten doorstaan.
Indien het aardse leven geen enkele zin had, zouden klinisch dode patiënten maar ook zielen zonder fysiek voertuig zonder uitzondering aangespoord worden in de geestelijke dimensie te blijven. Zelfs suïcide zou dan aangemoedigd kunnen worden vanuit die geestelijke wereld, d.w.z. wanneer de reanimatie onbedoeld toch zou lukken. "Ontsnap toch uit dat tranendal, je hebt er als geestelijk wezen toch

helemaal niets te zoeken!", zou de algemene boodschap zijn. Zulke dingen hoor je inderdaad wel eens van gevaarlijke sektes, maar bijna alle BDE'ers wijzen zelfdoding op basis van mentale onvrede juist af, omdat ze beseffen dat het in strijd is met de geest van hun bijna-doodervaring.

Aardse levenslessen
Aangenomen dat het aardse leven juist vanuit het perspectief van een spirituele dimensie een duidelijke zin heeft, wat voor een zin zou dat dan kunnen zijn? De hypothese die ik zelf aanhang is dat we door ons fysieke lichaam gericht worden op bepaalde leerzame situaties waar we ons anders wellicht aan zouden kunnen onttrekken. De bekende reïncarnatiedeskundige Hans ten Dam (1990) schrijft over het aardse leven in dit verband: "Het dwingt ons om ervaringen op te doen, te leren en ons te ontwikkelen."
Nu valt er, wanneer we afgaan op informatie uit BDE's, ook (oneindig) veel te leren in spirituele dimensies, maar het lijkt aannemelijk dat we eerst bepaalde basislessen moeten leren voordat we daar echt aan toe zijn. Met name onze fysieke zintuigen en ons zenuwstelsel maken dat we ons steeds in een specifieke situatie bevinden waar we ons normaliter in waaktoestand niet zomaar aan kunnen onttrekken. Daarin verschilt de aardse, geïncarneerde toestand van

het verblijf in een vrijere geestelijke wereld die directer lijkt te reageren op ons innerlijk. Het is ook in deze wereld weliswaar mogelijk om uiteindelijk bewust aan een situatie te ontstijgen, maar dat vooronderstelt al een bovengemiddelde mentale ontwikkeling. Overigens zijn de beperkingen van het aardse bestaan natuurlijk wel relatief, want ook op aarde kunnen mensen reeds ervaringen opdoen met helderziendheid en telepathie en ook hier is de macht van de geest over de fysieke werkelijkheid reeds aanzienlijk. Toch zijn onze mogelijkheden in dat opzicht in veel gevallen waarschijnlijk beperkter dan aan gene zijde. De gesitueerdheid van ons lichaam in een fysieke en sociale omgeving bepaalt daarom voor een belangrijk deel mede wat voor een ervaringen we opdoen. Op die manier zou een aards leven een specifieke bijdrage kunnen leveren aan iemands mentale ontwikkeling. Het lijkt erop dat men reeds in de spirituele wereld diverse prognoses voorgeschoteld kan krijgen over de uitkomst van verschillende mogelijke scenario's. Misschien kun je dit vergelijken met een oriëntatie op het volgen van diverse opleidingen en wat je daar na afronding zoal mee kunt.

Er moeten bepaalde standaard levenslessen geleerd worden alvorens men rijp genoeg is voor de vrijheid van een geestelijke wereld. Als we kijken naar BDE's

dan verwijst men onder andere steeds weer naar twee algemene waarden die men zich eigen zou moeten maken, namelijk:
- *kennis en wijsheid*, in de ruimste betekenis van deze woorden (uiteenlopend van filosofische inzichten tot intuïtieve wijsheid tot muzikale ontplooiing), en
- *liefde*, met name in de betekenis van een onvoorwaardelijk mededogen en betrokkenheid, inclusief in de zin van een volledige, liefdevolle aanvaarding van jezelf (Ring & Elsaesser Valarino, 1999; Coppes, 2006; Van Lommel, 2007).

Vanuit het principe van liefde en positieve betrokkenheid spelen ook *taken* en missies een belangrijke rol bij het kiezen van een nieuw leven (De Beurs, 2005; Coppes, 2006; Hinze, 2006). We hebben het dan over alle mogelijke roepingen waardoor men een bijdrage levert aan het algemene welzijn of aan het welzijn van concrete mensen of dieren.
Bij het groeien in liefde hoort ook nog de verdieping van persoonlijke relaties met andere wezens (mensen en dieren). Er zijn zelfs aanwijzingen dat persoonlijke relaties over fysieke levens heen stand kunnen houden en dat mensen ook na hun dood betrokken kunnen blijven bij het lot van geliefde nabestaanden (Rivas & Dirven, 2004).

Ik stel het mij in het algemeen zo voor dat we ons

eerst voldoende kennis en oprechte onvoorwaardelijke liefde en betrokkenheid eigen moeten maken alvorens we werkelijk toe zijn aan een bestaan zonder fysiek lichaam.

Zinloze aspecten?
Betekent dit nu ook dat het aardse leven perfect is, dat er niets aan mankeert? Dat lijkt mij niet, want anders zouden mensen niet eens verlangen naar een hogere dimensie. Onderdrukking en onrecht, chronisch lichamelijk lijden, en zelfs zoiets als genocide zouden dan bovendien gezien moeten worden als volmaakte onderdelen van een perfecte orde.
Vergeleken met die andere wereld schort er duidelijk van alles aan het bestaan in deze fysieke werkelijkheid. Denk bijvoorbeeld ook aan ondraaglijke, traumatische ervaringen die iemands psychologische welzijn en ontwikkeling ernstig kunnen schaden. Er zijn sterke aanwijzingen dat mensen na hun dood en zelfs in een volgende incarnatie getraumatiseerd kunnen blijven door nare ervaringen die hen in de stof overkomen (Rivas, 2009).
Het kan volgens mij dus echt goed misgaan, en liefde betekent onder meer dat men alles probeert te doen om dat te voorkomen of, wanneer het kwaad al geschied is, dingen recht te zetten. Dit is bijvoorbeeld ook het wezen van de somatische geneeskunde en de

psychiatrie. *Als alles helemaal zou gaan zoals het moet gaan, zou de geneeskunde (inclusief de alternatieve geneeswijzen) volstrekt overbodig zijn!*

Soms probeert men het zinloze leed en onrecht dat wezens overkomt te verklaren vanuit het begrip karma. Bij ongeneeslijk zieke baby's zou daar nog sprake van kunnen zijn (hoe contra-intuïtief ook) doordat ze het een en ander misdaan kunnen hebben in hun vorige levens als mens. Maar wat te denken van het lot van dieren die bijvoorbeeld uitzichtloos moeten lijden in de bio-industrie! Zoiets zou alleen karmisch te 'rechtvaardigen' zijn als die dieren in vorige incarnaties de grootste misdaden hadden begaan. Volgens mij is er geen enkele reden om dat aan te nemen.

Dit soort overwegingen hebben voor mij ook gevolgen voor keuzes rond bijvoorbeeld sociaal engagement, politiek beleid, en vegetarisme (Rivas & Stoop, 2006). Als het leven op aarde niet altijd vanzelf ideaal verloopt, is het de moeite waard om anderen bij te staan en onnodig leed zoveel mogelijk in te perken. Dit sluit goed aan bij het principe van liefde dat zo belangrijk is volgens talloze BDE'ers. We leven in een wereld die allesbehalve perfect is, en het lijkt me nogal liefdeloos om simpelweg genoegen te nemen met loze kreten als "er is een perfect, goddelijk evenwicht tussen goed en kwaad" of "goed en kwaad

zijn slechts een illusie die aangeeft dat je nog niet verlicht bent". Van veel BDE's gaat in mijn beleving dan ook een eenduidig appél uit om te kiezen voor het goede.
Waarschijnlijk kom je pas echt in aanmerking voor een verdere ontwikkeling in die andere wereld als je al hier op aarde voldoende streeft naar het verbreiden van zoveel mogelijk Licht.

Nog dit
Zelfs de rooms-katholieke kerk erkent tegenwoordig dat dit ondermaanse leven niet herleid mag worden tot een doorgangsfase zonder *inherente waarde* op weg naar het hiernamaals. Laten we niet vergeten dat het vanuit het principe van liefde (voor jezelf en anderen) de bedoeling is ook hier op aarde reeds zo gelukkig mogelijk te zijn en anderen te laten delen in ons geluk.

Literatuur
- Beurs, R.J. de (2005). *Vragen rondom leven en dood: moderne bevindingen en oude inzichten over het leven, sterven, en het leven na de dood.* Eigen beheer.
- Coppes, B. (2006). *Bijna Dood Ervaringen en de zoektocht naar het licht.* Soesterberg: Uitgeverij Aspekt.
- Dam, H. ten (1990). *Exploring reincarnation.* Londen: Penguin Books.

- Hinze, S. (2006). *We lived in heaven: spiritual accounts of souls coming to earth.* Spring Creek Book Company..
- Lommel, P. van (2007). *Eindeloos bewustzijn: een wetenschappelijke visie op de bijna-dood ervaring.* Kampen: Ten Have.
- Ring, K., & Elsaesser Valarino, E. (1999). *Het licht gezien: bijna-doodervaringen.* Deventer: Ankh-Hermes.
- Rivas, T. (1998). Kees: Een Nederlands geval van herinneringen aan een vorige incarnatie met herinneringen aan een toestand tussen dood en wedergeboorte. *Spiegel der Parapsychologie, 36,* 1, 43-5.
- Rivas, T. (2000). *Parapsychologisch onderzoek naar reïncarnatie en leven na de dood.* Deventer: Ankh-Hermes.
- Rivas, T. (2009). Posttraumatische verschijnselen en voortbestaan. *Prana, 175,* 87-94.
- Rivas, T., & Dirven (2004). Dankbaarheid bij overledenen: twee mogelijke gevallen. *Tijdschrift voor Parapsychologie, 2,* 16-19.
- Rivas, T., & Dirven. A. (2010). *Van en naar het Licht.* Leeuwarden: Elikser.
- Rivas, T., & Stoop, B. (2006). *Spiritualiteit, vrijheid en engagement.* Nijmegen: Athanasia Producties.
- Smit, R. (2003). De unieke BDE van Pamela Reynolds. (Uit de BBC-documentaire "The Day I

Died"). *Terugkeer, 14,* (2), 6-10.
- Spiritual Pre-existence: http://prebirthexperience.com/
- Williams, K. (2002). *Nothing better than death.* Xlibris Corporation.

Dit artikel werd gepubliceerd in Terugkeer.

Onvoorwaardelijke liefde

door Titus Rivas en Anny Dirven

Liefde wordt door de meeste materialistische geleerden gezien als een product van de biologische evolutie. Het zou alleen bestaan omdat het een functie vervult bij de verbreiding van genen. Daar is niet iedereen het mee eens. Er zou zelfs een allesomvattende onvoorwaardelijke liefde bestaan.

Moederliefde leidt er bijvoorbeeld toe dat jonge dieren betere overlevingskansen krijgen. Een dier dat goed verzorgd wordt door zijn ouders heeft een grotere kans om na enige tijd zelf ook nakomelingen te verwekken. Veel dieren zouden niet eens kunnen overleven zonder de ouderlijke zorg. Bij sommige 'primitieve' diersoorten zou dit proces misschien nog volkomen mechanisch en gevoelloos kunnen verlopen. Maar bij hoger ontwikkelde soorten mag je verwachten dat de zorg voor jongen innerlijk gepaard gaat met een soort moeder- of vaderliefde.
Op een vergelijkbare manier zouden ook de genegenheid voor andere familieleden, romantische liefde en vriendschap zijn ontstaan. Telkens gaat het

daarbij om een sociobiologische behoefte die uiteindelijk gericht is op genetisch 'succes', het maximaal verbreiden van je genen dus. Bij erotische liefde zou het bijvoorbeeld voornamelijk om de voortplanting gaan, en bij vriendschap om wederzijdse hulp bij allerlei problemen die zich in het leven kunnen voordoen.

Banalisering van genegenheid
Binnen een reductionistisch wereldbeeld ligt het voor de hand dat men probeert het mysterie van liefde te herleiden tot iets wat juist helemaal niet mysterieus is. Anders gezegd: wanneer een wezen gedreven wordt door liefde, gaat daar in feite een banaal, liefdeloos mechanisme onder schuil. Sommige reductionistische materialisten proberen zelfs subjectieve gevoelens van genegenheid nog weg te redeneren. Dit vormt een stuitend onderdeel van de zogeheten 'onttovering' van de werkelijkheid door de reguliere wetenschap.
De banalisering van liefde staat wat dit betreft niet op zichzelf. Het gebeurt in feite met alles wat ons leven de moeite waard en zinvol maakt. Binnen een reductionistisch wereldbeeld gaat het hierbij telkens weer om een soort illusie. Het maakt wat dit betreft niet uit of we het over de schoonheid van muziek hebben of over een bijna-doodervaring, alles is nu eenmaal door en door banaal als je reductionistische materialisten moet geloven.

In feite is dit alleen geloofwaardig binnen dit type wereldbeeld. Als je er niet in meegaat, is het evident dat persoonlijke liefde voor een ander wezen zinvol is en zich niet laat herleiden tot iets anders. Het is op de eerste plaats een doel op zich en veel meer dan slechts een biologisch instrument gericht op het propageren van genetisch materiaal. Dit geldt niet alleen voor genegenheid tussen mensen maar ook voor liefde tussen mensen en individuele dieren of tussen dieren onderling, en niet te vergeten voor liefde voor jezelf. Liefde is nu juist een van die dingen die aantonen dat het leven helemaal niet banaal of zinloos is.

Onvoorwaardelijke liefde
Zoals we al vermeld hebben, bestaan er diverse soorten typen van liefde of genegenheid. Hier heeft men in de klassieke oudheid zelfs verschillende Griekse termen voor bedacht die nog steeds gebruikt worden, Zoals: eros (erotische liefde), philia (vriendschap), agape (liefde voor iedereen) en philautia (liefde voor jezelf). Daarnaast kun je bijvoorbeeld nog een onderscheid maken tussen liefde onder bepaalde grondvoorwaarden en onvoorwaardelijke liefde.
Helemaal onvoorwaardelijke liefde voor een concrete persoon kan in de praktijk moeilijk op te brengen zijn. Stel bijvoorbeeld dat je partner ernstig gaat dementeren en jou op den duur niet meer herkent en

bovendien een vervelende persoonlijkheidsverandering doormaakt. Het kan dan een hele opgave zijn om desondanks nog steeds veel genegenheid te blijven voelen voor die partner. Aan de andere kant bevat elke persoonlijke liefde automatisch ook iets onvoorwaardelijks. Als men echt om iemand geeft, is er namelijk altijd meer in het spel dan een soort zakelijke overeenkomst waarbij je elkaar wederzijds allerlei diensten verleent. Er is een oprechte betrokkenheid bij de ander als persoon en een zorg om zijn of haar welzijn. In die zin gaat elke echte genegenheid inherent gepaard met een bepaalde mate van onbaatzuchtigheid. Anders is het domweg geen ware liefde. Toch kent het aardse leven nu eenmaal zijn beperkingen en dat geldt ook op dit gebied. Het lijkt altijd nog beter te kunnen.

Nu bestaan er diverse soorten spirituele ervaringen waarbij men een onvoorwaardelijke liefde beleeft die allesomvattend lijkt. Degene die lief heeft accepteert de persoon in kwestie volkomen en stelt geen enkele voorwaarde aan de geboden genegenheid. Het moge duidelijk zijn dat zulke ervaringen totaal niet in het materialistische wereldbeeld passen, en door materialisten als een soort droomachtige illusies worden beschouwd. Ze horen bij een hogere werkelijkheid die volgens materialisten niet eens bestaat.

Liefde en dood
Bij bijna-doodervaringen is vaak sprake van een ontmoeting met overledenen, hogere geestelijke wezens of een bovenaards Licht waar een onvoorwaardelijke soort liefde van uitgaat. Een paar voorbeelden:

De lesbische Kerry Kirk was 19 jaar oud toen ze in de zomer van 1981 een crisis doormaakte. Ze verloor haar geloof in een God en had het gevoel dat het leven behoorlijk zinloos was. Maar in diezelfde periode kreeg ze een bijna-doodervaring die haar zienswijze volkomen veranderde. Ze zegt hier zelf over (vrije vertaling): "Ik boog helemaal vooroever om mijn verering uit te drukken voor het Wezen van Licht dat ik daarbij ontmoette. Ik voelde warmte en werd vervuld van de meest intense soort liefde. Het was een energie die elke vezel van mijn wezen doordrong. Ik had nog nooit zo'n volledige en complete liefde gevoeld. Die onvoorwaardelijke liefde waar zoveel mensen het over hebben. Ik weet dat we een gesprek met elkaar voerden maar ik kan me niet herinneren wat er precies gezegd werd. Ik heb het gevoel dat het een tijd van genezing voor me was, een soort herstel zo je wilt. Ik besefte opeens dat de "God" die ze me voorgespiegeld had helemaal niet leek op de echte God. Ik zag in dat het niets uitmaakt of je hem God,

Allah, Grote Geest noemt, of wat dan ook, het gaat altijd om dezelfde.
Ik kreeg een overzicht te zien van mijn hele leven. Ik kan me dat niet meer allemaal voor de geest halen. Wat ik nog wel weet, heeft betrekking op de laatste dagen voordat ik de BDE kreeg. Ik kreeg te zien hoe egoïstisch ik was geworden toen ik het geloof in God was kwijtgeraakt. Ik voelde de pijn die ik iemand anders had aangedaan en had daar echt last van. Waar ik me het meest schuldig over voelde, was dat ik andere mensen leed had berokkend, tegen hen had gelogen, geen oog had gehad voor hun gevoelens, dat ik egoïstisch was geweest. Dat ik lesbisch ben leek echter niets uit te maken. Dat verbaasde me nogal, want in mijn opvoeding had men mij altijd verteld dat juist dat niet deugde aan mij."

Een anonieme BDE'er op een forum schrijft: "Het licht liet me zien dat God liefde is. Door liefde te leven, maak je God sterker. En door hem sterker te maken, kan hij jou weer helpen. Hij vertelde me dat je liefde onvoorwaardelijk moet zijn. Dat is de enige regel die echt belangrijk voor hem is."

De bekende Zwitserse thanatologe Elisabeth Kübler-Ross vertelt over een man die bij een gruwelijk verkeersongeluk zijn vrouw, zijn acht kinderen en zijn schoonouders verloor. Ze werden onderweg naar een familiereünie levend verbrand na een botsing tussen hun auto en een vrachtauto gevuld met benzine. De man kon dit begrijpelijkerwijs niet verwerken en raakte helemaal aan lager wal. Hij raakte verslaafd aan whisky, heroïne en allerlei andere drugs, werd ontslagen en belandde uiteindelijk letterlijk in de goot. Hij deed talloze vergeefse zelfmoordpogingen. Na twee jaar rondgezworven te hebben ging hij op een dag dronken en stoned op een zandweg liggen. Plotseling zag hij een grote vrachtwagen op hem afkomen en hij had de kracht niet meer om de wagen te ontwijken, zodat hij overreden werd. Vervolgens zag hij zichzelf zwaargewond op de weg liggen, en hij kon de hele scene van bovenaf overzien. Op dat moment verschenen zijn overleden familieleden aan hem. Ze waren omringd door licht en straalden een ongelooflijk intense liefde uit. Ze zagen er gelukkig uit en brachten telepathisch een gevoel van vreugde en geluk op hem over.

De man was helemaal ondersteboven van deze ontmoeting. Zijn geliefden hadden er gezond en stralend uitgezien en ze lieten hem merken dat ze vrede hadden met hun huidige situatie. Hij voelde hoezeer ze gedreven werden door onvoorwaardelijke liefde. De man besloot vervolgens terug te keren naar zijn fysieke lichaam om anderen te vertellen over wat hij had meegemaakt. Hij zag dit als een vorm van boetedoening voor het feit dat hij twee jaar achter elkaar telkens weer had geprobeerd uit het leven te stappen. Toen hij dit besluit had genomen, zag hij hoe de vrachtwagenchauffeur zijn gehavende lichaam in de vrachtwagen legde. Opvallend genoeg herstelde hij snel van zijn verwondingen en bleek hij ook nog eens volledig afgekickt van de alcohol en drugs. Hij voelde zich helemaal genezen en heel, en deed de plechtige belofte dat hij pas zou overgaan naar de andere wereld als hij eerst zoveel mogelijk mensen over zijn ervaringen had verteld. Volgens Kübler-Ross had de man een bijzondere blik in de ogen. Er ging een diepe vreugde en dankbaarheid van hem uit.

Patiënten kunnen ook op hun sterfbed ontroerende visioenen krijgen van een geestelijke werkelijkheid. Soms mogen familieleden, vrienden of verzorgers ook deel hebben aan zo'n visioen. De gevoelens die daarbij optreden, hebben vaak te maken met een soort heilige liefde die het leven voorgoed kan transformeren.

Liefde tijdens een geestelijk voorbestaan
Jonge kinderen kunnen zoals bekend nog herinneringen hebben aan een spiritueel voorbestaan of preëxistentie. Net als bij bijna-doodervaringen kan onvoorwaardelijke liefde daarin een belangrijke rol spelen.

Ross Willingham wist als jongetje bijvoorbeeld nog dat hij zich in een soort ruimte bevond, samen met talloze anderen. Om de zoveel tijd kwam er een 'hoger' geestelijk wezen die ruimte binnen en daar reageerden alle aanwezigen heel erg opgewonden op. Het wezen koos elke keer één ziel uit die met hem mee mocht gaan. De herinneringen aan dit wezen worden gekenmerkt door gevoelens van een enorme liefde, vreugde en geluk.

Ene Susan herinnerde zich als meisje dat ze voor haar geboorte in gesprek was met drie andere geesten. Ze keken gezamenlijk naar de aarde en konden waarnemen wat er in het leven van mensen gebeurde. Ze kregen ook beelden van de toekomst te zien om te kunnen kiezen waar ze geboren wilden worden. In de loop van haar aardse leven kwamen er nog diverse andere herinneringen boven. Ze schrijft op de site *Spiritual Pre-existence* van Toni en Michael Maguire: "Na verloop van tijd begon ik me te herinneren wat voor gevoelens ik in de hemel had gehad. LIEFDE is het sterkste gevoel. De liefde die je voelt en aan anderen geeft is zo geweldig. Het is tegelijkertijd opwindend en eng om weer naar de aarde terug te keren. Het is moeilijk om al die liefde achter te laten, maar je weet dat je nu eenmaal terug moet naar de aarde."

Een liefdevollere kijk op de werkelijkheid

Ervaringen met onvoorwaardelijke liefde van de kant van geestelijke wezens komen ook nog in andere situaties voor. Bijvoorbeeld bij contact met geestverschijningen van geliefden buiten de context van een bijna-doodervaring, in dromen over overledenen en bij mystieke ervaringen. Theïstische mystici hebben het vaak over ervaringen met een 'goddelijke liefde' die hen voorgoed zou hebben veranderd.

Zodra we het materialisme verwerpen en ons openstellen voor paranormale en spirituele verschijnselen, blijkt de werkelijkheid er veel interessanter en vooral ook liefdevoller uit te zien.

Literatuur
– Koedam (2013). *In het licht van sterven: Ervaringen op de grens van leven en dood.* Utrecht: Ankh-Hermes.
– Williams, K. (2006). *Nothing better than death.* Philadelphia: Xlibris Corporation.
– Rivas, T., & Dirven, A. (2010). *Van en naar het Licht.* Leeuwarden: Elikser.
– Rivas, T., Dirven, A., & Smit, R. (2013). *Wat een stervend brein niet kan.* Leeuwarden: Elikser.

Dit artikel werd gepubliceerd in *Paraview*, jaargang 17, nummer 2, mei 2014, blz. 12-15.

Geestelijke ontwikkeling door middel van het aardse leven

door Titus Rivas

Met veel belangstelling heb ik kennis genomen van het gesprek dat Rudolf Smit voerde met onze scheidende voorzitter [van Netwerk Nabij-de-doodervaringen, voorheen Merkawah] Bob (alias Christophor) Coppes. Daarin deed Bob onder meer de volgende interessante, prikkelende uitspraken:

"Vaak wordt ook gezegd dat we hier zijn om te leren. Maar zoals ik al eerder zei – we zijn allemaal (een deel van) God die perfect is, dan zij wij dus zelf eigenlijk ook perfect, wat valt er dan nog te leren? Het enige wat we moeten doen is onze perfectie uiten. Dat is best moeilijk als je slechts in drie dimensies leeft." (Smit, 2015, blz. 2)

Bob geeft aan dat hij zich in het licht van het NDE-onderzoek moeilijk kan voorstellen dat het aardse leven mede bedoeld is voor onze geestelijke ontwikkeling. Deze overweging kom ik vaker tegen, maar onze voormalige voorzitter heeft het extra helder geformuleerd. NDE's doen vermoeden dat men na de dood te maken krijgt met een vorm van alwetendheid en een allesomvattende, onvoorwaardelijke liefde. Indien het bestaan in een hiernamaals daardoor gekenmerkt wordt, hoe is het dan mogelijk dat we op aarde zouden zijn om geestelijk te groeien in diezelfde kwaliteiten van wijsheid en liefde? Juist in die andere wereld kunnen we daar immers al volledig over beschikken. Nu ben ik zelf een uitgesproken aanhanger van de klassieke theorie dat het aardse leven inderdaad mede bedoeld is voor geestelijke groei. Het leven in het fysieke domein heeft in mijn visie bepaalde kenmerken waardoor er een soort basis wordt gelegd voor een hoger niveau van functioneren (Rivas, 2010). Ik geloof dus niet in de perfectie van de individuele ziel, althans niet in die zin dat we nu al allemaal volmaakt en 'af' zijn.

Daarbij ga ik ook nog eens uit van de theorie dat die geestelijke ontwikkeling in het fysieke domein zich uitstrekt over diverse persoonlijke incarnaties. Mijn visie sluit aan bij die van diverse denkers uit de traditie van het spiritisme en ook bij de notie van persoonlijke evolutie over levens heen van de Amerikaanse onderzoeker Ian Stevenson (2000). Net als bijvoorbeeld reïncarnatietherapeut Hans ten Dam (1990) denk ik dat geïncarneerd zijn in de stof ons focust op bepaalde leerzame ervaringen waar we ons aan gene zijde aan zouden kunnen onttrekken. Het aardse bestaan beperkt onze vrijheid zodat we ons kunnen richten op bepaalde levenslessen.

Verzoening?
De vraag is nu hoe we deze visie kunnen verzoenen met de wereld van de nabij-de-doodervaringen waar Bob Coppes impliciet op wijst. Naar mijn mening is dit minder ingewikkeld dan men misschien zou denken. Dat er in de geestelijke wereld contact gemaakt kan worden met onvoorwaardelijke liefde en oneindige wijsheid wil nog niet zeggen dat we die liefde en wijsheid ook op ons eigen, individuele niveau al helemaal gerealiseerd moeten hebben. Overigens ben ik zelf eerlijk gezegd geen aanhanger van de pantheïstische theorie dat we allemaal (een deel van) God zijn, maar zelfs als we daar – net als Bob – wél van uitgaan, betekent dit nog niet automatisch dat we allemaal perfect zijn. Ons leven op aarde is dan namelijk *niet* minder goddelijk dan ons verblijf in de geestelijke wereld. We worden niet minder goddelijk enkel doordat we geïncarneerd zijn in een fysiek lichaam. Dat lichaam bepaalt niet of we nu wel of niet een deel van God zijn. Sterker nog, als we in ons lichaam geen (deel van) God zijn, valt niet meer in te zien hoe we dat buiten ons lichaam dan opeens wel kunnen zijn.

Goddelijkheid en perfectie

Dit betekent dan dat we al in ons lichaam volmaakt moeten zijn. Zelfs als we beperkt worden door het lichaam, kunnen we in alles wat we denken of doen nooit anders dan goddelijk zijn; we kunnen niet opeens onze diepere identiteit verliezen. Maar als dat waar is, dan betekent dit ook dat we als (deel van) God daadwerkelijk geestelijk beperkt kunnen worden door ons lichaam. Een demente bejaarde is dan bijvoorbeeld niet minder goddelijk dan iemand met een goed werkend brein. Helaas wordt zo'n oudere in zijn denken en voelen ingeperkt en dat zou dan impliceren dat ook dement denken en voelen perfect (want goddelijk) moeten zijn. Dit is nogal merkwaardig, want in zo'n toestand zijn de cognitieve en emotionele/motivationele kant van de ziel zo mogelijk nog verder verwijderd van wijsheid en liefde dan reeds voor mensen zonder dementie geldt.

Dit gaat overigens evenzeer op voor de alledaagse gedachten en gevoelens van die mensen zonder neurologische aandoening. Puur het feit dat die gedachten en gevoelens minder mooi zijn dan wat NDE'ers kunnen ervaren, maakt ze nog niet minder goddelijk.

Volgens mij kunnen we dan maar twee kanten op: (a) individuele zielen verschillen van God en zijn in die zin onvolmaakt (mijn eigen positie) of (b) God manifesteert zich tevens in al het onvolmaakte (non-dualiteit).

De tweede mogelijkheid impliceert dan dat er geen tegenstelling bestaat tussen "goddelijk zijn" en "onvolmaakt zijn".

Ontwikkeling binnen de geestelijke wereld
Niet alle NDE's zijn even positief. Er zijn alleen al helse nabij-de-doodervaringen waarin subjectief beschouwd helemaal geen contact wordt gemaakt met liefde of wijsheid. Nu proberen sommigen dit soort ervaringen te beschouwen als een soort pseudo-NDE's die zuiver een product van de hersenen zijn. Maar dat kan alleen zolang er geen negatieve NDE's tijdens een hartstilstand worden gedocumenteerd. Tijdens een hartstilstand kán een NDE zoals bekend geen product van het brein zijn, omdat de corticale activiteit al na gemiddeld 15 seconden uitgevallen is (Rivas, Dirven & Smit, 2013).
Laten we nu eens aannemen dat ook negatieve NDE's zonder liefde of wijsheid onderdeel uitmaken van de geestelijke werkelijkheid na de dood. Dat zou betekenen dat er ook in die wereld nog groei mogelijk is, namelijk in elk geval van de duisternis naar het Licht.
Overigens komen er in allerlei spirituele tradities concepten voor van diverse werelden, lagen of 'sferen' waar geesten na hun overlijden doorheen kunnen gaan. Alleen overledenen die een bepaald niveau bereikt hebben, hoeven voor hun ontwikkeling dan

niet opnieuw te incarneren in een fysiek lichaam. Er zijn trouwens theorieën volgens welke de geestelijke ontwikkeling ook in die andere wereld oneindig door kan gaan, dus zonder dat er een eindpunt zou zijn.

Groei
Als we blijvende individuele delen zijn van een godheid, ligt het volgens mij voor de hand dat die individuele delen (en daarin dus God) zich allemaal op een unieke manier willen ontwikkelen. Ze kunnen daar de fysieke werkelijkheid en uiteindelijk ook de geestelijke wereld (of werelden) voor benutten (Rivas & Dirven, 2006).
Naarmate we hier gerijpter worden kunnen we ook meer beginnen met wat er in die andere wereld voorhanden is. Je kunt dit wat de wijsheid betreft misschien vergelijken met omgang met het internet. Er is een schier oneindige hoeveelheid informatie beschikbaar via het internet die in de verte doet denken aan de alwetendheid waar NDE'ers het over hebben. Maar hoe we dat internet vervolgens benutten ligt aan onze instelling en niveau. Veel mensen zoeken bijvoorbeeld bijna alleen naar roddelpagina's over grootheden als Kim Kardashian. Dat betekent niet dat ze geen toegang hebben tot veel meer informatie, maar alleen dat ze daar door desinteresse niet of nauwelijks gebruik van maken.
Ook onvoorwaardelijke liefde heeft te maken met

rijping. Als dat niet zo was, zouden er alleen al geen NDE's met hogere wezens kunnen zijn. Tenminste niet als we aannemen dat die hogere wezens meer zijn dan alleen maar symbolische voorstellingen. Ik denk zelf dus dat wat NDE'ers aan liefde ervaren vooral iets is wat ze ontvangen en waar ze vervolgens ook met liefde op kunnen reageren. De mate waarin dat laatste gebeurt zal samenhangen met het niveau dat de ziel daarvoor al had bereikt (Rivas & Dirven, 2014).

Overigens maakt de notie van groei op aarde het ook inzichtelijker waarom NDE'ers onderling in hun mate van wijsheid en liefde kunnen verschillen van elkaar. Het gaat nogal ver om zulke verschillen alleen aan hun lichaam of de beperkingen van het aardse leven toe te schrijven. Volgens mij is het eenvoudiger om aan te nemen dat ze gewoon niet allemaal even ver ontwikkeld zijn en daarin niet wezenlijk verschillen van mensen zonder NDE.

Dit brengt me op mijn laatste punt: als NDE'ers terugkomen in hun lichaam hebben ze te maken met dezelfde soort beperkingen als iedereen. Toch blijken ze doorgaans positief beïnvloed te zijn door hun NDE en een persoonlijke transformatie te hebben doorgemaakt. Dit geeft volgens mij aan dat onze onvolmaaktheid niet alleen het gevolg van de beperkingen van het aardse bestaan kan zijn, want anders zouden NDE'ers hierin niet wezenlijk anders kunnen zijn dan mensen zonder NDE.

Tot zover mijn poging de 'goddelijke' liefde en wijsheid bij NDE's te verzoenen met een notie van de onvolmaaktheid van de individuele ziel en groei door aardse levens heen.

Referenties
– Dam, H. ten (1990). *Exploring reincarnation.* Penguin Books.
– Rivas, T. (2010). Heeft het aardse leven zin? *Terugkeer.*
– Rivas, T., & Dirven. A. (2006). Hoe gaat het verder? Persoonlijke evolutie. *Paraview.*
– Rivas, T., & Dirven, A. (2014). Onvoorwaardelijke liefde. *Paraview.*
– Rivas, T., Dirven, A, & Smit, R.H. (2013). *Wat een stervend brein niet kan.* Leeuwarden: Elikser.
– Smit, R. (2015). Wie is Bob Coppes? Een gesprek naar aanleiding van zijn aftreden. *Terugkeer,* 26, 3, 2-4.
– Stevenson, I. (2000). *Children who remember previous lives.* McFarland.

Dit artikel werd gepubliceerd in *Terugkeer 26(4)*, winter 2015-2016, blz. 23-24.

Bob alias Christophor Coppes reageerde erop in hetzelfde nummer, op blz. 25, onder de titel **Wij zijn al perfect; we moeten dat alleen nog maar tot uitdrukking brengen.**

10. Anny Dirven

In Memoriam Anny Dirven (1935-2016)

door Titus Rivas

J.W.T.C. Stevens-Dirven, beter bekend als Anny Dirven, is op 5 april 2016 na enkele dagen palliatieve sedatie overleden. Haar geliefde echtgenoot Wim Stevens, kunstschilder en voormalig chef bij de Zinkfabriek te Budel, had reeds deze aarde reeds in 2005 verlaten, een jaar voor hun gouden bruiloft. Dat Anny bij publicaties meestal alleen haar meisjesnaam gebruikte, had uitsluitend te maken met haar zelfstandigheid als vrouw. Wim was haar enige, grote liefde, en ze heeft hem na zijn dood erg gemist. Ze nam meestal ook de telefoon op met "Stevens". Samen hadden Anny en Wim drie dochters, zeven kleinkinderen en zelfs een paar achterkleinkinderen. Het was een grote, hechte familie en Anny leefde intens met iedereen mee. Ook in andere opzichten was het echtpaar zeer sociaal. Ze waren betrokken bij diverse verenigingen en zetten zich altijd maximaal in voor hun medemensen, waaronder zieken en gehandicapten. Bij hen thuis in Budel was het heel lang de zoete inval. Anny en Wim waren bovendien zeer sportief aangelegd en ook echt goed in de sporten die ze beoefenden. Zij turnde bijvoorbeeld zo'n 25 jaar op hoog niveau en samen wonnen ze op latere leeftijd het ene jeu-de-boul toernooi na het andere. Ook een opvallende artistieke begaafdheid verbond hen met elkaar. Ze schilderden allebei jarenlang en hielden exposities die veel waardering oogsten.

Ongewoon
Anny Dirven was in diverse opzichten "anders dan anders" en ze was zelf de eerste die dat toegaf. Lichamelijk stonden artsen vaak voor een raadsel bij haar. Ze grapten wel eens dat ze haar lichaam maar terug moest sturen naar de fabriek om het opnieuw in elkaar te laten zetten. Allerlei gemiddelde waarden waren niet van toepassing op haar. In positieve zin kwam ze bijvoorbeeld veel jonger over dan ze was. Ik heb het zelf meer dan eens meegemaakt dat ze 10 tot 20 jaar te jong werd ingeschat. Er waren er genoeg die dachten dat ze hen beetnam als ze haar echte leeftijd noemde. Verder kon ze bijvoorbeeld erg goed tegen kou, zo goed zelfs dat een huisarts haar adviseerde maar "bij de Eskimo's" te gaan wonen. Ze vond het heerlijk als het vroor en ging dan vaak in een dun bloesje naar buiten.
In negatieve zin had ze jarenlang zeer regelmatig last van een martelende pijn onder in haar rug en in haar liesstreek zonder dat specialisten konden achterhalen waar die pijn vandaan kwam. Pas aan het eind van

haar leven werd duidelijk dat dit te maken moest hebben met blootliggende zenuwbanen. Standaarddiagnoses bleken telkens niet van toepassing te zijn in haar geval.

Ook geestelijk was Anny heel "ongewoon". Ze deed reeds als kind in Breda paranormale uitspraken over dingen die ze niet kon weten. Dit werd over het algemeen niet op prijs gesteld door haar naaste omgeving. Men zei dan bijvoorbeeld: "Ze *weet* het weer, hoor" en probeerde haar op die manier te ontmoedigen. "Je werd al snel voor een raar iemand aangezien, alsof je gek was en het allemaal beter wist. Ik heb het ook vaak weggedrukt, maar ik voelde me daar helemaal niet prettig bij." De paranormale gave ging niet weg. Ze kon niets op commando, maar kreeg spontane ingevingen die op het eerste gezicht onaannemelijk leken. Zo vertelde ze mij meer dan 10 jaar geleden over toekomstige ontwikkelingen in Syrië die grote gevolgen zouden hebben voor de rest van de wereld. Ze dacht daarbij overigens niet aan een wereldwijde oorlog. Toen de vluchtelingenstromen eenmaal op gang kwamen, beschouwde ze dit als een bevestiging van haar oude ingeving. Met betrekking tot mijn persoonlijke leven voorspelde ze, zonder relevante voorkennis, dat een verbroken familieband niet meer hersteld zou worden. Ze was hier nogal direct in en ik was zelfs een beetje gechoqueerd door haar stelligheid, maar helaas heeft ze vooralsnog wel

gelijk gekregen.
Verder had ze nog een ander aangeboren talent om mensen te genezen. Ik heb zelf kunnen constateren dat er bij haar handoplegging of magnetiseren iets gebeurde dat niet op suggestie leek te berusten. Haar handen werden gloeiend heet en de warmte die ervan uitging leek tastbaar het lichaam in te trekken van degene die ze behandelde. Anny wilde mensen dolgraag helpen en ze vroeg alleen een bescheiden bedrag voor de moeite als als mensen daar zelf op aandrongen. Ze genoot zichtbaar van haar genezende vermogens zolang ze zelf lichamelijk gezond genoeg was. Helaas kon Anny zichzelf niet van haar eigen lichamelijke klachten afhelpen. Ze legde dit zo uit dat ze zoveel mogelijk kennis op moest doen van kwalen om zich daar beter in te kunnen inleven. Er was in dat opzicht volgens haar geen effectievere methode dan de klachten zelf aan den lijve te ondervinden. Anny rondde met goed gevolg een Reiki-cursus af maar viel uiteindelijk toch grotendeels terug op haar eigen, aangeboren geneesmethoden.
Over het algemeen had Anny weinig op met reguliere godsdienst of sektarische bewegingen. Ze was een voorstander van vrijzinnige spiritualiteit zonder starre dogma's of intolerantie jegens anderen. Uiteraard had ze wel enige moeite met de negatieve houding van mensen die overmatig skeptisch waren, maar ze besloot zich daar niet al te druk over te maken. Ze

vond dat iedereen zelf maar moest bepalen wat ze wilden geloven. "Een kwestie van iedereen in zijn waarde laten en de ander behandelen zoals je zelf behandeld wilt worden."

Een andere "ongewone" eigenschap van Anny was dat ze wars was van bekrompenheid. Ze kwam van oorsprong uit Ginneken, Breda, en vertelde me dat ze zich nooit helemaal geaccepteerd had gevoeld in Budel. Volgens sommige dorpsbewoners was te "stads" en dat bleef ook nog zo, toen ze er al 50 jaar woonde. Ze had een linkse politieke voorkeur en vond het regeringsbeleid in allerlei opzichten veel te hard en asociaal. Ook toonde ze veel begrip voor gediscrimineerde groeperingen en doorzag ze maatschappelijke zondebokmechanismen. Ze vond het heerlijk om met mensen van allerlei leeftijden en pluimage om te gaan en er bevriend mee te raken. Als ze ergens geen begrip voor opbracht, moest iemand het wel erg bont gemaakt hebben, bijvoorbeeld door doelbewust te profiteren van anderen. Maar zelfs in zo'n geval toonde Anny nog begrip voor iemands problematische achtergronden.

Overigens was ze tevens een groot dierenliefhebber en had ze jarenlang honden en katten. Ze informeerde ook altijd naar het welzijn van de huisdieren van anderen. Ze was zelf geen strikte vegetariër maar ze toonde altijd veel respect voor mensen die dat wel waren en hield er nauwgezet rekening mee.

Anny had een uitgesproken, sterke persoonlijkheid en wist precies wat zij wilde. Als dit leidde tot een meningsverschil, wist ze snel de vrede te herstellen. Ze had een hekel aan ruzie en negativiteit en kon niet lang boos op iemand blijven.
Ondanks haar linkse politieke voorkeur, dacht men vaak dat ze zeer welgesteld of zelfs van adel was. Dit kwam omdat ze zich buitenshuis doorgaans bijzonder chic kleedde en daarbij graag wat extra geld over had voor echte kwaliteit. Ook bij haar thuis zag het haar altijd spic en span uit en een van haar bijnamen was daarom Truus de Mier.
Dat ze van adel was, was misschien niet helemaal onwaar. Ze vertelde me dat ze van vaders kant afstamde van een oud riddergeslacht uit Breda. Sommige vooraanstaande voorouders lagen zelfs in een kerk in die stad begraven. Ze vond het erg leuk dat iemand had vastgesteld dat alle Dirvens ter wereld aan elkaar verwant waren. Dit was mogelijk een bijkomende reden waarom ze graag haar meisjesnaam bleef gebruiken.

Nabij-de-doodervaringen
Anny en haar man Wim beleefden beiden een nabij-de-doodervaring.
Zij beschreef haar eigen NDE als volgt:

"In september 1983 had ik een bloeding en ik zat al in

een zwart gat (tunnel), wat een heel prettig gevoel gaf. Ik kwam nog net op tijd aan in het ziekenhuis. Ik hoorde tot twee keer toe zeggen: "Daar ligt een lijk in bed, maar nu ze hier is, kan haar weinig gebeuren." Ik zag dat de klok op de operatiekamer 10.10 uur aangaf. Meteen na de operatie die ik moest ondergaan, kwam ik al bij in de operatiekamer. Ik kon zelf nog niets zeggen, maar ik ervoer dat ik in een heel groot veld stond en bloemen van allerlei kleuren in mijn armen hield. Een gele bloem in het midden stak er een heel stuk bovenuit. Toen ik terugkwam en weer wat kon zeggen, heb ik: "Ik ben herboren" gezegd. Ik kan me nog steeds heel goed voor mijn geest halen, dat ik met die bloemen in mijn armen stond. Waarvan een gele bloem in het midden dus een heel eind boven de rest uitstak. Het was prachtig en gaf me een heerlijk tevreden gevoel. Dat kan ik niet beschrijven of verwoorden".

Over de NDE van haar man Wim vertelde Anny me:

"Op 13 Augustus 2002 had Wim de achtertuin gedaan en het zag er weer pico bello uit. Het was die dag heel erg warm en inmiddels al tegen de middag. Op een gegeven moment zei Wim tegen mij: 'Ik denk dat ik de voortuin ook nog maar even doe'. Waarop ik antwoordde: 'Zou je dat wel doen? Het is veel te warm en morgen komt er weer een dag. Ga maar lekker in bad, dan maak ik intussen het eten klaar.' 'Ja, dat doe ik', zei Wim, 'Je hebt gelijk.' Ik was op weg naar boven om zijn kleding klaar te leggen, maar ik kwam niet tot boven. Ik hoorde mijn naam roepen en ik was weer zo beneden. Want die naam klonk anders dan normaal. Beneden gekomen zat Wim in zijn stoel en hij reageerde helemaal nergens meer op. Op dat moment heb ik Reiki toegepast want het was net of er tegen mij werd gezegd: 'Blijf hem vasthouden!' Daarbij heb ik hard geroepen: 'Wim, kom terug!' Wim begon plots heel erg te bibberen en dat ging met schokken gepaard door zijn hele lichaam. Hij zette toen hele grote ogen op en keek mij aan. Hij zei: 'Ik kan je nog niet missen'. Toen Wim weer wat helderder was, vertelde hij mij: 'Ik heb een heel groot licht gezien en zweefde daar naartoe. Eerst was het donker. Ik zag het licht en zweefde weer terug. En toen was het weer donker.' Meer kon hij zich niet herinneren. Volgens mij kwam Wim tijdens het bibberen en schokken van zijn lichaam weer terug. Daarna ben ik pas op gaan bellen. Ik heb eerst mijn dochter opgebeld die vlak bij mij woont en zij was zo hier. Toen heb ik 112 gebeld, ook de ziekenwagen was er heel snel. Iedereen zei later tegen mij: 'Waarom heb je niet meteen 112 gebeld?' Dat is een goede vraag. Daar heb ik geen verklaring voor. Ik mocht Wim niet loslaten. Het was een stem die tegen mij zei dat ik Wim moest blijven vasthouden."

Stichting Athanasia en Merkawah
Na haar NDE uit 1983 kreeg Anny te maken met vreemde fysieke verschijnselen die daarmee samen leken te hangen. Zo deden apparaten die van tevoren nog goed werkten het opeens niet meer als zij in de buurt was. Dit pakte nog wel eens storend uit, zeker als ze geld wilde pinnen met haar bankpas. Ook haar computer kon vreemde kuren vertonen die lang niet altijd verklaarbaar leken.
In het algemeen was Anny haar leven lang al geïnteresseerd in paranormale verschijnselen en ze besloot zich rond 2001 aan te melden voor mijn schriftelijke NHA-cursus Parapsychologie. Ze had een reclamefolder van de NHA ontvangen met mijn foto daarin en "wist" direct dat dit de cursus was die ze wilde doen. Daarbij zei ze tegen Wim: "Met die man ga ik nog heel veel werk verrichten". We hadden aanvankelijk alleen schriftelijk contact, waarbij we elkaar ondanks een leeftijdsverschil van zo'n 30 jaar al snel tutoyeerden. Ik vroeg Anny vervolgens of ze gezien haar buitengewone enthousiasme misschien interesse had in de onderzoeken van mijn Stichting Athanasia. Ze hapte onmiddellijk toe en zo hebben we ongeveer 15 jaar intensief met elkaar samengewerkt. Anny vervulde allerlei functies binnen de stichting. Ik betrok haar bij alle mogelijke veldonderzoeken en liet haar boeken doornemen binnen het kader van

literatuuronderzoek, en we verwerkten onze bevindingen gezamenlijk in publicaties. Ze fungeerde als een soort telefoniste en algemeen assistente en ging mee naar zogeheten parabeurzen waar we interessante casussen probeerden te verzamelen. Wanneer dat maar enigszins mogelijk was, vergezelde ze me op reizen en we zijn zelfs een keer samen naar een congres in Manchester geweest. We zijn ook meerdere keren samen geïnterviewd door programmamaker Bikram Lalbahadoersing van Organisatie Hindoe Media.

Toen Athanasia ging samenwerken met Merkawah, het huidige Netwerk Nabij-de-doodervaringen, kwam haar naam regelmatig boven artikelen in Terugkeer te staan.

Anny leverde belangrijke bijdragen aan enkele boeken die we uitbrachten bij Lulu.com, Elmar en Ankh-Hermes. Via Elikser verschenen twee werken die rechtstreeks te maken hadden met onze werkzaamheden voor Terugkeer, namelijk: *Van en naar het Licht* en, met Rudolf Smit, *Wat een stervend brein niet kan*. Laatstgenoemd boek is inmiddels in een uitgebreidere versie in opdracht van IANDS vertaald als *The Self Does Not Die*.

Helaas is Anny enkele maanden voor het verschijnen van de Engelse vertaling tamelijk onverwacht overleden aan kanker. Ik ben haar heel dankbaar voor haar vriendschap, en vertrouw erop haar ooit terug te zien.

Literatuur
– *Artikelen van en met Anny Stevens-Dirven*:
http://txtxs.nl/artikel.asp?artid=743
– Rivas, T., & Dirven, A. (2007). *Vincent, Karim en Danny van Binnenste Buiten: een drieluik over paranormaal begaafde jongens in Nederland.* Lulu.com
– Rivas, T., & Dirven, A. (2010). *Van en naar het Licht: over spirituele preëxistentie, sterfbedvisioenen, bijna-doodervaringen en uittredingen.* Leeuwarden: Elikser.
– Rivas, T., & Dirven, A. (2013). *Wat een stervend brein niet kan.* Leeuwarden: Elikser.
– Rivas, T., Dirven, A., & Smit. R.H. (2016). *The Self Does Not Die.* Durham: IANDS.
– Stoop, B., & Rivas, T. (2013). *Spiritualiteit, Vrijheid en Engagement* (Twee delen). Brave New Books.

Paranormale ervaringen van Anny Dirven

door Titus Rivas

Dit artikel gaat over Anny Dirven, en dan voor het eerst zonder dat zij daar zelf (fysiek) aan meewerkt. Anny is namelijk op 5 april 2016 overleden na palliatieve sedatie, in verband met een terminale vorm van kanker. Ze was 81 jaar oud en had volkomen vrede met haar naderende dood. Vanuit haar eigen spirituele ervaringen, waaronder een mooie nabij-de-doodervaring was ze helemaal niet bang om te sterven. Ze zag zelfs uit naar een geestelijke hereniging met haar overleden man Wim Stevens. Gelukkig heeft Titus Rivas enkele dagen voor haar dood nog een liefdevol telefoongesprek met Anny gehad. We stonden stil bij onze warme vriendschap en aan onze zeer vruchtbare samenwerking bij Stichting Athanasia. We deden niet alleen veel parapsychologisch onderzoek, maar schreven ook artikelen en boeken met elkaar.
Er valt van alles over Anny Dirven te zeggen, bijvoorbeeld dat ze erg ruimdenkend en meelevend was, of dat ze veel hield van haar familieleden en vrienden. Maar we zullen in dit artikel verder alleen

stilstaan bij haar persoonlijke paranormale ervaringen.

Paragnostisch begaafd
Anny Stevens-Dirven, beter bekend onder haar meisjesnaam Anny Dirven, had haar hele leven lang te maken met allerlei paranormale verschijnselen. Ze was als kind al paragnostisch begaafd, wat zich uitte in spontane 'helderwetende' uitspraken die irritatie opriepen bij haar naaste omgeving. Die 'rare' uitspraken berustten duidelijk niet op normale voorkennis, maar bleken toch telkens weer waar te zijn. De geïrriteerde reacties zorgden er wel voor dat Anny zich vaker op de vlakte hield als ze iets doorkreeg, maar haar gave ontwikkelde zich los daarvan gewoon verder. Ze heeft een tijdlang bijvoorbeeld alle mogelijke kwalen en pijnen aangevoeld van mensen in haar omgeving. Het ging niet om inbeelding, omdat ze vaak genoeg checkte of haar indrukken overeenkwamen met de gezondheid van de betrokkene. Ze prikte ook in psychologische zin vaak door de oppervlakte heen en wist in de meeste gevallen goed in te schatten hoe iemand in elkaar zat.
In de loop der tijd deed Anny ook uitspraken over de toekomst van de wereld die inmiddels voor een deel uitgekomen zijn. Ze had het bijvoorbeeld over zeer negatieve ontwikkelingen in Syrië die een grote invloed zouden hebben op de rest van de wereld. Lang

voordat iemand van IS of de vluchtelingenstromen had gehoord.
Anny Dirven schreef haar paranormale ervaringen zoveel mogelijk op. Een voorbeeld van zo'n notitie van 20 mei 2001 luidt: 'Wij, mijn man en ik spelen jeu de boules-wedstrijden. We halen altijd een echtpaar op dat dan met ons meerijdt. Mevr. A.L. stapte ook deze keer weer in de auto en zei: "Ik was gisteren mijn trouwring kwijt." Ik zeg gelijk dat die in een washandje zat. "Dat klopt," zei ze, "hoe weet je dat?" Waarop mijn man zei: "Och die zegt wel vaker van die dingen."'

Paranormaal genezeres
Bovendien had Anny een genezende gave die zich eveneens al jong manifesteerde. Ongeleerd gebruikte ze bepaalde technieken die lijken op klassiek magnetiseren. Later volgde ze een Reiki-cursus en ze paste die methode soms ook toe, maar ze bleef haar behandelingen voor het grootste deel op de oude manier uitvoeren. Er zijn indrukwekkende verhalen van mensen die psychisch, psychosomatisch maar ook 'grofstoffelijk' baat hadden bij haar hulp. Dit alles was voor Anny trouwens echt liefdewerk. Ze vroeg er eigenlijk nooit geld voor, hoewel ze later in haar leven wel kleine bedragen aannam die mensen haar uit zichzelf aanboden.
Haar genezingen waren zeker meer dan suggestie.

Haar handen werden 'van binnenuit' gloeiend heet en de warmte was ook merkbaar voor mensen die er niet in geloofden.

Repeteerdroom over een vorig leven
Anny kon zich zelden een droom herinneren, waarschijnlijk omdat ze meestal erg diep sliep.
Toch was er wat dit betreft één belangrijke uitzondering. Ze had jarenlang een repeteerdroom over een tijd voor haar geboorte. De eerste keer dat ze deze droom had, was ze nog een jong schoolmeisje. Anny liep in haar droom door een brede straat en zag op een gegeven moment een imposant herenhuis aan de overkant. Ze was een meisje of jonge vrouw en liep door een hek het huis binnen. Vervolgens bleek ze zich in een grote kamer te bevinden, waarin alles overdekt was met witte lakens. Er stond een zwarte piano en er was een huisbibliotheek. Ze wist dat ze daar altijd in de boeken zat te neuzen. Ook was er een man die ze verder niet duidelijk te zien kreeg.
Tijdens een parabeurs van Paraview te Waalre in augustus 2006, ontmoette Stichting Athanasia een Griekse astroloog en paragnost, Prodromos Makis uit Den Haag. De man sprak Anny Dirven aan en hij begon zonder duidelijke aanleiding over Anny's repeteerdroom. Hij vertelde haar onder andere dat hij zag dat ze in de droom een brede weg moest oversteken. Ze woonde volgens hem als dochter van

rijke ouders in een groot huis met twee verdiepingen, aan de rand van een stad. Ook begon hij spontaan over de bibliotheek in het huis. Zijn verhaal sloot in diverse opzichten aan bij de droom.
Bovendien wist Prodromos Makis Anny te vertellen dat ze in 1920 overleden was en reeds binnen 15 jaar reïncarneerde. Dat laatste klopte in die zin dat ze in 1935 geboren was. Dit is extra opmerkelijk omdat Anny bijna altijd 10 jaar of meer te jong werd ingeschat door onbekenden.
Anny Dirven rapporteerde aan Titus wat de man verteld had en deze kreeg dit later nog rechtstreeks van de paragnost zelf te horen. Opvallend genoeg aarzelde Makis geen enkel moment en herhaalde hij vlot wat hij tegen Anny had gezegd.
Wat deze ervaring zo waardevol maakte, was dat Anny haar repeteerdroom geruime tijd voor deze beurs had opgeschreven en aan Titus had gestuurd.

Nog een mogelijke ervaring met reïncarnatie
Er bestaan enkele verhalen over spontane herenigingen met een geliefde uit een vorig leven. Dat wil zeggen dat je een vreemde herkent als een persoon die veel betekend heeft in een vroegere incarnatie, en dat dit eveneens geldt voor die ander. Helaas lijken sommige verhalen op dit gebied te mooi om waar te zijn. Bijvoorbeeld in het geval van een man en een vrouw die elkaar op vliegveld Orly in Parijs

"terugzien" en daarna allebei voldoende herinneringen terugkrijgen om te achterhalen wie ze eeuwen ervoor zijn geweest. Dit verhaal komt alleen, zonder bronvermelding, in een overzichtsboek voor en het lijkt niet meer na te gaan of het authentiek is of een broodje aap.

Anny Dirven had zelf ook zo'n ervaring, alleen dan wel zonder specifieke herinneringen. Ze beschrijft de ontmoeting als volgt: 'Mijn man en ik waren op vakantie in Wenen. We verbleven in Hotel Wienerwald. De laatste dag van onze vakantie in Wenen was 18 Juni 1991. Wim en ik zaten in de namiddag nog aan een aperitiefje voordat we konden gaan eten. We zaten aan een tafel bij het raam en konden op die manier goed de straat voor het hotel inkijken. Op een gegeven moment stopte daar een Nederlandse touringcar vol met reizigers. Die kwamen allemaal het hotel binnen. Er was ook een echtpaar bij van onze leeftijd, en die man zwaaide naar mij. Gek genoeg zwaaide ik tegelijkertijd zelf ook naar die man en ik zei tegen Wim: "Die man die ken ik". Ik wist alleen niet waarvan. Wim vroeg me een paar keer: "Waar ken je die dan van?" Ik wist het niet. Nu was er dezelfde dag een dansavond in het hotel en dat echtpaar kwam ook de danszaal binnen. Het orkest begon te spelen en die man kwam mij al meteen halen om te dansen. En hij zei tegen mij: "Ik ken jou", maar hij wist ook niet waarvan. Dat had hij ook al tegen zijn vrouw gezegd, dat hij mij kende. Net zoals ik tegen Wim gezegd had dat ik hem kende. En zijn vrouw had ook steeds gevraagd: "Waar ken je die dan van?" Maar hij wist het ook niet.

We hebben van alles opgenoemd tegenover elkaar, om te zien of we elkaar ooit ergens waren tegengekomen. Zoals bij sportactiviteiten, op school, in diverse woonplaatsen. Maar nee hoor, daar konden we elkaar allemaal niet van kennen. De ontmoeting met die man voelde echt heel erg vertrouwd aan; alsof we elkaar zelfs heel goed kenden. Zowel zijn vrouw als Wim vroegen steeds: "Weten jullie al, waar jullie elkaar van kennen?" Maar we kwamen er niet uit. Dit echtpaar bleef nog een paar dagen in Wenen. Ze waren voor Wenen trouwens eerst nog een poos in Praag geweest en ze vertelden ons daar van alles over. Zo ging de avond voorbij. We waren alleen nog steeds niets wijzer geworden en we wisten nog niet waar wij elkaar toch van kenden.

Vlak voor we gingen slapen, hebben we nog wat nagepraat en we vertelden hun dat Wim en ik de volgende morgen weer richting huis zouden gaan en dit onze laatste dag in Wenen was. We zouden de andere dag om 7.00 uur vertrekken. Toen zei die man plotseling: "Wij komen jullie morgenvroeg wel uitzwaaien." Wim en ik dachten: "Zo vroeg zijn ze vast nog niet wakker." Maar de volgende morgen kwamen die man en zijn vrouw ons inderdaad uitzwaaien. Terwijl we samen nog stonden te praten riep de buschauffeur: "Anny, kom je? Ze zijn er allemaal. Het is pas 6.45 uur en zo kunnen we nog een mooie toer maken langs de Donau. Daar hebben we nu nog tijd voor." Ik heb dus afscheid genomen en die man zei nog tegen mij: "Anny ik weet waar wij ons van kennen: uit ons vorig leven." Wim en ik zijn in de bus gestapt en de bus vertrok meteen en we zijn helaas vergeten onze adressen uit te wisselen. Ze hebben ons nagezwaaid tot ze de bus niet meer konden zien.'

Het sms'je van gene zijde
Op 17 april 2007 gingen Anny Dirven en Titus Rivas samen op visite bij een gemeenschappelijke vriendin. Iets meer dan anderhalf jaar tevoren, op 21 september 2005 was haar echtgenoot Wim overleden. Ze ging daar nog onder gebukt en was zo gesloten dat er vervelende misverstanden en spanningen tussen hen ontstonden. Onderweg naar hun gezamenlijke vriendin hadden ze zelfs wat woorden met elkaar en Titus overwoog de afspraak niet door te laten gaan. Tijdens hun gekibbel hoorde Titus het piepsignaal van het binnenkomen van een sms'je op Anny's mobiele telefoon. Anny had zelf nog nooit gebruik gemaakt van sms'en en herkende het geluidje daarom niet. Toen ze het bericht las, bleek het te gaan om een

vreemde, korte tekst, bestaande uit cijfers: 31-10-31.
Er was trouwens geen afzender. Anny liet het bericht aan Titus zien en probeerde het toen op te slaan, maar het ging bijna meteen verloren.
Tegelijkertijd hoorde Anny een stem in haar hoofd die haar aanspoorde beter voor zichzelf te gaan zorgen.
Het mysterieuze sms'je leidde ertoe dat de sfeer tussen Anny en Titus omsloeg en de afspraak gewoon doorging. Even later slaagden ze erin de misverstanden uit de wereld te helpen.
Wat de gebeurtenis verder nog betekenisvol maakte, was dat de cijfers 31-10-31 overeenkwamen met de geboortedatum van Anny's overleden man Wim. Die was dus geboren op 31 oktober 1931.

Literatuur
– Rivas, T., & Dirven, A. (2007). *Vincent, Karim en Danny van Binnenste Buiten: een drieluik over paranormaal begaafde jongens in Nederland.* Lulu.com
– Rivas, T., & Dirven, A. (2010). *Van en naar het Licht: over spirituele preëxistentie, sterfbedvisioenen, bijna-doodervaringen en uittredingen.* Leeuwarden: Elikser.
– Rivas, T., & Dirven, A. (2013). *Wat een stervend brein niet kan.* Leeuwarden: Elikser.
– Rivas, T., Dirven, A., & Smit. R.H. (2016). *The Self Does Not Die.* Durham: IANDS.

- Stoop, B., & Rivas, T. (2013). *Spiritualiteit, Vrijheid en Engagement* (Twee delen). Brave New Books.

Over de auteurs

Titus Rivas (1964) is theoretisch psycholoog, filosoof en parapsychologisch onderzoeker. Hij schreef eerder boeken over onderwerpen binnen zijn vakgebieden, waaronder *Parapsychologisch onderzoek naar reïncarnatie en leven na de dood*, *Reincarnation* (met dr. Kirti Swaroop Rawat), *Onrechtvaardig diergebruik*, *Geesten met of zonder lichaam*, *Encyclopedie van de Parapsychologie* en *Gek Genoeg Gewoon* (als coauteur van Tilly Gerritsma).

Titus met zijn trouwe hond Takkie (1991-2006), jarenlang de geliefde mascotte van Athanasia

Titus Rivas is vaste medewerker van diverse tijdschriften en heeft een aanzienlijk deel van zijn productie op internet gezet. Hij is verder een van de oprichters van Stichting Athanasia en docent van zijn eigen schriftelijke cursussen *Parapsychologie* en *Filosofie & Levensbeschouwing* bij de NHA. Rivas woont met zijn hond Moortje en zijn kat Pipi in Nijmegen.

De paranormaal begaafde Anny Dirven (1935-2016) werkte jarenlang als toegewijd algemeen assistente en onderzoekster van Stichting Athanasia, als collega van Titus Rivas. Anny Dirven leerde Rivas kennen via zijn cursus Parapsychologie bij de NHA.
Samen met hem werkte zij mee aan de totstandkoming van veel artikelen en boeken op parapsychologisch en filosofisch gebied.
Een groot aantal daarvan vermeldden expliciet haar naam als auteur. In 2007 verscheen een uitvoerig interview met Anny Dirven in het boek *Spiritualiteit, vrijheid en engagement* (onder redactie van Rivas en Bert Stoop). Zij was moeder, oma en overgrootmoeder en weduwe van Wim Stevens, en woonde in Budel. Helaas overleed Anny Dirven, na palliatieve sedatie, op 5 april 2016.

Eerder publiceerden Titus Rivas en Anny Dirven samen reeds de boeken *Vincent, Karim en Danny*

(Lulu.com), *Van en naar het Licht* en *Wat een stervend brein niet kan* (Elikser), het laatste samen met Rudolf H. Smit. Dit werd later ook in het Engels vertaald als *The Self Does Not Die* (IANDS). Ook werkten zij samen bij de totstandkoming van *Spiritualiteit, Vrijheid en Engagement,* onder redactie van Rivas en Bert Stoop (Brave New Books).

Anny met haar kat Speedy

Van links naar rechts:
Tilly Gerritsma, Titus Rivas, Takkie, Anny Dirven.

Namens Stichting Athanasia aanwezig op een zogeheten Parabeurs in de periode 2005-2008.

Adressen

Titus Rivas - Stichting Athanasia
Darrenhof 9
6533 RT Nijmegen
titusrivas@hotmail.com

Netwerk Nabij-de-doodervaringen
Dwarsgraafweg 3,
3774 TG Kootwijkerbroek
http://netwerknde.nl
info@netwerknde.nl

Paraview
Bureau VIEW v.o.f.
Voorstraat 52
2251 BP Voorschoten
http://www.paraview.nl/

De Nieuwe ParaVisie
https://www.paravisie.nl

Studievereniging voor Psychical Research
p.a. drs Franz Maissan
Molenweide 57
1902 CJ Castricum
secr@dutchspr.org

www.ingramcontent.com/pod-product-compliance
Lightning Source LLC
Chambersburg PA
CBHW060818170526
45158CB00001B/12